废旧塑料回收利用技术创新发展研究

刘 伟 著

科学技术文献出版社
SCIENTIFIC AND TECHNICAL DOCUMENTATION PRESS
·北京·

图书在版编目（CIP）数据

废旧塑料回收利用技术创新发展研究 / 刘伟著. —北京：科学技术文献出版社，
2018.9（2020.1重印）

ISBN 978-7-5189-4770-6

Ⅰ.①废… Ⅱ.①刘… Ⅲ.①塑料—废品回收—技术革新—研究 ②塑料—废物综合利用—技术革新—研究 Ⅳ.① X783.205

中国版本图书馆 CIP 数据核字（2018）第 195322 号

废旧塑料回收利用技术创新发展研究

策划编辑：周国臻 责任编辑：杨瑞萍 廖晓莹 责任校对：张吲哚 责任出版：张志平

出 版 者	科学技术文献出版社	
地 址	北京市复兴路15号 邮编 100038	
编 务 部	（010）58882938，58882087（传真）	
发 行 部	（010）58882868，58882870（传真）	
邮 购 部	（010）58882873	
官方网址	www.stdp.com.cn	
发 行 者	科学技术文献出版社发行 全国各地新华书店经销	
印 刷 者	北京虎彩文化传播有限公司	
版 次	2018 年 9 月第 1 版 2020 年 1 月第 4 次印刷	
开 本	710×1000 1/16	
字 数	255千	
印 张	14.25	
书 号	ISBN 978-7-5189-4770-6	
定 价	58.00元	

前　　言

众所周知,塑料具有成本低、耐腐蚀等优势,因而应用广泛,各种塑料制品遍及人类社会的各个领域。塑料给我们的生活带来了极大便利,为科学技术的发展做出了重大贡献。但随着塑料产量的增大及其应用性的增强,"白色污染"问题愈加严重,废旧塑料的回收利用逐渐引发了社会各界的高度关注。

废旧塑料的回收利用具有极大的经济效益和生态效益,提高废旧塑料回收利用率,是当代中国走可持续发展道路的内在要求。面对日益严重的环境污染问题和资源能源缺乏问题,我国加快探索低碳经济模式,更加关注废旧塑料的经济价值和生态价值,积极拓展废旧塑料回收技术的发展空间。然而,废旧塑料的回收利用仍然存在诸多难题,如相关法律规范不够完善,废旧塑料回收利用技术研究水平偏低,社会大众的环保意识有待强化,这都会对废旧塑料行业的发展造成阻碍。对此,要从法律规范、技术研发、观念转变、行业规范等多个方面出发,为废旧塑料的回收利用提供有利环境,规范废旧塑料产业的发展,特别是加强废旧塑料回收利用技术研发,为塑料行业的发展提供强大的技术支撑。但我们必须认识到,废旧塑料的回收利用是一项集经济效益和生态效益于一体的综合性工程,离不开社会各界的共同参与和全力支持。

本书从废旧塑料回收处理技术、再生利用技术、裂解转化利用技术、未来发展等多个层面出发,对废旧塑料回收利用进行剖析,以呈现其技术发展现状,并提出废旧塑料回收利用的新技术。经过多年的发展,人们越来越深刻地认识到废旧塑料产生的资源浪费与环境污染问题,积极完善废旧塑料回收利用的法规体系,走上了以机械回收、化学回收、能量回收为主的三大发展道路。实际上,不同的回收利用技术都有其自身优势,也不可避免地存在一些缺陷,相关研究者需要加强科学研究,深入探索废旧塑料回收利用的新技术,为废旧塑料的科学回收与有效利用提供技术支持;同时,也要重视废旧塑料回收利用行业的规范,优化企业发展理念,关注废旧塑料内在价值的发掘,更新生产方式,为社会创造更大价值;废旧塑料回收利用也离不开相关政府部门的支持,特别是加大废旧塑料回收利用技术研发的政策、资金扶持,为新技术的开发提供强大保障。

　　在本书编写过程中,笔者参阅了大量研究资料,并进行模拟实验,从而展开废旧塑料回收利用技术的探索,以期为废旧塑料工业的发展提供借鉴,走节约资源、保护环境的可持续发展之路。同时,本书的撰写工作得到了河南易利安环保材料科技有限公司及其总经理刘海亮先生的支持,在此表示感谢! 由于笔者精力与能力有限,本书难免存在不当之处,敬请广大读者、专家不吝指正。

作　者

2018 年 7 月

目　　录

第一章　废旧塑料概述

第一节　废旧塑料的出现

一、废旧塑料的六大来源

从树脂合成、成型加工到消费使用的各个方面都会产生废旧塑料，来源复杂且广泛正是废旧塑料的基本特征之一。一般把合成、加工时产生的塑料废料叫作消费前塑料废料或工业生产塑料废料；而把消费使用后的塑料废弃物称为消费后塑料废料。消费前塑料废料产生的量相对较少，易于回收且回收价值大，所以一般其回收工作由生产工厂本身即可完成。目前人们所说的废旧塑料通常是指消费后塑料废料，此即废旧塑料回收利用的重中之重。

一是树脂生产中出现的废料。生产树脂时产生的废料主要有下述几类：①聚合过程中反应釜内壁上刮削下来的贴附料（俗称"锅巴"）及不合格反应料。②配混过程中挤出机的清机废料及不合格配混料。③运输、贮存过程中的落地料等。废料的多少取决于聚合反应的复杂性，制造工序的多少，生产设备及操作的熟练程度等，在各类树脂生产中聚乙烯产生的废料最少，聚氯乙烯产生的废料最多。

二是成型加工过程中出现的废料。塑料成型加工中容易产生数量不等的废品和边角料。例如，注射成型中的流道冷料、浇口冷固料、清机废料等；挤出成型中的清机废料、修边料和最终产品上的截断料等；吹塑过程中吹塑机上的截坯口，设备中的冷固料和清机废料及中空容器的飞边等（生产带把瓶子时其截坯口废料率可达40%）；压延加工中从混炼机、压延机上掉落的废料、修边料和废制品等；滚塑加工中模具分型线上的溢料、去除的边缝料和废品等。成型加工中产生的废料量取决于加工工艺、模具和设备等。一般来说，这种废料再生利用率比较高，它们品种明确，填料量清楚，且污染程度小，性能接近于原始料，预处理工作量小，通常可作为回头料掺入新料之中，并且对制品的性能和质量影响较小。

三是二次加工中出现的废料。二次加工通常是将从成型加工厂购买来的塑料半成品经转印、封口、热成型、机械加工等加工制成成品，这里产生的废料往往要比成型加工厂产生的废料更加难以处理。例如，经印刷、电镀等处理后的废品，要将其印刷层、电镀层去除的难度和成本都很大，而直接粉碎或造粒得到的回收料，其价值则要低得多。经热成型、机械切削加工而产生的废边、废粒，回收再生就比较容易，且回收料的价值也较高。

四是配混和再生加工过程中出现的废料。在配混和再生加工过程中出现的废料仅占所有废旧塑料的很小部分，它们是在配混设备清机时的废料和不正常运行情况下产出的次品，其中大部分为可回收性废旧塑料。

五是消费应用后形成的塑料废弃物。此类废旧塑料来源广，使用情况复杂，必须经过处理才能回收再用。这类废弃物包括：①化学工业中使用过的袋、桶等；②纺织工业中的容器、废人造纤维丝等；③家电行业中的包装材料、泡沫防震垫等；④建筑行业中的建材、管材等；⑤罐装工业中的收缩膜、拉伸膜等；⑥食品加工中的周转箱、蛋托等；⑦农业中的地膜、大棚膜、化肥袋等；⑧报废车辆上拆卸下来的保险杠、燃油箱、蓄电池箱等；⑨渔业中的渔网、浮球等。

六是城市生活垃圾中的塑料废弃物。此类废旧塑料也属于消费后塑料，由于其数量大，回收利用困难，已对环境构成严重威胁，是今后回收工作的重点，所以将其单独归类。城市生活垃圾中废旧塑料占 2%~4%，其中大部分是一次性的包装材料。它们基本上是聚乙烯、聚丙烯、聚苯乙烯、聚氯乙烯、聚对苯二甲酸乙二醇酯等，在这些废旧塑料中聚烯烃约占 70%。生活垃圾中的废旧塑料制品种类很多，它们包括各种包装制品，如瓶类、膜类、罐类等；日用制品，如桶、盆、杯、盘等；玩具饰物，娱乐用品，服装鞋类，捆扎绳，打包带，编织袋，卫生保健用品等。

二、塑料的发展与废旧塑料的出现

塑料的发展与应用，对社会经济和人类进步产生了巨大作用，这种作用是难以估量的，上至航天、下至人们的衣食住行都离不开塑料。特别是塑料对传统农业的改善，对交通、通信、家用电器的发展所起的促进作用是最明显的。然而，塑料在为人类社会带来便利的同时，也带来了一些危害，即它会因老化而成为废弃物。塑料的强度没有金属好，受到外部冲压会变形破碎；塑料的耐寒不及木材，特别是聚丙烯、聚氯乙烯在-15 ℃时就会脆化；塑料的耐热性能不及陶瓷，特别是 PE 在 45 ℃时就会变软；塑料表面带有静电，会吸附灰尘；塑料易于降解，光、热、水、酸、碱、氯、烟、溶剂都能使其分解；特别是塑料的密度低（是钢材的 1/14、木材的 1/8），10 亿 t 钢材的体积与 1.4 亿 t 塑料的体积相等；塑料轻体易散，长久不降解（塑料完全降解需要 200 年以上），因此它的废弃物占总垃圾的 20%，对环境造成了污染。

塑料是一种高分子聚合物，其制备要经过化学合成、模塑成型、定型修饰，它在加工、制造、使用中不可避免地会发生结构上的变化，使其外观与性能受损，直到完全丧失使用价值，从而变成废弃物。除此之外，国家对一些涉及人身健康的塑料（食品包装、医用塑料、餐具）限制连续使用，某些塑料制品（购物袋、包装物）因低价值而不吝丢弃也造成了塑料废弃物的形成。

美国 2000 年的塑料总产量为 3800 余万 t，当年的塑料废弃物为 1700 余万 t，约占当年产量的 45%；日本的年废塑料占塑料总产量的 46%；中国 2005 年的塑料总产量为 3800 万 t，产生的废弃物为 1710 多万 t，几乎占到总产量的一半，其中仅薄膜一项就高达 630 万 t。21 世纪前 5 年世界与国内废弃塑料量见表 1-1。

表 1-1　21 世纪前 5 年世界废旧塑料量

年份	世界		国内	
	产量/万 t	废弃物/万 t	产量/万 t	废弃物/万 t
2001 年	18 100	8145	2075	844
2002 年	19 400	8630	2275	934
2003 年	20 200	9090	2500	1125
2004 年	21 200	9540	2735	1230
2005 年	23 780	10 665	3800	1710

（一）塑料废弃的内在原因

塑料废弃的内在原因主要是自身抗氧能力差。例如，PE 在 150 ℃条件下就开始出现大分子链断裂，强度低。又如，PVC、PE、PP、PS 的拉伸强度仅限于 6.86~62 MPa；冲击强度也不高，一般局限在 0.54~11.8 kJ/m^2；耐寒性不佳，最高不低于-100 ℃，耐热的连续性也不高，一般仅局限在 40~150 ℃；易于静电吸尘，表面硬度差，易受溶剂破坏；苯、氯能被氧化性酸碱降解，因此就会产生物性变化。常用塑料的应用领域和废弃原因见表 1-2。

表 1-2　常用塑料的应用领域和废弃原因

塑料名称	特性	应用领域	废弃原因
低密度聚乙烯（LDPE）	耐腐、防潮、低湿	包装膜、电缆、丝材	易污、变形、脆化等
高密度聚乙烯（HDPE）	耐腐、坚韧、惰性好	包装、瓶、管材	耐热差、易渗烃等
聚丙烯（PP）	柔韧好、硬度好	编织、注塑、型材	冷脆、光氧化严重
聚氯乙烯（PVC）	易变脆、老化、变色	包装、建筑、电线	变色、断裂
聚苯乙烯（PS）	耐热、透明、坚硬	板材、包装、电器壳	脆而易碎变形
ABS	抗冲击性好、耐蠕变	电器、家电、仪表体	易光降解、变色
聚酯（PET）	高抗冲击性、耐疲劳好	饮料瓶、包装、磁带	不耐沸水、卫生要求高
聚酰胺（PA）	耐磨、高强度	包装、渔网、汽车、管材	易水解失去用途
聚碳酸酯（PC）	耐热、高抗冲击性、透明	桶、光盘、医疗用品	易划痕发脆
聚氨酯（PU）	高弹性、绝热、隔音	坐垫、建材、革类	外力冲击破坏
聚苯硫醚（PPS）	高刚性、耐热性好	机械、机电产品	氧化变脆废弃
聚甲醛（POM）	刚性好、硬度好、自润滑	垫圈、拉链、通信	易老化而废弃
酚醛（PF）	耐热、耐酸、绝缘	灯头、开关、手柄	破坏性废弃
氨基树脂（AF）	坚硬、抗划痕	电器元件、工业板	破坏性废弃

多数塑料都有其自身的优点和缺点，它们的抗外力破坏均低于其他工业材料，还各自有一些突出的缺点。例如，PVC 不抗光氧化、ABS 也不抗光降能、PE 不耐热、LDPE 强度差、PP 不耐寒、PA 不耐水、PET 不耐沸水、PS 脆性大。这就意味着在外力作用超过抗御值后，塑料就要变成废弃物。

第一，塑料制品在自然环境及介质中的变化见表 1-3。

表 1-3　塑料制品在自然环境及介质中的变化

塑料名称	抗光	抗氧化	抗溴氧	抗水	耐酸	耐碱	耐热	耐寒
聚乙烯（PE）	差	可	优	优	差	可	差	优
聚丙烯（PP）	差	差	优	优	差	可	可	差
聚苯烯（PS）	差	可	优	优	可	可	可	差
聚氯乙烯（PVC）	差	差	可	可	可	差	差	差

塑料名称	抗光	抗氧化	抗溴氧	抗水	耐酸	耐碱	耐热	耐寒
聚碳酸酯（PC）	可	可	优	可	差	可	可	差
聚酰胺（PA）	可	可	优	差	差	可	可	可
聚酯（PET）	可	可	优	可	可	差	可	可
乙丙橡胶	差	可	优	优	可	可	可	可
ABS	差	差	可	可	差	差	可	可

抗光指光照射 100 h，氧化是指在常规空气中，抗溴氧是指在介质中，抗水指各种水解，耐酸、碱指在溶液体中，耐热指邻界温度 70 ℃以上，耐寒指-15 ℃以下。表 1-3 表明了各类塑料废弃的外部影响因素。

第二，塑料制品受到外力强冲击后也会废弃。表 1-4 表明了部分塑料的悬臂梁冲击强度。

表 1-4 部分塑料的悬臂梁冲击强度

塑料名称	冲击强度/（J/m）	塑料名称	冲击强度/（J/m）
PS	16.0	F_4	113
PP	19.8	HDPE	130
PA_{1010}	51	PA-6	146
PSF	61	ABS	183
POM	68	PC	422
PA66	90	LDPE	534

当外力冲击大于它的冲击强度值后就会受到破坏而废弃。

第三，塑料制品有一定的压缩强度，当外压大于自身指标时也会废弃，表 1-5 表明了部分塑料的热变形温度和压缩比。

表 1-5 部分塑料产品的热变形温度和压缩比

塑料名称	热变形温度/℃	压缩比	洛氏硬度	塑料名称	热变形温度/℃	压缩比	洛氏硬度
PE	50~100	—	46	ABS	103	0.7~0.9	108
PP	80~115	0.4~0.6	78	PA	180~210	4~5	120~210
PS	105	0.5~0.9	70	PC	139	0.6~0.8	R75
PVC	40~80	—	0~40	PET	59	2~4	R118

该数据表明了它们的热破坏点、变形破坏点，一般负载大于此值就会废弃。

第四，塑料的吸尘。塑料回收物表面上积附着一层粉尘，这表明塑料有吸尘性，而造成吸尘的就是静电。静电的实际结构是长链的单烃，它对灰尘有吸附性。其中亲水基用于吸附（接纳），亲油基负责运送（向内传递），这样就形成了尘浸，结果造成塑料变色、变光、含杂。塑料吸尘与结构有关，含烃、含酯的塑料产品易于吸尘（LPVC、PE、PU、PP、ABS），高极性塑料（PC、PET、PPO、PA）不易吸尘。

塑料的抗溶剂性见表1-6。

表1-6　部分塑料的抗溶剂性

塑料名称	抗油性	抗溶剂性	塑料名称	抗油性	抗溶剂性
PE	差	25 ℃可	PVC	优	可
PP	优	抗酮差	PC	可	抗酸碱差
PS	优	抗苯差	PET	可	抗醇差
ABS	可	差	PA	可	抗氯差

表1-6说明了这些塑料一旦接触到某些溶剂就会废弃，如PS遇到苯、二甲苯及此类化合物就会分解。

（二）塑料废弃的外在原因

我们知道聚合物的生产包括原料合成、加工成型、定型修饰，其间由于材料、工艺、操作诸方面因素就会产生废弃物。来自这些过程中的废弃物都是半成品，因此称其为废塑料。

1. 合成生产工序中产生塑料废弃物

塑料作为高分子聚合物是由单体经过加聚、缩聚、均聚、挤出造粒等工艺、反应、混炼而制得的，在这一过程中就会出现废料。合成生产中出现的废塑料主要有以下几种：①更换牌号时出现的废料。单体聚合物反应通常是在反应釜中连续进行的，更换树脂牌号时，前后2种牌号混在一起，这种不稳定的组合物就是废料，也叫作过渡料。②低分子量树脂与硫化过度废料。在树脂合成中，配方设计是按一定参数计算的（平均相对分子质量及其分布、结晶度、有规立构物含量），但是在反应中总会出现部分低相对分子质量产物，如无规聚丙烯就是这类产品，由于其无法加工，所以被称为废料。在树脂生产中，催化剂、引发剂、反应温度、溶合时间都很关键，但是一旦外购材料不合格、操作规程有失误，就会造成不合格产品，过度反应、超温都会产生废料。③操作与配混、混炼中的废料。在操作中产生的溶剂带出物（水涝料）、运送中间的落地物（落地料）、混炼中的机头块（机头料）、试验料（未定型、化验料）也是废料。

近年来出于成本核算，树脂厂都将这些料以产品向市场供应，因此它是原料形废料。

2. 成型加工过程中出现塑料废料

混炼挤出、模塑成型、定型修饰是塑料成型中的主要工艺。在这一过程中，溢流体、次品、飞边、裁切边角都是常见的废料。实际上，在成型过程中废料几乎是不可避免的。这类废料一般都由加工商直接利用，但也有许多废料无法直接利用。

①热固性塑料边角料。酚醛、氨基、环氧、不饱和聚酯、液晶等塑料的边角，因无法逆塑而成为废料。

②交联、发泡共挤、层合、印字类废料。交联料（包括化学、物理交联产品）主要指发泡板、管材，它们的边角因无逆塑性而成为废料。泡沫料又因无法压实也变成废料。还有层合物、印字物也会由于产品问题变成废料。

③安装部门出现的废料。随着建筑装修业的发展，塑料的配套安装越来越多。塑料在配套应用中要经过定尺、刨磨，因此下脚料也越来越多。2005 年，因此而产生的废弃塑料几乎占到建筑用塑料的 5%。目前这些废料主要来自建筑、水利、门窗加工部门。

除此之外，分装中的落地料、换代产品、变质产品也会产生一定量的废弃塑料。

成型中的废弃塑料一般可占到总产量的 15%。其中，注塑、拉丝、中空、浇铸过程中的废料可达到 20%，二次加工中的废料约为 5%。1979 年国内回收利用的总量为 9 万 t，目前可供回收的不足 5%。

3. 消费应用后产生废塑料

塑料产品主要是投入应用。经过流通、应用而使其丧失使用价值的废料称为废旧塑料。由于它发生的面宽（积压类品种都有）、量大，年废弃量占总消费量的 40%以上。因此，它是废旧塑料中最大的一类，也是废旧塑料回收利用研究的重点。

4. 废旧塑料从用途上划分

①农用中产生的废旧塑料。用于农田的塑料主要是薄膜与水管，其主要品种是 PE、PVC，还有近年来出现的"反光膜"OPP。农用塑料是国内塑料应用的主要市场，发展极为迅速，已从 1999 年的 110 万 t 增长到 2005 年的 520 万 t，其中

农膜占总量的 65%。农用塑料年消费量占塑料总消费量的 20%。农用塑料应用的环境是室外，因此光氧化与外力破坏较严重；一般农用塑料移动性大，所以损坏率高；特别是农地膜，它们的使用寿命几乎伴随农作物循环，仅为半年，因此产生了大量的废旧塑料。其废弃量占年消费量的 70%。

②包装中产生的废旧塑料。用于包装的塑料面广而量大，其中 PE、PVC、PP、PS、PET、PC、PA 都在包装行业中占有主要市场。编织袋国内年产量约占塑料总产量的 22%，已从 1999 年的 360 余万 t 增加到 2005 年的 570 余万 t。聚酯瓶也达到 10 万 t 左右。

包装物有一次性使用的特点（食品、面粉、饮料、奶制品、快餐的包装，矿粉包装，果菜包装，商务包装，医用包装等）；也有破损率高的特点（装载、搬运、氧化、污染、破裂等）。特别是编织袋、网袋、食品、医用、农产品、饮料瓶这几种包装物，基本上是一次性使用后即废弃。其年废弃量约占总产量的 70%。

③家电与电子应用中产生的废旧塑料。家电包括电视机、洗衣机、电冰箱、音响等，它们虽然使用寿命长（约 10 年），但每年也产生 20% 的废旧塑料。电子产品包括复印机、电话机、计算机、学习机，它们与日用塑料合在一起也产生一个很大的废弃量。国内年用于工业（电子、电器、通信、交通）、日用的塑料，约占塑料总产量的 40%。特别是日用塑料 2005 年的产量已占到塑料总产量的 20%。

上述塑料使用寿命长，生产中的废料已被利用，因此形成的市场废旧塑料较少，约占总产量的 25%。

④建筑装修行业中的废旧塑料。建筑用的塑料主要是管道、门窗、板材，2005 年用量占塑料总产量的 16%，约 400 万 t。用于建筑的塑料原料主要是下脚料。废料循环一般为 15 年，因此废旧量仅为 7% 左右。

5. 废旧塑料从结构上划分

塑料有结构上的不同。塑料废旧与结构有着密切的关系，一般而言，强度越低、性能越差，废旧率就越高。

①通用塑料。通用塑料包括 PVC、PE、PP、PS 4 种。它们的拉伸强度仅限于 6.86~62.03 MPa，热变形温度低，仅限于 40~96 ℃；压缩强度仅限于 22~110 MPa；低温脆化点仅为 -1~50 ℃；且多数不抗还原剂、氧化剂，易受光氧化。通用塑料的这些自身结构与使用环境的偏差使其成为最易废弃的一类品种。通用塑料的废弃料可占塑料总废弃物的 70%。

②通用工程塑料。通用工程塑料包括 PA、PC、PET、ABS、POM、PBT、

PPO 7 种，其中常见的只有 PA、ABS、PET、PC 4 种。与通用塑料比，它们的物理性能较好，其中拉伸强度约为 31~90 MPa；热变形温度也高，约在 100~150 ℃。但是它们对强氧化剂敏感，同时易接触溶剂，虽然自身结构好，但应用环境也易造成损坏。例如，PA 会因水解废弃，PET 会因沸水废弃，PC 与 ABS 耐候性差，因此它们主要是由力学变化导致废旧。

通用工程塑料产量非常小，仅占塑料总产量的 3%。2003 年世界总产量仅为 600 万 t，我国占有率不到 20%，其废旧量仅占总废弃量的 15%。

③热固性塑料。热固性塑料不仅包括 PF、AF、UP、EP，还包括交联型塑料（PEX、PPX、PVCX、PUX）。热固性塑料主要用于电子、化工、机械、汽车；进入 21 世纪后，发展很快，2003 年的世界消费量为 3200 万 t，国内的消费量为 420 多万 t，其中汽车应用就占到 32 万 t。它产生循环形类废弃物，年废弃量（废料和维修）约占产量的 20%。

④高性能塑料。高性能塑料包括聚氟、硫醚、聚酰亚胺、聚砜塑料等。它们与通用工程塑料相比，强度高、耐热性好，热变形温度可达 150 ℃以上，主要用于机械方面；但价格高，用量小。2003 年世界总产量仅为 25 万 t，因此也出现不了过多的废旧物。

6. 从应用性上产生的废塑料

理论上认为塑料的废弃是失去再使用价值后成为废旧物，但从实际废弃原因上看并不是都失去了使用价值。例如，饮料瓶、编织袋、医用塑料、化工包装、购物袋的废弃就不是因为失去了使用价值而遭到废弃。

塑料废弃物是多渠道形成的：①由于污染而致废的塑料。农副产品用塑料，特别是瓜果、蔬菜、餐具用塑料，会因污染而变成废旧塑料，这类塑料的废弃率也是百分之百。②由卫生、法令规定的废旧塑料。医用塑料、食品包装、饮料瓶、农药、种子包装塑料属于禁止继续使用的塑料，这类塑料几乎占原产品产量的 90%。③由于失去使用价值而废弃的塑料。塑料在应用中，因外力作用发生变形、变色、损坏，因而失去继续使用的价值。例如，农用管材漏水，包装物发生变形，电器、绝缘产品漏电，机械配件破损后就无法应用。它是塑料废旧物出现量最大的一个来源。

（三）塑料废弃物聚集物大量出现

塑料从生产到应用要经历化学合成、物理制备、承受外力 3 次过程。在这些过程中，光、热、氧化与外力都可能使它们产生一定的废旧物。这些废旧物或因结构的影响、利用的难度、经济上的不可行，被丢弃于社会各个角落，因而出现了大量的聚集物。其重量虽然不大，但分散面却占总垃圾的 48%。这样就使环境受到了影响。

总体上看，废塑料总量中有 5% 来自合成之中，有 15% 来自成型加工，有 80% 来自使用之时。其总量占总产量近半。

第二节　废旧塑料回收业的形成

废旧塑料的大量出现，不仅耗费了能源，还影响了人类的生存环境，同时也加剧了有限资源的消耗。为了保护环境和利用有限资源，从 20 世纪 70 年代到 90 年代，塑料废弃物的回收和利用就被列入"资源再循环"工程之中，成为世界关注的一项工程。

一、废旧塑料的回收治理

废塑料含 15% 的加工废料和 85% 的废旧塑料，它们一般为塑料年产量的 40%~50%，2000 年废塑料的世界总量大约为 7650 万 t，占塑料总产量的 45%。[①]

塑料的废弃与自身结构有关，因此它的周期性废弃是不可避免的。虽然塑料在各个生产阶段都可能出现废弃，但只有废旧塑料才对环境和资源构成威胁，因而目前的研究重点是废旧塑料。

（一）废旧塑料的回收

塑料工业在 20 世纪 70 年代以前，由于还处在新品种开发和工艺完善阶段，因此产量不大，应用市场也小。到 1979 年，人均年消费占有量还达不到 5 kg，所以虽然也产生了塑料废弃物，但并未引起环境污染。然而一些发达国家，如美国和日本及欧洲地区已意识到了塑料生产中存在的废弃物出路问题，于是倡导性地提出了废旧塑料的治理问题。

进入 20 世纪 80 年代，塑料基料的开发已基本定型，合金塑料进入兴盛时期，塑料产量也因市场扩大而连年以 12% 的速度增长，于 1988 年世界塑料总产量就突破了亿万 t 大关，人均占有量接近 10 kg，而塑料也从通用市场进入工程领域，废塑料也增加到 5000 万 t 左右。

① 孟继宗. 塑料回收高效利用新技术 [M]. 北京：机械工业出版社，2013：14.

废塑料，特别是废旧塑料不仅颜色多样，而且轻体易散、随风飘落、久不分解，因此它从感官上给予人们的印象极为深刻。此外，废塑料破坏农田、排放污染、传播病菌也使人们难以接受。为此，联合国呼吁在全球进行一次"白色革命"；各国政府纷纷立法提出对废塑料的治理。废塑料回收作为减少废塑料量、开发降解的一种手段得以提出。

为了达到减少塑料废弃物对环境污染的目的，塑料生产曾采用产品减量、以纸代塑、开发可降解类产品及限制购物袋的应用等措施，但都未阻止塑料产量的持续增长。到 1989 年世界塑料总产量已突破亿万 t，我国的塑料产量也增长了 6 倍。事实表明对废塑料的治理还应采用回收处理的方法。

对产生的大量塑料废弃物进行集散回收，将回收物填埋与焚烧是当时治理塑料废弃物的主要方法。从 20 世纪 70 年代到 80 年代全世界为此投入了巨大的资金（约 6000 亿美元）。据美国有关资料统计，消除 1 t 废塑料需要 500~2500 美元的费用。这足以表明人们对环境保护的坚定意愿。

（二）废旧塑料的利用

废旧塑料的利用是指将回收物作为一种材料重新使用，通常使用的方法是机械回收、裂解还原或能源回收。

地球是人类赖以生存的家园，地下资源是有限的。塑料生产的主要原材料取于石油，然而其地下石油资源却日趋减少。据英国、伊朗石油公司 1988 年的报道，地下石油仅可供开采半个世纪。为此，四大支柱产业之一的塑料工业对资源的应用及近一半的塑料被填埋就不得不令人深思。

在经济全球化的发展形势下，资源也必然是全球化的。因此，如何使现存的资源得到最合理、最有效的利用，就成了整合资源、促进资源可持续发展的重大课题。其中，将废塑料重复使用、变废为宝，正是走资源良性循环的最佳选择。于是废塑料的回收与利用就成为 20 世纪 80 年代后的讨论焦点。

20 世纪 70 年代，中国第一部《环境保护法》规定了废塑料的治理问题。其中对废塑料的回收利用提出了表扬和扶持措施；而后 10 年，颁布了有关文件 11 个，力图因此减少资源浪费。迫于我国人均资源占有量极低，石油与塑料的一半依靠进口的现状，广泛利用废旧塑料来填补塑料市场的不足，使得废旧塑料在国内率先利用。1989 年国内废塑料利用率已由 1979 年的 9% 上升到 1989 年的 25%，其中废旧塑料占 10%，填埋率由 100% 下降到 85%。其他国家也纷纷出台政策法令，其中美国一些地区还组成了由八大塑料企业参与的 NPRC 回收加工厂，带动了美国的废塑料回收利用，至 20 世纪 80 年代末，美国的废旧塑料回收利用率已占到塑料总产量的 8%，填埋率下降到 90% 以下。

从 20 世纪 70 年代到 80 年代，资源结构变化引起了废塑料的开发利用，具体体现为废弃塑料的回收利用和废旧塑料的回收利用两大类。

1. 废弃塑料的回收利用

废弃塑料主要产生在加工过程中，质地纯正、不含杂质是它的特点，因而便于加工操作。

早在 20 世纪 50 年代，欧洲的加工商就对加工废弃塑料进行了掺和使用。1978 年，我国塑料加工厂迫于当时树脂供应不足，也在加工中将 10% 的被弃塑料掺和使用。由于废料的应用便于稳定产品成本，操作简便，因此普及率很高。为了配合废弃塑料的再利用，工艺中增加了破碎机，从而促进了废弃塑料的循环利用。从 20 世纪 50 年代到 80 年代，在 30 多年的塑料工业发展中，虽然在加工方法、产品合金、市场应用上发生了许多变化，但废弃塑料的掺和利用却没有变化，时至 20 世纪 90 年代初，除热固性、交联性、泡沫型、层合型的废弃塑料无法直接使用外，其他废弃塑料基本上全部被利用。在 1989 年的世界塑料加工中废弃塑料的利用量为 1600 多万 t，国内的利用量为 60 余万 t，至此废弃塑料就进入了回收市场。

2. 废旧塑料的回收利用

废旧塑料利用与废弃塑料利用不同。它首先需要除去杂尘，其次还要有相对的市场，另外经济上应可行。出于这些要求，废旧塑料的利用出现得较晚。最早人们采用的是以焚烧作能量回收，后来由于焚烧会产生二次污染被逐步淘汰。其实废旧塑料真正作为材料还是 20 世纪 70 年代后期的事。塑料原料供应不足，市场对塑料产品需求量增大，促成了废旧塑料的利用。废旧塑料的单品回收加工出现在 20 世纪 70 年代。当时为了满足市场需要，在无法净化的条件下，用废旧塑料制备类似洗衣板、水桶、家畜喂食槽、海漂等低档产品，使废旧塑料以低价格开辟了塑料产品的第二市场。

进入 20 世纪 80 年代，挤出混炼机出现，熔融造粒可去除回收料的杂质，形态颗粒化使废旧塑料发生了一次革命，从而开发了破碎、清洗、挤出、切粒的连续化工艺。从此废旧塑料市场不仅出现了低档产品，而且用废旧塑料制作的编织袋、水管、拖鞋、绳索、打包带都进入了市场。加工商为了降低产品价格也开始使用再生料制作一些加色产品。

1989 年，再生利用的废旧塑料主要是五大通用塑料的单质回收料，其中国外以包装回收物为主，国内以薄膜和编织袋为主。其总利用量占总回收量的 14%，国内的总利用量为 70 万 t。

二、废旧塑料再生行业的形成

可以说 20 世纪 90 年代既是塑料工业飞速发展的时代，也是废旧塑料进入再生利用的发展时期。其中法制的健全、公民意识的转变、废塑料再生的第二市场的形成和再生料价格上的优势，是促进废旧塑料再生行业全面形成的主要动力。

（一）回收法规的健全

迫于环境保护和资源紧缺的压力，随着循环经济的提出，人们逐步转变了对废旧塑料的认识。"废塑料既是污染，又是一笔可以利用的资源"，这一观念成为人类发展经济的共识，并为法规的健全提供了基础。

工业发达的国家迫于资源和环保压力、回收空间减少和不可接受的回收费用，分别制定了许多减少浪费、资源回收利用的法规。

1991 年，德国颁布了《回收再利用标志的包装标准》并要求废旧 EPS 的回收利用率要达到 40%；日本同年出台了《再循环法》，要求回收的废塑料利用率要达到 12%；美国立法允许在一些不危及人类健康的塑料产品中加入再生料的用量可达到 25%；欧洲指令用于包装的塑料废物利用率要达到 64%；中国政府方面，由国家环保、税收等部门多次颁布政策，对废塑料再生予以表扬和支持，政府的引导、法规的健全，使人们转变了对废旧塑料只是环境污染的认识，建立了废旧塑料作为资源的开发观念。

在 20 世纪 90 年代这 10 年中，法制的健全、公民意识的转变不仅有了在生产和应用中减少塑料废弃的规定，而且废旧塑料以再生利用取代填埋的比例也发生了变化。美国 1990 年废塑料再生利用量仅为总回收量的 10%，填埋与焚烧占 90%，到 1999 年再生利用量已升至总回收量的 64%；日本也由 7% 的利用率增加到 40%；拉丁美洲达到了 60%；中国仅五大通用塑料的再生利用率就达到了 60%。

（二）回收再生的经济优势

进入 20 世纪 90 年代，回收物、再生塑料的价格优势，是促进废旧塑料利用快速发展的主要动力。它不仅回收价廉、易得，而且加工成本很低，再加上 30 多年的加工经验，特别是再生塑料的低价使它的需求量大增，促进了这一工程的发展。

美国是塑料生产和消费大国（占世界塑料总产量的 1/4），也是废弃塑料产生量最大的国家，年出现的塑料废弃物高达 48%。进入 20 世纪 90 年代后，废弃塑料利用的经济可行性使许多大型企业涉入。其中 Dupont、Dowchemical、Exxonchemical、Oxychem、Pnillips、Pelnoleum、Quancum、Chemicai 和 Union 都涉足废旧塑料回收物的再生加工行列，年加工万 t 的企业并不少见，还出现了 KW 公司这样的年加工量 45 000 t 的 PP 回收料专业加工厂。Unioncarbide 公司的回收料——食品包装瓶还取得了 FDA 的国际认证。

法国 Renault、FINT 汽车生产商也参与了塑料回收再生，将这些再生塑料大量用于汽车部件加工中，1995 年用量超过了 1000 t；日本 1996 年再生塑料利用已达到 1 030 000 t；美国一些公司还跨国成立了 PEJ 瓶回收加工厂。

中国是树脂产量较低的国家，有 50% 的原料需要进口，因此再生塑料的市场较大。1999 年再生塑料分别在掺混和单品两大市场中的用量已达到 700 多万 t，在河北、山东、江苏、河南、浙江已形成了年产 10 万 t 再生塑料的市场 30 多个。

再生塑料的价格刺激了废旧塑料回收业的发展，同时也促进了资源的循环利用，对环境保护和资源节约意义重大。

（三）技术推进了废旧塑料的高效加工

废旧塑料的充分利用受加工质量的影响，杂质与污色在加工中是最大的难题，因此一直着重于单品加工。为了提高再生利用率，满足原料市场越来越多的需求，在解决可利用的同时，人们也日益关注废旧塑料回收利用新技术的研发。

净化加工的技术发展，最初对废旧塑料仅限于那些含杂质低的单质品的回收再生。例如，包装容器、饮料瓶、农膜、编织袋经过简单破碎、分离杂质，在挤压工艺中成型。进入 20 世纪 90 年代，由于去杂能提高再生塑料的应用价值，人们研制出了手工分离、光分离、红外线分离、静电分离、熔点分离、密度分离、化学分离等新技术 25 种之多，可满足所有回收物的分离。与此同时，溶剂化清洗、化学分解脱色也相继而生。净化技术的出现，使再生塑料不仅提高了质量，而且交联、热固、共挤、层合、共混塑料回收物也得到了利用。净化技术在推进回收品种面上、量上、质上都起到了巨大的作用。到 20 世纪 90 年代末，废旧塑料已由单体成型进入原料掺混成型。世界范围内再生塑料的掺混已基本占到原生塑料的 20% 以上。

熔融加工技术最初仅是混合缩体，到 20 世纪 80 年代发展为杂质分离，进入 20 世纪 90 年代，开发了挤出机去杂排氧均质、改性技术。其中根据料质不同而设计的 L/D 挤出机、用于交联回收物和热固性回收塑料的磨粉机、用于泡沫回收物加工的开拣机、双螺杆造粒机都进入了熔融回收工艺中。目前仅专用于废塑料加工的混炼机就有 4 个大类、12 种机型，因此熔融造粒机加工废塑料总量的 70%。

将回收塑料净化、缩体，在反应釜中裂解、接枝，制备醇、脂、酸类化合物或氯化聚合物，叫作化学回收。化学回收制备的再生塑料有接近原生塑料性能的特点，但也有工艺复杂的不足，尽管它还未被市场认可，但表明了新技术有了更高的发展。

综上所述，废旧塑料的回收利用不仅被人们认识，而且 30 多年的回收经验及相关的技术装备已使废旧塑料利用形成了一个独立的行业。它将为循环经济发展起到良性作用。

三、废旧塑料再生中待解决的问题

将大量的濒临于销毁的废旧塑料，采用机械和还原的方法，充分加以利用，它无疑是一个节约能源之举，也为后续生产做出了巨大贡献。但废旧塑料的含杂与复杂的组分变化及经济上的可行性却是带有挑战性的问题，同时也是阻碍废旧塑料重复使用的一个难关。目前虽然对废旧塑料回收利用已采取了政府引导、全民动员、技术装备等多种手段和措施，但实际操作中还存在以下几个方面的问题。

（一）资源上的可行性

废旧塑料的再生加工首先需要一个可满足加工所需的资源。然而处于大面积散落的废旧塑料，回收起来并不容易。据美国报道，回收 1 t 废塑料的费用大约需要 500~2500 美元，因此美国一些大的企业因这些原因又退出了这一行业；国内也因此而仅限于农膜、编织袋、包装和管材、聚酯瓶这几种量大的塑料回收，而其他（汽车、家电、日用生活）用量小的废旧塑料的加工量很小。

1996 年，美国的废旧塑料利用量为 706 000 t，其中 PE 占 54%，PET 占 40%，其他只占到 6%；日本同年回收的废旧塑料 250 000 t，主要是 PE、PP、PVC 几种；欧洲同年回收利用量不足总回收量的 11%，而大多数为包装料，其中薄膜回收物几千 t 销往亚洲，进入中国的约 100 万 t；在国内主要回收的仍是 PE、PP、PET，其他废料占总回收量的 25% 以下。

上述回收利用动态表明，回收量是加工量的重要影响因素，同时也直接影响到应用市场。可以说，到 20 世纪末废旧塑料的回收利用品种仍是以 PVC、PE、PP、PET 为主，而其他品种仍被填埋。

（二）经济上的可行性

废旧塑料主要来自塑料产品，并且总会受到原材料价格的制约。由于回收费用提高，加工改性需要成本，共同组成的成本已接近原料，使加工利润不断缩小，因此社会集散的混合废旧塑料就难以进入加工，或者因为售价过高而没有市场。

（三）质量上的可信度

废旧塑料的应用质量主要依赖回收物质量，回收物来自千家万户，在共同追求利润的格局里，掺混过度又不可避免，制备的原料组分混杂，这使再生塑料的利用常处在不稳定之中，因此也增加了再生塑料在市场中的负面影响。

回收塑料常分为本体配方、改性配方、低填充配方、高填充配方及加色配方，它们混为一体就使再生塑料进入原料的掺混比例受到限制，因此进入市场的概率受到影响。

（四）技术上的滞后性

废旧塑料的再生利用，关键在于质量，但提高质量要采用一系列技术，如化学清洗、组分改性、修复指标、制备标准再生塑料，但这些技术非常缺乏，并且采用技术要有较大的投资，因此很少在小规模生产中推行。这一点在国内比较突出。

（五）二次污染问题

废旧塑料是一种高含杂回收物，从回收到加工都会产生烟尘、粉尘和污水，而这样的结果是环保法不允许的。特别是在国外，建立一家废旧塑料回收加工厂，环保达标就是一个重大问题。2005 年，国家出于对环境的保护，关闭了许多废旧塑料回收基地。

由此可见，加快废旧塑料回收管理的立法，强化回收利用技术研究，具备强烈的紧迫性。

四、新时期废旧塑料回收业的发展

纵观废旧塑料回收利用 30 年的发展，虽然节能减排的观念已成为公众的理念，但迄今仍有 50% 的废旧塑料被无效焚毁，对此加强立法固然重要，但提高回收技术也很重要。目前废旧塑料回收既存在代收问题，又存在加工问题，还存在质量和回收成本问题。

总结废旧塑料 30 年的行业发展，虽然已形成了机械回收、还原回收和能量回收三大利用体系，但机械回收是普遍认为的符合经济生态的最佳方法。因此，如何扩大机械回收仍是加快回收利用的关键。在各种回收工艺中，分类改性是未来废旧塑料回收利用的发展方向。

分类回收是一个工艺概念，它泛指品种分类和质量分类，以及加工方法上的分类。分类回收类似成型商选料，对是否能利用，利用的市场份额，加工成本都是极为看重的。改性是一个质量概念，它泛指使用质量、商品质量和通用加工质量。由于回收塑料与原生塑料有"三大差别"，成型商总会以原生塑料质量评价回收塑料，因此废旧塑料要提高市场信誉，唯一的办法是改性加工。除此之外，代收问题也必须解决好。实践证明只有采用了分类回收与改性加工再加上有效的代收，就会使废旧塑料回收利用形成一个完整的体系。

展望塑料回收行业的未来，不仅有良好的经营环境，而且还有30多年的经验积累，又有稳定的资源和良好的应用市场，但是要实现节能减排目标，还要进一步加强相关技术的研究。

（一）提高回收商的回收技术

回收商是集散废旧塑料的主要中间商。回收商要达到有效回收，首先要了解和认识塑料，其次要知道废旧塑料的用途，最后还必须对回收到的废料进行严格分类。从市场行业新的分工看，回收商只要做到严格分类和除杂、净化，并将回收塑料加以缩体，就完成了自己的工艺。这些净化、缩体物就可以提供给造粒商。

（二）提高造粒商的加工技术

造粒商或生产加工商是废旧塑料恢复质量的中间商。实验证明废旧塑料无论怎样再生利用，都必须进行二次改性。其目的是提高再生塑料的市场信誉度。就目前的闭环回收、直接加工产品、进行商业化再生造粒、掺混复合改性、还原再生、能量回收都有一个改性问题。一般机械回收对改性要求最为迫切。

分类造粒是改性加工的基础，造粒商首先要按照市场对再生塑料的质量进行分类选料；其次要有标准的设备和完整的工艺；最后还要制定科学的配方。只有完成了这些程序才能制作出市场信誉度高的产品，并且能免除法律上的纠纷。

（三）扩大废旧塑料机械回收利用的办法

废旧塑料机械回收，以传统的观点来看，是要求回收塑料必须有逆塑性，但从新技术上看，回收塑料是否可逆塑已不是障碍。因为ADCM复合改性已突破了无逆塑性回收塑料的机械加工难关。从市场信誉度上看，随着法规的健全和用料人长期积累的经验，废旧塑料"三大差别"留给人们的印象很深，因此再生料的质量矛盾越来越突出。在这种情况下，扩大废旧塑料回收就应该按照分类加工来要求。例如，优质料应按照初始原料标准进行加工利用；高填充料应按照中档产品质量加工；热固性塑料、高功能塑料应按照工程塑料质量进行掺混加工。这样就形成了互为改性的质量体系，而所有回收塑料都进入了机械回收工艺。

（四）加快废旧塑料回收设备的技术改型

废旧塑料回收再生利用，特别是机械回收，首先面临着预处理问题。但目前国内的专业设备达不到这些要求，分离、净化设备必须改进。例如，一步法除杂清洗机、SSSE 细化机、双螺杆高效型造粒机、多功能挤出机、一步法化学净化设备都将替代现有的传统设备。而且设备还应向高产、低耗、多功能改型。

（五）积极推进科学回收技术

废旧塑料的科学回收主要是科学选料、科学改性、采用规范的工艺和先进的设备。而这些条件的实现，都建立在从业人员提高专业知识的基础上。总结经济发达国家废旧塑料回收快速发展的经验，主要是他们采用了大规模、技术化工艺和培养了高素质人员。目前对于废旧塑料的回收利用各国都制定了规划，其 10 年目标见表 1-7。

表 1-7　废旧塑料回收利用 10 年目标

国家和地区	2000—2010 年实现率	2010—2020 年规划目标	2020 年填埋率
美国	68%	75%	25%
日本	68%	76%	24%
拉丁美洲	65%	75%	25%
东欧	55%	68%	32%
德国	50%	70%	30%
西欧	32%	48%	52%
中国	27%	50%	50%
其他国家	31%	45%	55%

第三节　废旧塑料回收利用现状

一、废旧塑料回收利用的迫切性和必要性

塑料作为化工原料应用，在提供给人们生活便捷的同时，对环境也带来许多危害。随着我国塑料产品的大量使用，废旧塑料也急剧增加，"白色污染"已成为

环境保护突出的问题。废旧塑料垃圾被填埋，使生态环境受到严重影响，而且造成浪费资源，1 万 t 的废旧塑料侵占土地约 667 m^2。废旧塑料不易降解，自然界没有能消化塑料的细菌和酶。不可降解塑料制品进入土壤，会影响土壤内物、热的传递和微生物的生长，改变土壤特质，污染地下水源。塑料废弃物的焚烧，如聚氯乙烯燃烧产生氯化氢（HCI），ABS、丙烯腈燃烧产生氰化氢（HCN），聚氨酯燃烧产生氰化物，聚碳酸酯燃烧产生光气等有害气体，对生态环境的破坏极大。

据国家环境保护部统计，2011 年，我国仅一次性塑料饭盒及各种泡沫包装就高达 9500 万 t，报废家电、汽车废旧塑料 6500 万 t，再加上其他废弃塑料，总量已近 2 亿 t，而回收总量仅为 1500 万 t，回收率不及 10%。而日本废旧塑料回收率已达到 26%。在我国，废旧塑料回收为环保朝阳产业，发展潜力大，成本低，价格优势突出，经济效益好。针对国内的生产和技术现状，系统地进行技术研究和开发，是废旧塑料回收利用技术的发展方向。废旧塑料的回收和再利用是解决废旧塑料问题的有效方法，是塑料行业持续发展的必由之路。

二、国内外废旧塑料回收利用现状

近年来，塑料工业发展迅速，废旧塑料的回收利用是一项节约资源能源、保护生态环境的必要措施，逐渐受到世界各国的重视。废旧塑料再生利用技术主要包括分类回收、制取单体原材料、生产清洁燃油和用于发电等。一些新的废旧塑料再生利用技术已持续开发成功并推广到应用领域。尤其是发达国家，在这方面工作起步早，已收到明显的成效，我国有必要借鉴其经验。

据 Wrap 公司的研究表明，塑料再生利用对减少二氧化碳气体排放有重要作用。生命循环分析表明，与填埋和焚烧相比，再生利用 1 t 塑料可避免产生约 1.5~2 t CO_2。

（一）国外废旧塑料再生利用概况

1. 美国废旧塑料再生利用状况

美国是世界塑料生产大国。据统计，美国年生产塑料 3400 多万 t，废旧塑料超过 $1.6×10^7$ t。美国早在 20 世纪 60 年代就已开展了对废旧塑料再生利用研究。目前，再生利用废旧塑料包装制品占 50%，建筑材料占 18%，消费品占 11%，汽车配件占 5%，电子电气制品占 3%；按塑料原料品种分，所占比例分别为聚烯烃类占 61%，聚氯乙烯占 13%，聚苯乙烯占 10%，聚酯类占 11%，其他占 5%。美国在 20 世纪末废旧塑料回收率达 35% 以上。其中，燃烧废旧塑料回收能源由 20

世纪 80 年代的 2%增至 18%，废旧制品的掩埋率从 96%下降到 37%。

据 PWP 工业公司测算，基于年处理能力 8000 万磅（约为 3.63 万 t）PETE 塑料瓶，则新的循环再生利用装置将可减排 $CO_2 6.0×10^4$ t、减少填埋地 $2.263×10^5$ m^3。2009 年 6 月，PWP 工业公司已在西弗吉尼亚州 Davisville 投产了 80000 ft^2（1ft = 0.3048 m）的消费后塑料循环再生利用中心，这是北美自行运营公司投运的第一批之一。计划中的第 2 个中心是 PWP 工业公司将与可口可乐 Atlanta 塑料循环再生利用公司一起，将 PETE 塑料瓶转化成食品和医药管理局（FDA）认可的食品级适用材料。

2. 欧洲废旧塑料再生利用状况

据位于布鲁塞尔的欧洲塑料制造和回收集团 Plastics Europe、EuPC、EuPR 和 EPRO 的统计，2007 年欧洲塑料回收率第一次达到了 50%。2007 年欧洲塑料回收率比 2006 年提高了 1 个百分点。2007 年欧洲塑料需求增长 3%，至 $5.25×10^7$ t。其中 50%的塑料再生利用，20.4%循环回收，29.2%回收用作能量。奥地利、比利时、丹麦、德国、荷兰、挪威、瑞典和瑞士 2007 年塑料废弃物回收率均超过 80%。

欧盟委员会于 2006 年 9 月强行通过一项法案，以提高回收塑料包装废弃物的目标比例。新法案把原先确定的回收 15%塑料包装废弃物的目标提高至 22.5%。根据欧盟统计数据，目前有 5 个国家在这方面做得最好，已达到新法案的目标要求，这些国家分别是奥地利、比利时、德国、意大利和卢森堡；执行状况最差而排在末尾的 2 个国家是希腊和葡萄牙，分别仅实现了 3%和 9%的回收目标。

英国政府 2008 年 5 月初提出实施计划，到 2020 年所有牛奶包装的 1/2 从可回收材料来生产。该目标是英国政府环境、食品和农业事务部确定的实施计划的一部分，称为"牛奶路线图"。计划到 2020 年，CO_2、CH_4 和 NO_x 排放比 1990 年减少 30%。肉类和牛奶的生产约占英国温室气体总排放量 7%。

意大利是目前欧洲再生利用废旧塑料工作做得最好的国家。意大利的废旧塑料约占城市固体废弃物的 4%，其回收率可达 28%。意大利还研制出了从城市固体垃圾中分离废旧塑料的机械装置。在回收料中加入一些新的助剂，可保证其具有足够的力学性能，用于生产垃圾袋、异型材和中空制品等。

3. 其他国家废旧塑料再生利用状况

日本是塑料生产第二大国，由于其能源短缺，所以日本对废旧塑料的再生利用一直保持积极态度。据日本废弃塑料管理协会统计，日本 1.02×10^7 t 废弃塑料中有 $520/(5.3 \times 10^6)$ t 再生利用，其中包括 2% 用作化工原料、3% 用作再熔化固体燃料、20% 用作发电燃料、13% 用作焚烧炉热能利用。日本在混合废旧塑料的开发应用方面也处于世界领先地位。三菱石油化学株式会社研制的 REVERZER 设备可以将含有非塑料成分（如废纸）达 2% 的混合热塑性废旧塑料制成栅栓、排水管、电缆盘、货架等各种再生制品。

据巴西 PVC 协会称，尽管与欧洲国家相比，巴西缺少政府介入，但巴西的塑料回收率很高，已从 1998 年的 9.5% 提高到 2006 年的 17%，而欧洲的塑料回收率约为 15%。

（二）国内废旧塑料回收概况

我国的塑料工业是国民经济的支柱产业之一，已步入世界塑料大国的行列。据不完全统计，目前国内废旧塑料年产量约 1.4×10^7 t，再加上每年进口（$6.0 \sim 7.0$）$\times 10^6$ t，中国已经成为全球最大的废旧塑料市场和再生利用国家。

由于塑料具有耐腐蚀、不易分解特性，尤其是一次性塑料包装废弃物、地膜被人们随意丢弃而造成的视觉污染，即所谓的"白色污染"，以及废旧塑料对环境造成的潜在危害，已成为社会各界普遍关注的问题之一。废旧塑料的这一特性及在垃圾中质量轻、体积大，决定了其不宜填埋，但它是热值很高的大分子材料，再生利用符合我国可持续发展的基本国策。正确处理好经济发展与环境的关系，合理利用自然资源是 21 世纪提出的迫切要求。随着我国塑料工业的不断发展，废旧塑料再生利用越来越成为我国资源再生和环境保护事业的一个重要方面。

目前，全国各地已形成了大大小小的废旧塑料加工、经营集散地，交易数额巨大，呈现蓬勃发展之势，为人们提供了一条就业、致富的门路。再生利用技术发展基本成熟，人力资源丰富，从事废旧塑料回收加工的人们的积极性高，市场需求大且稳定，如果加强管理，对该行业产业实施减免税的扶持政策，废旧塑料的再生利用将有十分广阔的前景。我国在废旧塑料再生利用机械设备的研制开发上已经取得了重大成效，目前我国已经制造出各类回收生产设备、塑料破碎机、回收造粒机组、切粒设备，而且趋于简单、适用，自动化程度提高，成本不断降低。但是在一些地方由于设备简陋和对塑料了解甚少，存在资源浪费和对环境的二次污染，所以，对废旧塑料再生利用的综合治理成为一个迫切的问题，需要政府有关部门结合当地实际情况合理规划、正确指导，达到综合治理的目的。

三、我国废旧塑料回收中存在的问题

（一）回收利用量不足

2003 年，我国的塑料制品产量达到 1651 万 t，如果算上小型企业，保守估计该值超过 2500 万 t，2012 年我国塑料制品又保持了强劲的增长势头。若按塑料制品中有 20% 为可回收塑料计算，则我国可回收塑料废弃物每年约有 400 万~500 万 t，而这还不包括企业生产过程中产生的边角料和未使用过的残次塑料制品。《再生资源回收利用"十五"规划》中提出，到 2005 年国内要达到回收废旧塑料 500 万~600 万 t，然而，我国 2003 年回收的废旧塑料却只有 200 万 t。

（二）回收政策有待完善

废塑料回收利用可有效减少能源消耗和环境污染，但目前我国在宏观层面还没有对废塑料回收利用行业发展的综合规划。中国塑料工业协会再生塑料专业委员会 2004 年成立，目前有专业经验的专家、学者仍然缺乏，很难对行业发展做出全面规划；各级政府对废旧塑料回收利用行业和再加工企业扶持的具体政策较少；缺乏废塑料分类技术规范。社会对废塑料行业缺少理性认识，一些政府部门与广大民众将再生塑料制品看作是劣质产品，很大程度上制约了废旧塑料回收再生行业的发展。

（三）回收管理归属不够明确

目前，全国至少有 2000 多万人从事个体废品收购，规范和管理好这支队伍是回收工作的重点之一。据了解，目前废塑料行业由环境保护部、发展改革委、商务部、海关总署和质检总局等共同管理。因为行业归口不明确，致使缺乏行业指导、技术规范。所以应尽早确立归口部门，将生活垃圾分类回收工作与之密切结合，从而建立起全社会的回收体系。

（四）塑料回收存在质量和环境破坏问题

废旧塑料回收利用行业进入门槛低，技术含量低。许多地方出现作坊式废旧塑料回收加工点，生产设备落后，从业人员技术匮乏，其结果是产品技术含量低，质量不稳定。包装废物中的纸类、金属类和塑料瓶等已经得到了较为广泛和自发的回收利用，但回收利用价值不大的塑料包装袋没有得到较好回收，进而对环境造成污染。除此之外，因缺乏有效领导和协调，一些回收企业的污水未进行处理就地排放，使地下水质受到影响。

四、废旧塑料利用现状及问题

（一）废旧塑料利用技术发展现状

回收后的废旧塑料，需要经过不同的技术处理实现塑料制品或材料的再利用。根据处理的种类不同，可以将现有的废旧塑料利用技术分为两大类：单品类塑料聚合物处理技术和多品类塑料聚合物综合利用技术。单品类塑料聚合物处理技术是指根据不同种类的塑料，如聚乙烯（PE）、聚丙烯（PP）、聚酯（PET）、聚苯乙烯（PS）、聚氯乙烯（PVC）等制定不同的加工处理工艺，单独进行回收再利用，其中包括简单再生技术、物理改性技术等。多品类塑料聚合物综合利用技术是指针对成分复杂不易分离塑料制品，或者混合后处理效果好的塑料制品，同时进行综合处理，从而实现综合效益最大化的处理方法，其中包括热能燃料利用技术、化学改性和裂解技术。

1. 简单再生技术

简单再生法指不经改性将废旧塑料经过分选、清洗、破碎、熔融、造粒后直接用于成型加工的回收方法。简单再生技术工艺简单，成本低，投资少，所加工的塑料制品应用广泛。但是简单再生法不适合制作高档次的塑料制品，其应用面较为有限。早在20世纪70年代，该技术就在江浙一带应用，如将废软聚氨酯泡沫塑料按一定的尺寸要求破碎后，用作包装容器的缓冲填料和地毯衬里料；或将废旧的聚氯乙烯制品经破碎及直接挤出后用于建筑物中的电线护管。

硬质PVC塑料主要采用重新造粒的方法，将经分拣洗净的废旧PVC塑料在双辊炼塑机上混炼，根据废料的来源、质量，加入各种精添加剂，经充分混炼后出片、切粒，过滤挤出制得再生粒料。PVC门窗废料经收集、分选，除去玻璃和金属，清洁、粉碎后可与新料一起，通过共挤出工艺生产再生门窗型材。

回收后的PET塑料先进行分离处理，分离的PET碎料经挤出机挤出造粒制成粒料。PET粒料用途广泛：一是重新制造PET瓶，再生粒料不能用于生产与食品直接接触的产品；二是纺丝制造纤维，用作枕芯、褥子、睡袋、毡等；三是玻纤增强材料，经玻纤增强的再生PET具有较好的耐热性和力学强度，可用来制作汽车零部件。

PE农用薄膜可用于生产再生粒料，PE再生粒料可用于生产农膜，也可用于制造化肥包装袋、垃圾袋、农用再生水管、栅栏、盆、桶、垃圾箱、土工材料等。

2. 改性再生技术

（1）物理改性

物理改性主要是指将再生料与其他聚合物或助剂通过机械共混，如增韧、增强、并用、复合活性粒子填充的共混改性，使再生制品的力学性能得到改善或提高，可以做档次较高的再生制品。这类改性再生利用的工艺路线较复杂，有的需要特定的机械设备。

物理改性主要有3种：一是填充改性，是指通过添加填充剂使废旧塑料再生利用。此种改性方法可以改善回收的废旧塑料的性能，增加制品的收缩性，提高耐热性等。填充改性的实质是使废旧塑料与填充剂混合，从而使混合体系具有所加填充剂的性能。二是增强改性，可以通过加入玻璃纤维、合成纤维、天然纤维的方法扩大回收塑料的应用范围。回收的热塑性塑料经过纤维增强改性后，其强度大大提高。三是增韧改性，使用弹性体或共混型热塑性弹性体与回收料共混进行增韧改性。

（2）化学改性

回收的废旧塑料，不仅可以通过物理改性的方法扩大其用途，还可以通过化学改性拓宽回收塑料的应用渠道，提高其利用价值。

化学改性主要有3种：一是氯化改性，氯化改性即对聚烯烃树脂进行氯化，制得因含氯量不同而特性各异的氯化聚烯烃。废旧聚烯烃通过氯化可获得阻燃、耐油等良好特性，产品具有广泛的应用价值。二是交联改性，回收的聚烯烃可通过交联大大提高其拉伸性能、耐热性能、耐环境性能、尺寸稳定性能、耐磨性能、耐化学性能等。交联有3种类型：辐射交联、化学交联、有机硅交联。聚合物交联度可通过加交联剂的多少或辐射时间长短来控制。交联度不同，其力学性能也不同。三是接枝共聚改性，废旧塑料的化学改性还有接枝、嵌段等共聚改性，目前实用性较强的为回收聚丙烯的接枝共聚改性，即用接枝单体通过一定的接枝方法对聚丙烯进行接枝，接枝改性的聚丙烯性能取决于接枝物的含量、接枝链的长度等，其基本性能与聚丙烯相似，但其他性能会发生巨大改变。接枝改性聚丙烯的目的是为了提高聚丙烯与金属、极性塑料、无机填料的黏结性或增容性。

（3）物理化学改性

塑料改性的另一种方法，即原位反应挤出工艺的改性与成型。这种方法同时实现化学改性和物理改性，突破了过去的化学改性、物理改性和成型加工之间的界限或不连续性，大幅缩短了塑料材料制备和制品生产的周期，也有效改善再生塑料的综合力学性能。

3. 燃料热能利用技术

废旧塑料燃烧会产生大量热能，如果加以回收利用将会产生极大的经济效益。废旧塑料发热量高达 33 472~37 656 kJ/kg，比煤高而比油略低，便于回收利用。表1-8是废塑料粉体、微粉碳燃料、石油燃料的燃烧性能对比。从中可以看出，废塑料粉体燃烧热值高，并且不含 NO_x 和 SO_x，属于理想的燃料资源。

表1-8 废塑料与其他燃料燃烧试验对比

燃料种类		废塑料粉体燃烧（PE、PP、PS、PET 等）	微粉碳燃烧（沥青炭）	石油燃烧（C 重油）
发热量/kJ·kg^{-1}		40 600	33 000~35 000	43 100
燃烧中硫份		0	0.5~0.8	0.1~0.2
空气比		约1.2	约1.2	约1.2
燃烧状态		良好	良好	良好
排气	NO_x/g·Nm^{-3}	0.0488~0.0612	0.0969	0.171
	SO_x/g·Nm^{-3}	0	0.310~0.465	0.0465~0.101
	未燃物/g·Nm^{-3}	<0.001	36.2	0.05

德国研制的废旧塑料用于高炉喷吹代替油的技术最早应用在不莱梅钢铁公司，废旧塑料的发热量高，有助于高炉煤气热值的提高，而且高炉喷吹废旧塑料的能量利用率高达80%，其中60%是以化学能的形式用来还原铁矿石，所以废旧塑料可燃料化用作高炉喷吹。考虑到塑料成分对高炉冶炼的影响，并且防止产生有害气体，最好使用不含氯的无毒塑料。另外，从环保角度出发，有害气体二噁英和呋喃剧毒物质的排放量仅为焚烧炉的0.1%~1%，很大程度上降低了环境污染。

热能利用方法省去了废旧塑料前期分选等繁杂工作，可大批量处理废旧塑料和生活垃圾，但设备投资较大、成本较高。因此，目前利用焚烧方法处理废旧塑料的国家还仅限于发达国家和我国局部地区。

4. 裂解单体化技术

裂解废塑料可制备化工原料（乙烯、苯乙烯、焦油等）和液体燃料（汽油、柴油、液化气），国内对此技术的研究推广已有十几年的历史，通常分为热裂解和催化裂解。

①热裂解。废旧塑料的分离较为复杂，若将其分类后再裂解，要花费一定的

设备投资、能源和时间，回收成本较高。热裂解一般是在反应器中使那些无法分选和污染的废旧塑料加热到其分解温度（600~900℃），使其分解、吸收、净化得到可利用分解物，主要利用废旧塑料热裂解温度特性的差异，采用分段热裂解分离回收。各种废旧塑料都有自己的热裂解温度特性。对常见的废塑料聚氯乙烯、聚乙烯、聚丙烯和聚苯乙烯通常进行分段热裂解。通过控制热裂解温度，对废旧塑料混合物进行分段裂解。例如，在低温阶段对聚苯乙烯进行热裂解，可回收具有较高价值的苯乙烯单体和轻质燃料油，高温段回收重质燃料油。

②催化裂解。热裂解反应温度要求高，难以控制。为降低温度、节约成本、提高产率，常使用催化剂催化裂解。废旧塑料催化裂解制燃料油技术在世界范围内已有成功的先例。我国的北京、西安、广州等城市也建立了一些小规模的废塑料油化工厂。废塑料裂解催化剂的选择是该技术的关键所在，我国在这方面的专利技术较多。表1-9给出几种塑料裂解条件及主要产物。

表1-9　几种塑料裂解条件及主要产物

塑料名称	工艺流程（催化剂）	裂解产物
PE	$120~140℃$，O_2 $350~500℃$，H_2，$ZnCl_2$ $350~450℃$，Al_2O_3，$2SiO_2$ $350~450℃$，石蜡	氧化蜡 高辛烷值的汽油 燃料油 95%液化产物
PP	$400~650℃$，Al_2	硅酸盐异丁烯
PVC	$200℃$，Cu $350℃$，H_3PO_4，Na_2 硅酸盐 $200℃$，Cl_2	二氯乙烷 芳香族化合物 CCl_4
PS	$250~500℃$，$H_2/ZnCl_2$，$Al_2O_3/2SiO_2$ $300℃$，H_2O，CuO	乙苯 苯乙烯
PET	$200~250℃$，醋酸锌	对苯二甲酸

（二）废旧塑料利用技术的突出问题

1. 直接再生产品性能不稳定

复合再生塑料制品，因各种塑料混入的比例不同及相容性各异而使其制品质量不稳定，性能较差。再生虽然路线简单，但产品质量较差、性质不稳定、易变脆。目前，国内仅用于建筑填料、垃圾袋、雨具等低档产品的生产。

2. 化学及焚烧处理运行成本高、环境污染问题突出

因塑料是热值很高的大分子材料，发热量大，易损伤炉子，加上焚烧后产生的气体会促使地球暖化。焚烧后主要产物是二氧化碳和水，但随着塑料品种、焚烧条件的变化，也会产生多环芳烃化合物、酸性化合物、一氧化碳和重金属化合物等有害物质，有些塑料在焚烧时还会释放出二噁英与氯气，会造成严重的大气污染问题。

第二章　废旧塑料的回收处理技术

第一节　废旧塑料的鉴别技术

塑料鉴别与分拣，是废旧塑料再生利用的基本前提。由于塑料消费渠道多而复杂，有些塑料经消费后难于通过外观将其区分，因此最好能在塑料制品上标明材料品种。中国参照美国塑料协会（SPE）提出并实施的材料品种标记制定了GB/T 16288—2008"塑料制品的标志"（图2-1），尽管可以利用特定标记的方法以方便分拣回收，但由于中国仍然有许多无标记的塑料制品，给分拣带来困难。为分辨不同品种的塑料，以便分类再生利用，掌握废旧塑料的鉴别技术至关重要。

废旧塑料种类的鉴别方法主要有物理方法和化学方法。其中，物理方法又分为外观性状鉴别、密度鉴别、折射率鉴别、静电试验鉴别和溶解鉴别；化学方法主要包括燃烧鉴别、热裂解试验鉴别、显色反应鉴别、元素鉴别等。光谱分析法是近代发展起来的技术，包括红外光谱、热分析、激光发射光谱、X射线荧光光谱和等离子发射光谱等鉴别技术。

一、外观性状鉴别技术

外观鉴别法是根据塑料的形状、颜色、光泽、透明度、耐曲折性、硬度和弹性等的不同来加以鉴别的方法。一般情况下，塑料制品有热塑性塑料、热固性塑料和弹性体3类。热塑性塑料分为结晶和无定形2类：结晶性塑料外观呈半透明、乳浊状或不透明，只有在薄膜状态下呈透明状，硬度从柔软到角质；无定形塑料一般为无色，在不加添加剂时为全透明，硬度从硬于角质到橡胶状（此时常加有增塑剂等添加剂）。热固性塑料通常含有填料且不透明，不含填料时为透明。弹性体具有橡胶状手感，有一定的拉伸率。

表2-1列出了不同塑料的外观性状，但应注意的是，表中给出的只是不含大量添加剂的塑料制品本身的外观性状。

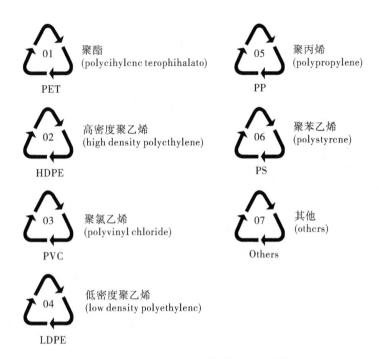

图 2-1 我国制定的塑料包装制品回收标志

表 2-1 不同塑料的外观性状

塑料种类	外观性状
聚乙烯（PE）	未着色时呈乳白色半透明，蜡状；用手摸制品有滑腻的感觉，柔而韧，有延展性，可弯曲，但易折断。一般 LDPE 较软，透明度较好；HDPE 较硬
聚丙烯（PP）	未着色时呈白色半透明，蜡状，光滑，划后无痕迹，可弯曲，不易折断；比 PE 轻。透明度也较 PE 好，比 PE 刚硬
聚氯乙烯（PVC）	本色为微黄色半透明状，有光泽。透明度胜于 PE、PP，差于 PS，随助剂用量不同，分为软、硬聚氯乙烯，软制品柔而韧，手感黏，硬制品的硬度高于 LDPE，而低于 PP，在曲折处会出现白化现象
ABS 塑料	外观为不透明象牙色粒料，其制品可着成五颜六色，并具有高光泽度。极好的冲击强度、尺寸稳定性好，耐磨性优良，弯曲强度和压缩强度属塑料中较差的
聚苯乙烯（PS）	在未着色时透明。制品落地或敲打，有金属似的清脆声，光泽和透明很好，类似于玻璃，光滑，划后有划痕，性脆易断裂。改性聚苯乙烯为不透明
聚对苯二甲酸乙二醇酯（PET）	乳白色或浅黄色，高度结晶的聚合物，表面平滑有光泽。透明度很好，强度和韧性优于 PVC 和 PS，不易破碎

对于各种塑料薄膜，由于其形状特殊，又具有各种外观特性，如光泽、透明度、光滑性等，因此，从外观来鉴别塑料薄膜是一种简便的方法。表 2-2 列出了不同塑料薄膜的外观特性。

表 2-2　不同塑料薄膜的外观特性

薄膜种类	光泽	透明性	挺括	光滑性
普通玻璃纸	优	优	优	优
醋酸纤维素	优	优	优	优
低密度聚乙烯	良	良~优	劣~可	劣
中密度聚乙烯	良	良~优	劣~可	劣
高密度聚乙烯	劣~良	劣~良	良	良
乙烯-乙酸乙烯共聚物	良	优	劣	劣
未拉伸聚丙烯	良~优	良~优	良	劣
双向拉伸聚丙烯	优	优	优	良
软质聚氯乙烯	优	优	劣~可	可~良
硬质聚氯乙烯	优	优	优	优
聚偏二氯乙烯	优	优	劣~可	劣~可
拉伸聚苯乙烯	优	优	优	优
聚乙烯醇	优	优	劣~可	劣~可
聚碳酸酯	优	优	优	劣~良
聚酯	优	优	优	优
双向拉伸尼龙 6	优	优	优	优
未拉伸尼龙 6	优	良~优	劣	劣

从表 2-2 中可以看出，无色透明、挺括、表面光滑且具有漂亮光泽的有拉伸聚苯乙烯、硬质聚氯乙烯、聚酯、聚碳酸酯和醋酸纤维素薄膜。手感柔软的有聚偏二氯乙烯和聚乙烯醇薄膜。介于二者之间的有聚乙烯、双向拉伸聚丙烯和尼龙 6 薄膜。

除此之外，透明薄膜经过揉搓后变成白色或乳白色的是聚乙烯、聚丙烯和尼龙 6 薄膜。若将薄膜的一端固定后使之振动，如有挠性并发出类似金属响声的则是聚酯、聚碳酸酯和聚苯乙烯薄膜。两张薄膜重叠时，滑性较差的是聚偏二氯乙烯、低密度聚乙烯、乙烯-乙酸乙烯共聚物和尼龙 6 薄膜。

二、溶解性鉴别技术

高分子聚合物有线型和体型、支化和交联、结晶和非晶、极性和非极性之分，不同的溶剂有不同的溶解性，可根据溶解性鉴别不同的塑料。如一般热塑性塑料可溶胀或溶解在某种溶剂中，而热固性塑料或交联的热塑性塑料则不能溶解，当固化度或交联度较低时，也只能轻微溶胀；结晶性塑料则往往需在较高的温度下才能溶解，极性聚合物则只能溶于极性的溶剂中等。表2-3列出了不同塑料在某些溶剂中的溶解性。

表2-3　不同塑料的溶解性

聚合物	溶剂	非溶剂
聚乙烯	甲苯（热）、二甲苯（105 ℃）、四氢萘（热）、十氢萘（热）、1-氯萘（≥130 ℃）	汽油（溶胀）、醇类、醚类、环己酮
聚丙烯	芳香烃（甲苯90 ℃、二甲苯140 ℃）、四氢萘（135 ℃）、十氢萘（120 ℃）、1-氯萘（130 ℃）	汽油、酯类、醇类、环己酮
聚苯乙烯	苯、甲苯、三氯甲烷、环己酮、乙酸乙酯、乙酸丁酯、二硫化碳、汽油、四氢呋喃	脂肪烃、低级醇、乙醚
聚氯乙烯	甲苯、氯苯、环己酮、甲乙酮、四氢呋喃、二甲基甲酰胺	甲醇、丙酮、庚烷、乙酸丁酯
氯化聚氯乙烯	乙酸乙酯、环己烷、二氯甲烷、甲苯、四氢呋喃、丁酮	乙醇
聚乙烯醇	水、二甲基甲酰胺	烃类、甲醇、乙醚、丙酮
聚丙烯腈	浓硫酸、二甲基亚砜、二甲氨基甲酰胺	烃类、醇类、乙醚
聚甲基丙烯酸酯	甲酸、乙酸、苯、甲苯、氯仿、二氯乙烷、乙酸乙酯、低级酮、四氢呋喃、四氢萘	脂肪族醇、乙醚、石油醚
聚酰胺（尼龙）	甲酸、浓硫酸、二甲基甲酰胺、间甲酚	汽油、烃类
聚氧化甲烯（聚甲醛）	DMF（100 ℃）、苯酚（热）	烃类、醇类、汽油
ABS	二氯乙烷、氯仿、三氯乙烷、乙酸乙酯、甲苯、四氢呋喃、环己酮	乙醇、乙醚
聚对苯二甲酸乙二醇酯	二氯乙烷、四氯乙烷、甲酚、苯酚、氯苯酚、浓硫酸、硝基苯	烷烃、甲苯、甲醇、乙醇、丙酮、环己酮
聚砜	二氯甲烷、二氯乙烷、芳香烃、DMF	乙醇、丙酮

三、显色反应鉴别技术

利用不同的指示剂，做点滴试验，观察塑料试样的显色状况，可以对塑料进行定性鉴别。在通常情况下，增塑剂、稳定剂、填料等添加剂不参与显色反应，然而这些物质的存在会降低显色反应的灵敏度，因此，最好还是将它们预先分离出来，以便做出正确的判断。

（一）与对二甲基氨基苯甲醛的颜色反应

①在试管中加热 0.1~0.2 g 样品，将塑料裂解产物粘在棉签上，放入 14% 对二甲基氨基苯甲醛的甲醇溶液中，加 1 滴浓盐酸，若有聚碳酸酯存在则产生深蓝色；若聚酰胺存在则出现枣红色。

②试管中小火加热 5 mg 左右试样令其热解，冷却后加 1 滴浓盐酸，然后加 10滴 1% 对二甲基氨基苯甲醛的甲醇溶液。放置片刻，再加入 0.5 mL 左右的浓盐酸，最后用蒸馏水稀释。观察整个过程中颜色的变化，结果见表 2-4。

表 2-4　主要高分子材料与对二甲基氨基苯甲醛的显色反应

高分子材料	加浓盐酸后	加 1% 对二甲基氨基苯甲醛溶液后	加浓盐酸后	加蒸馏水后
聚乙烯	无色至淡黄色	无色至淡黄色	无色	无色
聚丙烯	淡黄色至黄褐色	鲜艳的紫红色	颜色变浅	颜色变淡
聚苯乙烯	无色	无色	无色	乳白色
聚氯乙烯模塑材料	无色	溶液无色，不溶解的材料为黄色	溶液暗棕色至暗红棕色	
聚甲基丙烯酸甲酯	黄棕色	黄色	紫红色	变淡
聚对苯二甲酸乙二醇酯	无色	乳白色	乳白色	乳白色
聚甲醛	无色	淡黄色	棕色	乳紫红色
尼龙-56	淡黄色	深紫红色	棕色	乳紫红色
酚醛树脂	无色	微混浊	乳白色至粉红色	乳白色
聚碳酸酯	红至紫色	蓝色	紫红至红色	蓝色
聚甲醛	无色	淡黄色	淡黄色	乳紫红色
氯化聚氯乙烯	暗血红色	暗血红色	暗血红色至红棕色	
醋酸纤维素	棕褐色	棕褐色	棕褐色	浅棕褐色
聚偏二氯乙烯	黑棕色	暗棕色	黑色	
乙烯-醋酸乙烯共聚物	无色至亮黄色	亮黄至金黄色	黑色	
聚氯丁二烯	不反应	不反应	不反应	
不饱和醇酸树脂（固化）	无色	淡黄色	乳白至乳粉红色	乳白色
环氧树脂（未固化）	无色	紫红色	淡紫红至乳粉红色	变淡
氯化橡胶	橄榄绿至橄榄棕	暗红棕色	暗红棕色	
氢氧化橡胶	无色	无色	无色	

（二）Liebermann-Storch-Morawski 反应

在 2 mL 热乙酸酐中溶解或悬浮几毫克的样品，冷却后加入 3 滴 50% 的硫酸，立即观察试样颜色，再在水浴中将样品加热至 100 ℃，观察试样颜色。表 2-5 列出了部分塑料在 Liebermann-Storch-Morawski 反应中的显色情况。对该试验无显色反应的塑料有聚烯烃、聚四氟乙烯、聚三氟氯乙烯、聚丙烯酸酯类、聚甲基丙烯酸酯类、聚丙烯腈、聚苯乙烯、聚氯乙烯、聚偏氟乙烯、氯化聚乙烯、饱和聚酯、聚碳酸酯、聚甲醛和尼龙等。

表 2-5　几种塑料的 Liebermann-Storch-Morawski 显色反应

塑料种类	立即显色	10 min 后颜色	100 ℃后颜色
酚醛树脂	浅红紫至粉红色	棕色	棕色至红色
聚乙烯醇	无色至浅黄色	无色至浅黄色	棕色至黑色
聚乙酸乙烯酯	无色至浅黄色	蓝灰色	棕色至黑色
氯化橡胶	黄棕色	黄棕色	浅红色至黄棕色
环氧树脂	无色至黄色	无色至黄色	无色至黄色
聚氨酯	柠檬黄	柠檬黄	棕色，绿荧光

（三）Gibbs 靛酚蓝试验

在裂解管中加热少量的样品，用事先浸过 2,6-二溴醌-4-氯亚胺的饱和乙醚溶液的风干滤纸盖住管口，不超过 1 min 取下滤纸，滴上 1~2 滴稀氨水，有蓝色出现表明有酚存在。Gibbs 靛酚蓝试验对于鉴别在加热下能释放酚或酚的衍生物的塑料是很有用的，这类塑料有酚醛树脂、聚碳酸酯、环氧树脂。

（四）一氯乙酸和二氯乙酸显色反应

将几毫克粉碎的试样放入试管，加入约 5 mL 二氯乙酸或熔融的一氯乙酸，加热至沸腾，约 1~2 min 后，观察试样的颜色变化，即可分辨出单烯类的高分子。单烯类高分子在一氯乙酸或二氯乙酸中的显色情况见表 2-6。

表 2-6　单烯类高分子在一氯乙酸或二氯乙酸中的显色情况

单烯类高分子	在一氯乙酸中	在二氯乙酸中
聚氯乙酸	蓝色	红色至紫色
氯化聚氯乙烯	无色	无色
聚乙酸乙烯酯	红色至紫色	蓝色至紫色

（五）铬变酸显色反应

取一小块塑料试样放入试管中同 2 mL 浓硫酸和几块铬变酸晶体一起在 60 ~ 70 ℃下加热 10 min，静置 1 h 后观察，显示深紫色时表明试样中含有甲醛；若呈红色，则表明为醋酸纤维素、硝酸纤维素、聚乙酸乙烯酯、聚乙烯醇缩丁醛等；呈紫色则为聚砜。热解时释放出甲醛的塑料很多，有酚醛树脂、脲醛树脂、呋喃树脂、蜜胺树脂、聚甲醛、聚甲基丙烯酸甲酯等，所以铬变酸显色反应是一种有效的塑料品种鉴别方法。

（六）吡啶显色反应

1. 与冷吡啶的显色反应

将试样首先用乙醚萃取，去除增塑剂。有时可将试样溶于四氢呋喃，滤去不溶解成分后加入甲醇再使之沉淀。在 75 ℃时离析，干燥后使试样同 1 mL 吡啶混合，放置几分钟后滴入 2 ~ 3 滴 5% 氢氧化钠的甲醇溶液（由 1 g 氢氧化钠溶于 20 mL 甲醇溶液制成），立即观察呈现的颜色，5 min 后再分别观察一次颜色。

2. 与沸腾吡啶的显色反应

取少许不含增塑剂的试样同 1 mL 吡啶一起煮沸 1 min 后分成 2 份。将其中 1 份重新煮沸，再小心地同 2 滴 5% 氢氧化钠的甲醇溶液混合；另 1 份则在煮沸后使之冷却，再同 2 滴 5% 氢氧化钠的甲醇溶液混合，在即刻和 5 min 后分别观察一次颜色，显色情况见表 2-7。

表 2-7　用吡啶处理含氯塑料的显色反应

单烯类高分子	与吡啶和试剂溶液一起煮沸		与吡啶煮沸，冷却后再加入试剂溶液		试剂溶液和吡啶不加热	
	即刻	5 min 后	即刻	5 min 后	即刻	5 min 后
氯化橡胶	深红色至棕色	深红色至棕色	黑色至棕色	黑色至棕色沉淀	橄榄绿色至棕色	橄榄绿色至棕色
聚氯乙烯模塑料	黄色	棕色至黑色沉淀	白色至混浊	白色沉淀	无色	无色
聚氯乙烯	红色至棕色	血红色至棕色至红	血红色至棕色至红色	红色至棕色，黑色沉淀	红色至棕色	黑色至棕色
氯化聚氯乙烯	血红色至棕色至红色	棕色至红色	棕色至红色	红色至棕色，黑色沉淀	红色至棕色	红色至棕色
聚氯丁二烯	白色至浑浊	白色至浑浊	无色	无色	白色至浑浊	白色至浑浊
聚偏二氯乙烯	棕色至黑色	棕色至黑色沉淀	黑色至棕色沉淀	黑色至棕色沉淀	棕色至黑色	棕色至黑色

四、密度差别鉴别技术

塑料种类不同，其密度通常存在明显差异。利用这一性质，在工业上将混合废旧塑料依次通过不同密度的液体，根据塑料在液体中的沉浮情况，即可将大多数通用塑料分离。但密度法很少单独用于塑料的鉴别，因为塑料中的各种添加剂及成型加工方法和工艺条件等都会对塑料制品的密度产生影响；废旧薄膜和泡沫制品的鉴别和分选也不宜采用此方法。表 2-8 列出了利用不同密度的溶液鉴别塑料的方法。

从密度范围来看，塑料主要可划分为以下几类：①密度为 0.85~1.00 g/cm³：PE、PP、聚异丁烯和天然橡胶等。②密度为 1.00~1.15 g/cm³：PS、ABS、PA、PO、AS 等。③密度为 1.15~1.35 g/cm³：PC、PA、PMMA 等。④密度为 1.35 g/cm³ 以上：PBT、PET、PVC 等。

表 2-8　不同密度的溶液鉴别塑料的方法

溶液种类	密度/（g/cm³）	配制方法	浮于溶液的塑料	沉于溶液的塑料
水	1.00		PE、PP	其他塑料
饱和食盐溶液	1.19（25 ℃）	水 74 mL，食盐 26 g	PS、ABS	PVC、PMMA
乙醇溶液（质量分数 58.4%）	0.91（25 ℃）	水 100 mL，质量分数为 95% 的乙醇 160 mL	PP	PE
乙醇溶液（质量分数 55.4%）	0.925（25 ℃）	水 100 mL，质量分数为 95% 的乙醇 140 mL	LDPE	HDPE
CaCl₂ 溶液	1.27	CaCl₂ 100 g，水 150 mL	PE、PP、PS、PMMA	PVC

表 2-9 列出了主要塑料的近似密度。

表 2-9　主要塑料的近似密度

塑料种类	密度/（g/cm³）	塑料种类	密度/（g/cm³）
低密度聚乙烯	0.89~0.93	聚乙酸乙烯酯	1.17~1.20
高密度聚乙烯	0.92~0.98	丙酸纤维素	1.18~1.24
聚丙烯	0.85~0.91	软质聚氯乙烯（含 40% 增塑剂）	1.19~1.35
聚异丁烯	0.90~0.93	聚乙烯醇	1.20~1.31
天然橡胶	0.92~1.00	交联聚氨酯	1.20~1.26
聚苯乙烯	1.04~1.08	聚碳酸酯（双酚 A 型）	1.20~1.22

续表

塑料种类	密度/（g/cm^3）	塑料种类	密度/（g/cm^3）
ABS	1.04~1.06	聚氟乙烯	1.30~1.40
尼龙-6	1.12~1.15	赛璐珞	1.34~1.40
尼龙-11	1.03~1.05	硬质聚氯乙烯	1.38~1.50
尼龙-12	1.01~1.04	聚对苯二甲酸乙二酸酯	1.38~1.41
尼龙-610	1.07~1.09	聚甲醛	1.41~1.43
苯乙烯-丙烯腈共聚物	1.06~1.10	氯化聚氯乙烯	1.47~1.55
聚甲基丙烯酸酯	1.16~1.20	聚四氟乙烯	2.10~2.30
聚苯醚	1.05~1.07	聚偏二氟乙烯	1.70~1.80
环氧树脂和不饱和聚酯树脂	1.10~1.40	聚酯和环氧树脂（加有玻璃纤维）	1.80~2.30
尼龙-66	1.13~1.16	聚偏二氟乙烯	1.86~1.88
聚丙烯腈	1.14~1.17	聚三氟氯乙烯	2.10~2.20

五、折射率鉴别技术

折射率是鉴别高分子材料的有力参数。测定透明高分子材料的折射率主要采用阿贝折光法，仪器为阿贝折射仪。

（一）折射率测量方法

取一个平整或经抛光的固体试样，其尺寸以 18 mm×9 mm×4 mm 为宜，将试样放置在阿贝折射仪的直角棱镜面上，试样的折射率可在刻度盘上读出。在试样平面与棱镜面之间滴一小滴接触液，以达到良好的光学接触。接触液的选择要求其折射率比待测试样折射率大，而又比标准直角棱镜的折射率小，从而不会干扰测定，另外，还需考虑对试样没有侵蚀和溶胀作用。常用于高分子材料可供选择的接触液见表2-10。

表2-10 可供选择的接触液

接触液	高分子材料
茴香子油	纤维素酯类，脲树脂类
α-溴萘	纤维素酯类，含氟聚合物，脲树脂类，酚醛树脂类，聚乙烯，聚酯类，尼龙，聚乙酸乙烯酯，聚乙烯醇，聚氯乙烯（有条件使用）
碘化钾饱和溶液	聚异丁烯，聚苯乙烯，聚氯乙烯
氯化锌饱和水溶液	聚丙烯酸酯类，聚异丁烯，聚甲基丙烯酸酯

（二）塑料折射率的测定

表 2-11 列出了主要高分子材料在标准测试条件下的折射率（注意：所用试样为透明固体材料）。如果试样为粉末或颗粒时，可用其溶液先浇铸成膜、熔融成膜或用其他成型方法制成前面所述规格的试样再进行测定。

表 2-11　主要塑料的折射率（ n_D^{20} ）

塑料种类	折射率	塑料种类	折射率
聚苯乙烯	1.57~1.60	聚对苯二甲酸乙二醇酯	1.51~1.65
聚乙烯	1.51~1.54	聚乙烯-乙酸乙烯酯共聚物（90：10）	1.52~1.53
聚丙烯	1.49	聚乙烯醇	1.49~1.53
聚异丁烯	1.505~1.51	聚碳酸酯（双酚 A 型）	1.58~1.59
氯化橡胶	1.56~1.59	赛璐珞	1.49~1.51
尼龙-6	1.535	聚丁二烯	1.52
尼龙-610	1.53	聚偏二氯乙烯	1.42
苯乙烯-丙烯腈共聚物	1.55~1.58	聚三氟氯乙烯	1.43
浇铸环氧树脂	1.57~1.61	聚四氟乙烯	1.35~1.38
尼龙-66	1.53	聚丙烯酸丁酯	1.46~1.47
苯乙烯-丁二烯共聚物	1.53	醋酸纤维素	1.46~1.54
聚氧化乙烯	1.46~1.54	乙酸-丁酸纤维素	1.46~1.50
聚丙烯酸甲酯	1.47~1.49	乙酸-丙酸纤维素	1.47~1.48
聚丙烯腈	1.50~1.52	乙基纤维素	1.47~1.48
非交联聚酯	1.50~1.58	甲基纤维素	1.50
酚醛树脂	1.50~1.70	硝酸纤维素	1.50~1.51
聚丙烯酸	1.527	蜜胺树脂	1.57~1.60
聚异丁烯	1.505~1.51	聚甲基苯乙烯	1.58

六、燃烧特性鉴别技术

通过观察塑料的燃烧性能、火焰颜色、发烟量、熔融落滴形式、燃烧生成物气味、灰烬性状等特点，可对不同塑料进行初步鉴别，表 2-12 给出了不同塑料的燃烧特性。由于塑料添加剂会影响燃烧实验结果，因此，该方法不适宜混合废旧塑料的鉴别。

表 2-12 不同塑料的燃烧特性

塑料种类	燃烧性能	燃烧性状	气味	灰烬颜色
聚乙烯	易燃	边燃烧，边熔融滴下，无烟，离火继续燃烧，火焰尖端呈黄色，底部呈蓝色	特有的石蜡味	黑色
聚丙烯	易燃	熔融时滴落不明显，火焰颜色同 PE	石油气味	黑色
聚苯乙烯	易燃	近火急剧收缩，有发软、起泡现象，放出大量黑烟，离火继续燃烧，火焰为橙黄色	苯乙烯气味	黑色
聚氯乙烯	难燃	燃烧时软化，冒烟，离火即灭，具有合氯化合物，特有的黄色火焰，底部绿色	特有的氯化氢刺激性气味	黑色
ABS	易燃	燃烧时软化，熔融，烧焦，放出黑烟，无滴落，黄色火焰	有苯乙烯气味，兼有橡胶味	黑色
有机玻璃	易燃	燃烧时熔融起泡，火焰为淡蓝色，顶部为白色，有破裂声	强烈花果味或蔬菜的腐烂味	黑色
尼龙	中等	熔化滴下，火焰尖端呈黄色	羊毛或指甲烧焦气味	浅黄褐色
热塑性聚酯	易燃	燃烧时有收缩，冒出黑烟，离火继续燃烧，火焰尖端黄色，底部蓝色	特有的辛辣味	黑色
聚碳酸酯	中等	燃烧时软化，熔融，气泡，焦化，离火后慢慢熄灭	花果腐臭气味	黑色
聚甲醛	易燃	燃烧时熔融滴落，离火继续燃烧，火焰上端黄色，下端蓝色	强烈甲醛气味，鱼腥臭味	黑色
聚乙烯醇	易燃	燃烧时软化，熔化，分解，有"扑哧"声，火焰为橙黄色	有毛发烧焦气味	浅灰色
玻璃纸	易燃	像纸一样燃烧，呈红黄色火焰	像烧纸一样气味	浅灰色
醋酸纤维素	易燃	熔融，滴落，呈暗黄色火焰，少量黑烟	醋酸味	黑色
聚四氟乙烯	不燃			
聚苯醚	易燃	燃烧时熔融，放出浓黑烟	花果臭味	黑色
酚醛	难燃	燃烧困难，离火即灭，呈黄色火焰	有甲醛气味	黑色
环氧树脂	中等	燃烧时冒出黑烟，黄色火焰，溅出黄色火焰	刺激性气味	黑色

七、热裂解鉴别技术

检验塑料在不与火焰接触下的加热行为，也可用来鉴别塑料的种类。将少量样品装入裂解管中，在管口放上一片润湿的 pH 试纸，从逸出气体使 pH 试纸发生的颜色变化来判断塑料的类别，如表 2-13 所示。

表 2-13 裂解气 pH 值所对应的塑料类别

pH 值	塑料类别
0.5~4.0	含卤素聚合物，聚乙烯酯类，纤维素酯类，聚对苯二甲酸乙二醇酯，线形酚醛树脂，聚氨酯弹性体，不饱和聚酯树脂，含氟聚合物
5.0~5.5	聚烯烃，聚乙烯醇及其缩醛，聚乙烯醚，苯乙烯聚合物，聚甲基丙烯酸酯类，聚甲醛，聚碳酸酯，线形聚氨酯，酚醛树脂，硅塑料，环氧树脂，交联聚氨酯
8.0~9.5	聚酰胺，ABS，聚丙烯腈，酚醛树脂，甲酚甲醛树脂，氨基树脂

八、元素检测鉴别技术

塑料中含有 C、H、Cl、F、P、Si 等元素。通过对这些元素的检测也可判断鉴别未知塑料。塑料按所含杂原子的分类情况见表 2-14。

表 2-14 塑料按所含杂原子的分类情况

杂原子								
O, 卤素			N, O	S, O	Si	N, S	N, S, P
不可皂化	可皂化						
	皂化值 SN<200	皂化值 SN>200					
聚乙烯醇	天然树脂	聚乙酸乙烯酯及其共聚物	聚氯乙烯	聚酰胺	聚亚烃化硫	聚硅酮	硫脲缩聚物
聚乙烯醚	改性酚醛树脂	聚丙烯酯和聚甲基丙烯乙酯	聚偏二氯乙烯	聚氨酯、聚脲	硫化橡胶	聚硅氧烷	硫酰胺缩聚物
聚乙烯醇缩醛		聚酯	聚氟烃	氨基塑料、聚丙烯腈及其共聚物			

续表

杂原子							
O, 卤素			N, O	S, O	Si	N, S	N, S, P
不可皂化	可皂化						
	皂化值 SN<200	皂化值 SN>200					
聚乙二醇、聚缩醛树脂、二甲苯甲醛树脂、纤维素醚、纤维素	醇酸树脂、纤维素酯、氯化橡胶	氯化橡胶、聚乙烯咔唑、聚乙烯吡咯酮	氯化橡胶、聚乙烯咔唑、聚乙烯吡咯酮				

聚酰胺（尼龙）可通过测定熔点区分不同的种类，如尼龙-6，尼龙-66，尼龙610，尼龙-11 和尼龙-12。以下列出了不同尼龙的熔点范围（表2-15）。

表 2-15　不同尼龙的熔点范围

聚酰胺类型	熔点范围/℃	聚酰胺类型	熔点范围/℃
尼龙-6	215~225	尼龙-1010	190~200
尼龙-66	250~260	尼龙-11	180~190
尼龙-610	210~220	尼龙-12	170~180

塑料元素的定性鉴别常采用钠熔法，取 0.1~0.5 g 塑料试样放入试管中。与少量金属钠一起加热熔融，冷却后加入乙醇，使过量的钠分解。然后溶于 15 mL 左右的蒸馏水中，并过滤。表 2-16 列出了塑料中元素的鉴别方法。

表 2-16　塑料中元素的鉴别方法

元素名称	鉴别方法
N	取部分滤液，加入 5%硫酸亚铁溶液数滴，迅速煮沸，冷却后加入 1 滴 10%氯化亚铁，并用稀盐酸酸化，若有蓝色沉淀出现，表明有氮元素存在；若呈蓝色或淡蓝色而无沉淀，则表明只有少量的氮存在；若呈黄色，则无氮元素存在
F	用稀盐酸或乙酸酸化原液，加热至沸腾 1 min，冷却后加入 2 滴饱和氯化钙溶液，出现氟化钙的胶状沉淀，便表明氟的存在

续表

元素名称	鉴别方法
Si	将30~50 mg塑料同100 mg干燥的碳酸钠和10 mg过氧化钠在一小铂皿或镍坩埚中小心混合，在火焰上缓慢熔化。冷却后使其在几滴水中溶解，紧接着加热至沸腾，并用稀硝酸使之中和或轻微酸化。然后，将此溶液同1滴钼酸铵溶液混合，加热至接近沸腾，冷却后加1滴联苯胺溶液（由50 mg联苯胺溶于10 mL、50%的乙酸中，加水至100 mL制得），然后，再加1滴饱和乙酸钠水溶液。若溶液呈蓝色，即表明硅的存在
Cl	取部分滤液加稀硝酸酸化，再加入4%硝酸银溶液数滴，若产生白色片状沉淀物，并能溶于过量氨水，曝光后不会变色，则表明氯元素的存在
S	①取部分滤液，加乙酸酸化，再加入数滴5%乙酸铅溶液，若有黑色沉淀，则表明有硫元素存在； ②将滤液与约1%的硝基氢氰酸钠溶液反应，若呈深紫色，则表示有硫的存在； ③将1滴滤液的碱性原液滴在银币上，如有硫存在就会形成硫化银的棕色斑点； ④这是一种证实多硫化物、聚砜和硫化橡胶中存在硫的试验方法：将有空气存在干态加热（即热解）时产生的汽化物导入稀氯化钡溶液中，此时会出现硫酸钡的白色沉淀物
P	将几滴钼酸铵溶液加入1 mL用硝酸酸化的原液中，加热1 min后出现磷钼酸铵的黄色沉淀，即表明磷的存在

九、仪器分析鉴别技术

混合废旧塑料的再生利用，一般对鉴别准确度有较高要求，以免不同种类物质混入，使再生料尽可能保持原始料的性能。但传统的鉴别方法往往没有触及物质的化学结构，很难达到较高的准确度，而仪器分析法却能实现塑料的高精度鉴别。但该方法对混合物的定性分析比较困难，可结合上述几种鉴定方法，对未知种类塑料先进行判断；另外，仪器分析法所使用的仪器都较昂贵，一般的企业在经济上难以承受。仪器分析法主要有红外分析技术、热分析、激光发射光谱、X射线荧光光谱和等离子发射光谱等鉴别技术。

（一）利用红外光谱鉴别塑料

红外光谱分析法能深入分子内部，利用构成有机物的官能团（C—H、H—Cl、N—H、O—H、C=O、C—C等化学键）不同，在红外光照射下，产生相应的红外光谱，由此来鉴别塑料种类。红外光谱分析法主要采用近红外（NIR）和中红外（MIR）分析技术。

1. 近红外分析技术

NIR光谱的波数为4000~14300 cm^{-1}，适于分析透明的或淡色的聚合物。一些常见的废旧塑料（如PE、PP、PVC、PS、ABS、PET、PC、PMAA、PA、PU等）

的 NIR 光谱有明显的不同, 易于识别。该法快捷、可靠, 响应时间短, 灵敏度高, 穿透试样的能力比 MIR 强, 可采用衰减比较低和价格相对便宜的石英纤维光学元件, 使用方便, 还可远程检测。同时, NIR 光谱仪无运动部件, 易维修, 且可在恶劣环境下工作, 这对废旧塑料回收系统是特别可贵的优点。但 NIR 一般不适于鉴别黑色或深色的塑料, 且 NIR 图谱中的某些峰有时不清晰, 目前正在研究新光源来克服这一缺点。

2. 中红外分析技术

MIR 光谱的波数为 $700 \sim 4000$ cm^{-1}, 是目前应用较为广泛的定性与定量相结合的分析技术之一。聚合物的 MIR 光谱与其特定的化学键相关, 因此, 可作为塑料品种鉴别的依据。MIR 技术对塑料具有较强的识别能力, 分析测试时间比 NIR 略长 ($\geqslant 20$ s)。一般来说, 中红外光谱区又被划分为特征官能团区和指纹区, 以便对样品谱图做初步解析。

将样品的谱图与标准谱图相比较, 找出样品的特征吸收峰位置即可判断塑料的种类, 而且能够揭示塑料样品的内部结构, 为鉴定提供更有力的证据, 可对 PE、PP、PVC、ABS、PC、PA、PBT、EPDM 等塑料品种进行鉴别。例如, PE 在 2850 cm^{-1}、1460 cm^{-1} 和 $720 \sim 730$ cm^{-1} 处有 3 个较强的吸收峰, 而 LDPE 在 1375 cm^{-1} 处会出现甲基弯曲振动谱带; PP 则在 1460 cm^{-1}、1378 cm^{-1} 附近均有甲基弯曲振动峰; 在 PS 的谱图中, $2800 \sim 3000$ cm^{-1} 是饱和 CH 和 CH$_2$ 的伸缩振动峰, $3000 \sim 3100$ cm^{-1} 则是苯环上 CH 的伸缩振动峰等。

(二) 通过热分析鉴别塑料

高分子材料可通过热分析来鉴别。差热扫描量热分析 (DSC) 技术可测定高分子在升温或降温过程中的热量变化; 热失重分析 (TGA) 可测定聚合物的热分解温度; 热机械分析 (TMA) 可测定高分子的热转变温度 T_g。通过这些技术的应用可得到塑料的熔点、软化点、玻璃化转变温度、热分解温度及结晶温度等, 从而判断塑料的种类。

(三) 利用激光发射光谱鉴别塑料

激光发射光谱, 即 LIESA 技术被证明是一种快速鉴别塑料的方法, 用时不超过 10 s, 可穿透样品, 而且可用于鉴别黑色样品, LIESA 要求骤热聚合物 (高达 200 ℃), 然后记录聚合物的发光特征, 这依赖于聚合物的热导率和比热容。

(四) 利用 X 射线荧光光谱鉴别塑料

X 射线荧光, 即 XRF 是一种专门鉴别 PVC 的方法。在 X 射线的照射下, PVC

中的氯原子放射出低能 X 射线，而无氯的塑料反应则不同。由高能 X 射线组成的入射光束（主光束）激发目标原子，使其激发出外层电子（K 级电子），片刻后激发的离子回到基态，产生与入射光谱类似的荧光谱。但是，由于荧光的时间延迟，这种光谱不像源光谱那样持续，因而使 XRF 与背景对比度高，灵敏度也很高。由于 PVC 中含氯量几乎达 50%，所以可以用 XRF 来鉴别。

（五）利用等离子体发射光谱鉴别塑料

等离子体发射光谱技术是通过两个金属电极产生电火花烧焦塑料产生的原形质释放出的光谱来鉴定塑料的成分。发射光会被一个与 PC 机相连的分光计进行收集分析，这种技术可以鉴别很多塑料，甚至可以鉴别塑料中是否存在重金属或卤素添加剂。该方法方便快捷，鉴别时间不超过 10 s，探测 PVC 和 PVC 的稳定剂只需 2 s。

十、静电试验鉴别技术

根据不同的塑料摩擦产生静电的极性不同的性质，可将某些塑料鉴别分开。例如，将 PVC 和 PE 的混合物破碎成粉末状，使其在两块带有高电压的极板间缓慢下落，此时 2 种塑料的下落方向就会因所带静电的极性不同而向不同方向偏转，从而将其分别收集在 2 个容器中而得以分开。

十一、塑料薄膜物理性能试验鉴别技术

不同薄膜具有不同的物理性能，如强度、延伸率、撕裂强度、耐冲击强度、受热后的收缩性等。通过对这些薄膜的物理特性的试验。可以在某种程度上鉴别薄膜的种类。薄膜的简易鉴别法如图 2-2 所示。

（一）采用撕裂强度试验方法鉴别塑料

在薄膜一端用剪刀将薄膜切成 1 cm 长的切口，然后用手撕裂，观察薄膜对撕裂的抵抗力及裂痕的状态。容易撕裂的薄膜有聚苯乙烯、玻璃纸、醋酸纤维素等薄膜，而聚乙烯、聚酯、尼龙、聚丙烯等薄膜的撕裂强度大，且根据加工条件、增塑剂含量的不同而略有区别。例如，增塑剂含量高的聚氯乙烯薄膜比无增塑剂的聚氯乙烯薄膜的强度稍大些。双向拉伸薄膜通常是横向与纵向的强度均衡，但实际上有时也会产生若干差异。单向拉伸薄膜是纵向拉伸，因此，纵向比横向的撕裂强度大。总之，通过物理性质的检验以鉴别薄膜的种类是比较复杂的，一般需要与其他鉴别法结合进行。

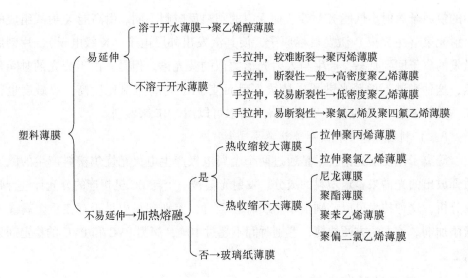

图 2-2　塑料薄膜简易鉴别的流程

（二）采用热收缩性能试验方法鉴别塑料

将薄膜缓慢接近火焰，不同种类的薄膜呈现激烈收缩和不激烈收缩 2 种状态。收缩少的薄膜有聚酯、醋酸纤维素薄膜、硬质聚氯乙烯（无增缩剂）、尼龙、聚碳酸酯等薄膜，激烈收缩的薄膜有拉伸聚氯乙烯（热收缩性聚氯乙烯）、拉伸聚丙烯、聚偏二氯乙烯、聚乙烯等薄膜。另外，将薄膜投入热水中时，极易收缩的薄膜有聚氯乙烯（热收缩性）、聚苯乙烯、聚偏二氯乙烯、盐酸橡胶薄膜等。几乎没有什么变化的有聚酯、聚碳酸酯、尼龙等薄膜。

（三）采用延伸性试验方法鉴别塑料

取一片长 10~15 cm、宽 1 cm 的带状薄膜，捏住 2 端慢慢拉伸，采用这种试验方法可以发现，延伸率大的薄膜有聚乙烯、未拉伸聚丙烯、软质聚氯乙烯、聚乙烯醇、盐酸橡胶、未拉伸尼龙薄膜等；延伸率小的薄膜有普通玻璃纸、聚酯、醋酸纤维素、硬质聚氯乙烯、聚偏二氯乙烯薄膜等；聚碳酸酯、拉伸尼龙的延伸率介于上述两者之间。

十二、废旧塑料鉴别技术的综合应用

废旧塑料回收再生利用企业在生产过程中要处理数量巨大且种类复杂的塑料，采用元素鉴定技术和仪器分析技术的成本较高，容易对企业盈利造成不良影响，因而要优先选用成本低、简便易行的鉴别技术。

　　废旧塑料的初步鉴别主要依靠人的感觉器官或一些简单试验。例如，可首先采用直观鉴别法，用眼看、鼻闻、手摸、耳听的简单直观鉴别方法，虽较粗略，但它是以经验为基础，能鉴别出绝大多数废旧塑料的品种。丰富的知识和经验的积累对塑料种类的判别是有利的，如废旧光盘大多是 PC 材料，废旧电线电缆则大多是 PE 或 PVC 材料，废旧农用薄膜大多是 PE 材料，废旧塑料编织袋则多是 HDPE 或 PP 材料，废旧塑料管材则多是 PVC 或 HDPE 材料等。

　　在具体应用上，如果废旧塑料中混有铁和碳素钢等杂质，在鉴别前需要进行清洗、干燥、磁选等预处理。如果因有些塑料性质相似，如外观类似，或这些塑料品种已被着色、电镀、涂漆，辨认难度大，或因鉴别人员缺乏经验，仅仅采用单一方法无法有效鉴别时，则需要采用燃烧鉴别技术或密度鉴别技术进行鉴别，这些方法简便易行。对于废旧塑料薄膜，适合采用薄膜鉴别技术；对于少量难以鉴别的废旧塑料，则可根据实际情况综合采用 2 种或 2 种以上的鉴别技术。

第二节　废旧塑料的分离技术

　　塑料种类极多，不同塑料的物理、化学性质存在一定差异性，其用途也各不相同，随意混合将会阻碍塑料的加工利用。由此可见，塑料回收利用中的一个突出问题就是要解决对回收的塑料制品按材质加以分选分离的问题。废旧塑料来源丰富，既有来自家庭日用品的电视机、洗衣机、计算机外壳，电话、盆、杯、塑料袋、文件夹等用品，也有来自工业、农业、建筑业、航天航空、商业等各个行业的地膜、水管水道、塑料绳、塑料门窗、阀门、电线电缆、油箱、油管等制品。不同塑料因其性能不同通常在相容性上存在明显差别。

　　废旧塑料中除了混有不同种类的塑料外，还有金属、玻璃和纸等杂物，也有砂、油、灰尘等杂质混在其中。这种混合杂质的塑料一般价值低、产品性能差且不稳定，如废旧塑料中混有金属杂质，易使加工设备损伤甚至无法进行成型加工；在聚氯乙烯中混有橡胶时，由于橡胶与 PVC 不相容，致使制品中的橡胶粒子易于剥落出来，而使制品极易断裂。因此，在应用废旧塑料生产制品对，一定要把废旧塑料中的杂质清除掉，分离是废旧塑料回收再生利用的重要环节。废旧塑料的分离可以按照物理性能进行分离。目前采用的分离技术有人工分离、密度分离、溶解分离和静电分离等。除人工分离法外，采用其他分离技术分离废旧塑料前通常需要进行风筛分选、磁选或人工方法除去纸、金属及其他非塑料杂质。

一、手工分离技术

面对劳动力低廉、废旧塑料回收分离条件较差的情况，一般采用手工分离技术。这种分离技术简便易行，尤其适用于小型回收厂，依靠工人的操作经验和塑料制品上的回收标记就可完成，而不需要购买专用设备，能节省开支。但对于大型塑料回收厂而言，通常需要购进专用设备，以提高劳动效率。

规模较大的废旧塑料回收车间必须借助流水线来提高生产效率，其主要做法是经专业培训的工人，在输送带上拆解塑料制品并根据不同塑料的特点将其进行分类整理。这种做法在专业的回收公司已经普及，如电视机、计算机等这一类产品的专业回收厂家。这些产品的塑料组成部分的成分明确，易于依靠人工进行分类。但如果回收的塑料产品种类庞杂，来源不定，单纯依靠人工分类就会比较困难。通常对于此类回收塑料制品的分类可以通过利用塑料制品在不同的光照下会有不同现象的原理进行分离。例如，在紫外线的照射下，PET 非常明亮，而 PVC 则呈暗蓝色，根据这一特性便于在流水线上安排此类照明设备来帮助工人进行分类整理。但由于这些不同种类的光对于人体会有一定伤害，因而在利用这类原理及相关专业设备对废旧塑料制品进行分离时，必须做好劳动保护，如为工人配备相关的抗特定光源辐射的工作服及护目镜。当然，这类分类方法主要依靠人工完成，自动化程度较低，操作工人的劳动强度较大，对工人经验有极大的依赖性。

人工分离的操作步骤具体如下。

①除去非塑料杂物，将肉眼可见的各种杂质，如砂石、纸片、纽扣、泥土、木块、线头、麻绳、玻璃和瓷器碎片及油污严重、发黑烧焦等质地极差的废旧塑料除去。

②对废旧塑料进行制品分类，可分为农用薄膜、本色包装膜、杂色包装膜、泡沫塑料、凉鞋、拖鞋、鞋底、边角废料、包装用泡沫块、饮料瓶、各种包装容器等。

③采用适宜的塑料鉴别方法将 PE、PP、PS、PVC 等树脂进行分类，多用外观性状识别和燃烧鉴别的方法。

④将经上述分类的废旧塑料制品再按颜色深浅和质量分类，颜色可分成黑、红、棕、黄、蓝、绿和透明无色。

手工分离具有一定的局限性，如果遇到难以分辨的制品，可再用其他方法区别分选。但应注意的是，不是所有的塑料制品都可以用这种方法进行分离，因为现实生活中的塑料制品来源复杂，配方各异，单纯依靠颜色、性能、质量、密度等来分离难免出现失误，对废旧塑料的再生利用造成不良影响。此外，塑料合金在各种产品中的应用也非常广泛，并且配方也十分复杂，仅仅依靠人工也无法做好分类工作。因此，对于复杂的待分类废旧塑料，有时还要结合其他的技术进行科学分类。

二、密度差异分离技术

不同塑料在密度上存在差异，不同配比的塑料合金的密度也有差异，这种差异可用来分离不同的废旧塑料，主要有溶液分离、水浮力分离和离心分离 3 种。主要做法是先将废旧塑料制品经粗洗粉碎后脱水，然后利用不同密度的液体（可以是纯液体，也可以是混合液体，视需分离的塑料种类而定）来依次进行分离。密度大于选定液体的会下沉，而漂浮于液体之上的将可以分离出来，经清洗，再利用离心机脱水干燥，其他沉淀的混合物可以选用密度更大的液体进一步分离，以此类推。通过这种方法可以将复杂的粉碎后的混合塑料逐步分类。显然，对于塑料合金或者密度接近的塑料品种是无法分离的，并且这种分离方法的速度也比较慢。图 2-3 所示为几种常见的根据密度对废旧塑料进行分离的方法及步骤，其要点在于选择合适的液体和合适的分离流程。

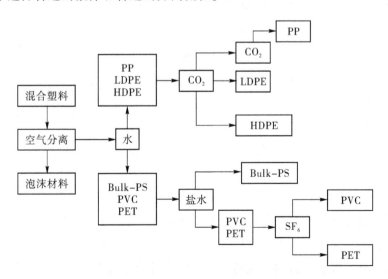

图2-3 密度法分离混合液废旧塑料流程

利用密度差异分离废旧塑料时，应注意由于塑料表面吸附的气泡影响分离的准确性的问题，对此可利用表面活性剂改变塑料表面张力，改善塑料表面的浸润性，从而对其予以解决。

（一）溶液分离法

取不同种类的塑料置于特定的溶液中，根据塑料在该溶液中的沉浮性，对塑料进行分类和鉴别。因为塑料有不浸润性，所以常用表面活性剂进行预处理，使之润湿后再进行分选。常用于鉴别塑料的有水、饱和食盐溶液、乙醇溶液和氯化钙溶液等。如图2-4所示为混合塑料分选的沉浮分离装置。

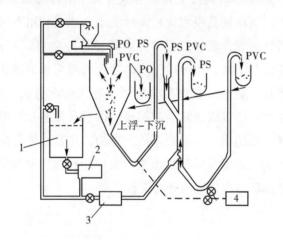

1—蓄水池；2—水泵；3—流量计；4—空气源

图2-4　沉浮分离装置

（二）水浮力分离法

水浮力分离常用水分选器，为提高分选效率，通常要先对废旧塑料进行清洗，然后溶液分选。

（三）离心分离法

利用浮选池进行浮选分离时，会由于浮降速度慢而导致分离效率低下的问题，工业上已经出现了采用离心的方法进行分类整理复杂的塑料回收物的工艺。这种方法主要是根据混合塑料的组成特点，选用合适的分离介质，配合离心机的高速旋转，可以将混合物进行精度很高的分离。据资料介绍，可分离密度差别为 0.005 g/cm^3 的塑料。离心分离法的原理是借助离心机的高速旋转作用来对密度有一定差别的塑料进行分离，不仅精度高，分离的塑料的纯度能达到 99.5% 以上，而且产量也很高。在进行高效分离的同时，还可以将清洗、分离、脱水等工序在同一台装置内完成。

密度分离法的设备都可以采用工业通用设备来解决，如浮选池，对于规模较小的场合，可以利用金属材料定制。对于大规模采用这种方法分离废旧塑料的，也可以通过地面建池的方法。回收过程中涉及的离心干燥等步骤也可以采购其他行业技术成熟的离心干燥设备，不需要专门设计。

三、空气分离技术

空气分离法，也可称为风力分离法，这种分离技术主要是和振动传输联用来分离，如对于含有金属、砂、纸等杂质的回收塑料，或者废旧塑料中所包含的塑料种类虽然较多，但密度差别较大的需分离的回收塑料，可以先筛去密度较大的金属及砂等杂质，然后用空气吹去较轻的纸和纤维，剩下的塑料混合物可以通过控制压缩空气的压力依次进行分离。

空气分离法是一种简单的机械分离技术，利用塑料的自重及其对空气的阻力不同来进行分选。此法是在重筛选室将粉碎的废旧塑料由上方投入，从横向喷入空气，进行筛选。此法适用于密度相差较大的塑料分离，如金属与塑料、塑料与泡沫塑料，特别是能将碎石块、土块分离出去。其缺陷在于，密度差小的不易分离，但是如果废料量大，杂物比较多时，可以采用风力筛选技术作为初选工序。风力分离装置有3种：立式风力筛选装置、横式风力筛选装置、涡流式风力分离装置。立式风力筛选装置和横式风力筛选装置见图2-5。这种分离方法也可以选用其他行业技术成熟的通用设备来完成，不需要专门设计。

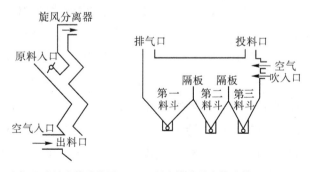

（a）立式风力筛选装置　　（b）横式风力筛选装置

图2-5　2种风力筛选装置

四、溶剂分离技术

溶剂分离技术是利用各种塑料在有机溶液中溶解度的不同来实现废旧塑料分离。其方法是将废塑料碎片加入特定溶液中，控制不同的温度，使各种塑料选择性地溶解并分离。该技术溶剂损失少、回收的聚合物经加热造粒后即可重新使用，且性能良好。下面是试验分离过程，把 2 种不同的溶剂与 6 种不同的塑料一起加热，在不同的温度下可分别提取 6 种聚合物，图 2-6 所示为溶剂分离流程。

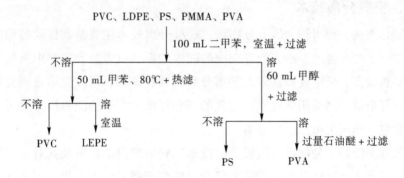

图 2-6　溶剂分离流程

图 2-7 所示为利用不同塑料在溶剂中的溶解性能不同进行分类的工艺流程。这类方法的分离精度相当高，并且可以将一些物理共混的聚合物合金进行分离，其不足是溶液使用后的处理较为麻烦，溶剂回收复杂，容易出现二次污染的问题。

五、静电分离技术

静电分离法来源于干式分离法，是将经粉碎过的面积约为 10 mm² 的塑料小块干燥后加上高电压使之带电，再使其通过电极之间的电场进行分选。对于多种混杂在一起的废旧塑料需通过多次分选，这是因为每通过一次预选设定电压的高压电极只能分选出一种塑料。静电分离法特别适用于带极性的聚氯乙烯，分离纯度可达 100%。例如，聚乙烯和聚丙烯的分离。聚丙烯和聚乙烯混合物的废旧塑料很多，如我们使用的各种包装袋及医院使用的一次性注射器。以一次性注射器为例，其构成为 49.2% 的聚丙烯（筒），50.8% 聚乙烯（活塞），经一次或多次静电分离后得到纯度为 97.1% 的聚乙烯，纯度为 98.4% 的聚丙烯，其流程见图 2-8。

六、光学识别分离技术

采用光学识别检测技术可将 2 个密度相近或相混的塑料进行分离。例如，透

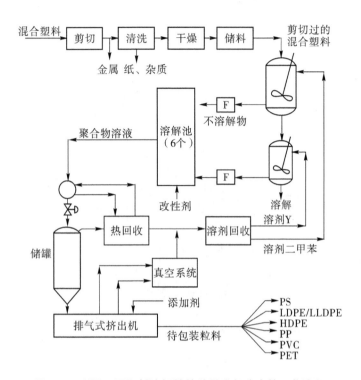

图 2-7　利用不同塑料溶解性的差异进行分离的工艺流程

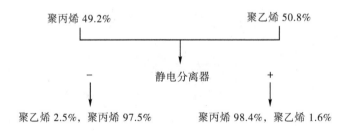

图 2-8　PE、PP 的静电分离

明 PET 瓶和有色的 PET 瓶的分离。利用氯原子被 X 射线照射时会放出低能级荧光 X 射线的原理，实现 PVC 同其他塑料的分离。饮料瓶的原料大多为 PET 和 PVC，两者密度和外观相近，易于相混，现采用 X 光探测器和自动分类系统相结合的方法，可将 PVC 从 PET 中分离出来，同时还能检测出贴在聚酯瓶上的 PVC 标签和 PVDC 涂层。利用分光光度计原理设计的分类生产线和利用 X 射线技术设计的分类生产线分别见图 2-9 和图 2-10。

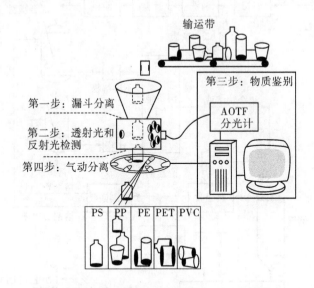

图 2-9 利用分光光度计原理设计的分类生产线

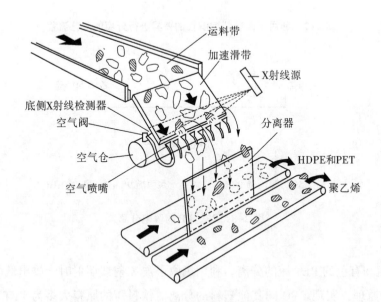

图 2-10 利用 X 射线技术设计的分类生产线

七、低温破碎分离技术

低温分离技术是利用各种塑料脆化温度不同的特点来进行分选的工艺。具体方法如下：混杂的废旧塑料在低温下发生脆化容易破碎，从而进行有选择的粉碎和分选的目的。例如，低温分离聚氯乙烯和聚乙烯，将混合料投入预冷器后，冷却到-50 ℃，聚氯乙烯（脆化温度为-41 ℃）即可在粉碎机内粉碎，因聚乙烯的脆化温度为-100 ℃以下，故不能粉碎，因而可分选聚乙烯和聚氯乙烯。低温粉碎装置如图 2-11 所示。还可以利用废旧塑料对温度敏感程度（如热收缩温度、软化和熔化温度）之差来分选，如先收缩的被分离出来，先软化的通过过滤网可从聚合物中分离开来，但热固性塑料不适用此法，软化点、熔点相近的聚合物通常不适宜于采用这一技术。

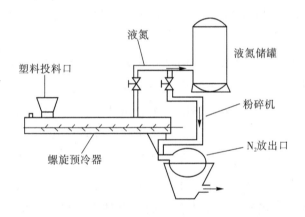

图 2-11　低温粉碎装置

八、其他分离技术

（一）磁力分离

由于用手工分选法无法将废料中的金属屑除去，因此必须采用电磁铁的磁选法除去金属碎屑。磁力分离所采用的设备有磁性分离滚筒、干式与湿式转鼓分离器和交叉带式分离器。

（二）熔融分离

熔融分离，即利用热源识别 PVC，是近年来开发出来的一种分离技术。德国有家公司开发出利用加热特性经磨碎分离出废旧塑料中 PVC 的方法。它是借助于加热，在较低的温度下将熔融的 PVC 从混合废旧塑料中分离出来，这种分离工艺能满足大型废旧塑料回收厂的需要。

（三）化学分离

化学分离实际上就是化学回收，是处理废旧塑料最彻底的一种技术。日本和欧洲在工业化应用废旧塑料的回收上已处于世界领先地位，化学回收法受到各国的重视。塑料的化学回收法大致有裂解法、氢化法、汽化法、高温裂解法等。不同的塑料可以采用不同的化学回收方法。例如，废 PS 的化学回收法可分为单独裂解和混合裂解 2 种方法。化学法处理回收 PU 基本回收法包括热解、水解、碱解和醇解 4 种。

（四）其他分离技术

其他废旧塑料分离方法还有打浆分选法、生物分选法等。打浆分选法是利用浆料的亲水性不同和物质间的密度差进行分选。生物分选法是利用微生物分解作用和繁殖等分选塑料。

分离技术在废旧塑料回收利用中是一种关键的技术，根据废旧塑料形貌和种类的不同，可以选择上述分离方法中的一种或几种联合使用，未来分离技术的发展方向还应考虑以下 2 点：开发新的高级分离技术，加速自动化；研究分离与复合相结合的再生利用技术。利用聚合物分子链中的特定基团进行分离时，对混合物的组成也有较高要求，对于塑料合金构成的混合物的分离，限制则更多。因此，这类生产线主要用于混合物的来源比较固定，量也较大的场合，可以提高分离效率和分离的精确度。当然，对于难分离的混合体系，可综合采用多种分离技术，以有效提高分离效率。

除了上述几种分离技术，要强化废旧塑料分离技术的研究，如利用超临界技术或者溶剂，对混合物进行选择性溶解而进行分离的技术。另外，由于不同的塑料中的大分子链含有不同的官能团，这些官能团对各种不同波长的红外线或者对 X 射线照射的反应不同，利用这些技术配合自动生产线，也可以开发专业的分离设备。不同的塑料在受摩擦的情况下，会带上正电荷或者负电荷，这一特性也是废旧塑料混合物分离的关键点。

值得注意的是，有时单纯借助一种方法是无法将复杂的废旧塑料混合物完全分离的，可能需要综合不同方法才能彻底分离。这就需要充分调查需分离的废旧塑料的来源、回收后的最终用途、经济和法律等方面的因素来综合考虑，并选择最经济、最便捷的分离技术。

九、废旧塑料分离技术应用实例

分离技术在废旧塑料回收利用中是一项关键技术，根据废旧塑料形貌和种类的不同，可以选择上述分离技术中的一种或几种联合使用。

（一）薄膜的手工分离工艺

废旧薄膜通常为PVC、PE及PP等，使用和回收过程中混有泥土、灰土、金属等杂质，其分选步骤如下。

①剔除杂质将混入薄膜中的杂质除去，通常采用清洗法，清洗过程为温碱水清洗（去油污）——石灰水清洗（中和毒性）——刷洗——冷清水漂洗——晒干。

②分选。通常情况下，薄膜未加填料或加入量极少，对密度影响较小，因而可将清洗干净的薄膜放入水中，下沉的为PVC膜，上浮的为PE、PP膜。另外，PVC膜撕裂时有明显的白色痕迹，PE膜撕裂较易，无白色痕迹，并且薄膜表面有明显的石蜡感。PE、PP膜通常可以混合进行回收利用，如果要求分开PE和PP，可以配制乙醇溶液，即按100 mL水中加入95%乙醇（体积分数）160 mL的比例，将PE、PP混合料投入乙醇溶液中，上浮的为PP，下沉的为PE。

③分类。将各种膜分为透明、乳白色和杂色3类。必要时，将杂色膜分为黑色，红、棕、黄色和蓝绿色3类。

（二）PET瓶的分离工艺

当前，市场上PET饮料瓶的可回收成分有68.2%质量分数的PET、24.2%质量分数的HDPE和1.1%质量分数的铝等，美国塑料回收利用研究中心罗格斯大学塑料回收中心利用沉浮法和静电装置设计出如图2-12所示的PET瓶回收分离工艺流程。

将从垃圾中收集的完整或碎裂的软饮料瓶打成大包，完整瓶经第一级粉碎机粉碎，体积减小90%，再经二级粉碎机进一步粉碎，然后用吹风机除掉纸和尘土等。碎料在水基洗涤溶液中洗涤，除去黏附在塑料上的胶黏剂，把纸变成纸浆。经过滤洗涤后，碎料放入水浮箱，PET和铝沉入底部，而HDPE上浮，撇除上浮的HDPE，干燥待用。同时捞出底部的PET和铝，并将其干燥，将干燥的PET和铝粒子送入带静电分离器的滚筒设备中。分离器向粒子发射电子束，由于铝是电的良导体，铝粒子迅速失去表面的负电荷，并随滚筒转动的离心力脱离滚筒，集中到一起。PET导电性很差，不会失去负电荷，由于静电力的作用黏到滚筒上，

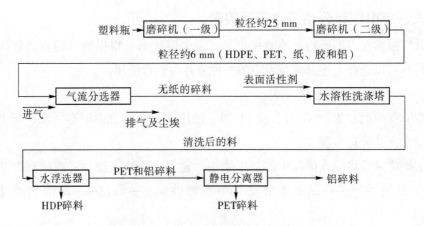

图 2-12　PET 瓶回收分离工艺流程

用一个刷子将其从滚筒上扫下并集中到一个料箱中，这样得到的 PET 纯度达 99.5%（质量分数）。

（三）聚氯乙烯（PVC）复铝药片干式分离工艺

分选出透明、奶白及杂色，注意要分色分离，以保证分出的塑料品质好，价格高。

①把加热锅温度调节在 150~165 ℃（导热油式及电加热式相同）一个最佳温度，对不同批次材料要区别对待，从具体操作中获得最佳温度（与天气、湿度条件有关）。

②温度达到后，把药片投入锅里，搅拌 2~3 min，当铝基本干净后，就把药片从出料口放出，稍微冷却后，即把药片及铝的混杂物投入旋转式的筛选机中分选出塑料及铝。

③再把 PVC 塑料投入恒温在 60~70 ℃的烧碱池浸泡 2~3 min，化去残留的铝粉，将铝去干净后即可捞出投入清洗机，清洗脱水后装袋即可出售。

④碎铝及碎药片一起投入磨粉机磨成直径 0.5~1 mm 左右的细粒，再把粉末经过专用的高压静电分选机经过 1~2 次分选，达到 99%（质量分数）以上的纯铝即可出售。

（四）PP、PE、PET 混合粉碎料的分离工艺

针对 PP、PF、PET 混合粉碎料，可以利用密度法来分离。PP 的密度为 0.89~0.91 g/cm³，PE 的密度为 0.91~0.96 g/cm³，PET 的密度为 1.30~

1.38 g/cm³。分离过程如下：将其先放入水池中，由于 PET 的密度最大，则 PET 将会下沉，捞出下沉的 PET。然后开始向池中倒入乙醇，中和水的密度，将密度调到 0.91 g/cm³，看到水中的 PE 下沉时，则已调好。最后将漂浮的 PP 和下沉的 PE 分离。

（五）金属与塑料的分离工艺

金属与塑料的分离方法有以下 5 种。

①金属捕集器将粉碎的废弃物经管道输送，在输送过程中使用金属捕集器将直径为 0.75~1.2 mm 的金属碎屑分离出来。

②静电分离器将混杂料粉碎，投入静电分离器，利用金属与塑料的不同带电特性，可分离出铜、铝等金属。此法适用于金属填充复合材料、电缆料和镀金属塑料的处理。

③溶解分离将涂有塑料涂层的金属制件浸入含二氯甲烷、非离子型表面活性剂、石蜡和水的悬浮液中，使塑料涂层溶解分离。

④脆化分离使金属与塑料的混杂废料冷却至塑料的脆化温度，然后粉碎，再用风筛分离法使金属与塑料分离。

⑤电缆外皮的剥离电线、电缆的外皮材料主要有聚氯乙烯、聚乙烯（包括交联聚乙烯）、合成橡胶及天然橡胶，除上述静电分离法外，还有干法和湿法 2 种方法可使塑料、橡胶与铜、铝芯线有效分离。干法分离是用远红外装置使电缆线内部均匀加热，再用人工剥离外皮。湿法分离是将铝线浸渍在浸透剂（表面活性剂）溶液中，加热至 70~90 ℃后剥离外皮，然后再用有机溶剂连续清洗数次，以彻底除去焦油。

（六）城市垃圾中塑料废弃物的分离工艺

城市垃圾中的塑料废弃物是回收利用废旧塑料的主要来源之一，虽然它们在城市垃圾中只占很小一部分，但实际数量却是巨大的。为了能实现城市垃圾中各种成分，尤其是废旧塑料的回收利用，首先必须进行分离工作。对城市垃圾的处理主要分 2 个步骤：①减小尺寸（即粉碎）。城市固体垃圾的粉碎就是利用各种机械设备将其破碎成小块或碎片。常用的粉碎机械有压碎机、剪切机、撕碎机、切片机等。②分离。城市固体垃圾中各种成分的主要物理特性包括颗粒大小、密度、电磁性能和颜色等，它们是分离技术的基础。各自的物理特性不同，其分离方法也各有不同。

一是颗粒大小。因为不同材料的延展性、拉伸强度和冲击强度不同，因此城市固体垃圾经粉碎后，不同材料的颗粒大小有很大差异，这样便可按颗粒大小来分离城市固体垃圾。

二是密度。不同的材料其密度也有差异，利用这种差异可用多种方法实现不同材料的分离。

三是电磁性能。城市固体垃圾中铁质金属可用其本身的磁性，采用电磁分离器将它们同其他材料分离。

四是颜色。依据不同成分的不同外观特性，尤其是颜色，进行人工分拣或自动分拣。

第三节　废旧塑料的清洗与干燥技术

废旧塑料通常会被油污、泥沙等附着，这些污染物会降低再生塑料制品的质量，因而要做好废旧塑料的清洗与干燥，从而为废旧塑料的再生利用做好准备。

一、废旧塑料清洗技术

废旧塑料清洗的方法有手工清洗、机械清洗和超声波清洗。

（一）手工清洗

手工清洗要根据塑料制品品种和污染程度决定具体清洗方法。一般经手工分离、磁力分离和密度分离后的小块废塑料、农用薄膜及包装薄膜清洗过程为：温碱水清洗（去油污）—刷洗—冷清水漂洗—晒干。

包装有毒药品的薄膜和容器的清洗过程为：石灰水或其他解毒药水清洗（中和去毒）—刷洗—冷清水漂洗—晒干。

（二）机械清洗

机械清洗有间歇式和连续式 2 种。

1. 间歇式清洗

首先，将废旧塑料放入水槽中冲洗，并用机械搅拌器除去黏附在塑料表面的松散污垢，如沙子、泥土等，使之沉入槽底；若木屑和纸片很多时，可在装有专用泵的沉淀池中进一步净化；对于附着牢固的污垢，如印刷油墨、涂有胶黏剂的纸标签来说，可先人工拣出较大片，再经过塑料粉碎机粉碎后放入热的碱水溶液槽中浸泡一段时间，然后通过机械搅拌使之相互摩擦碰撞，除去污物。最后将清洗后的粉碎废旧塑料送进离心机中甩干，并经 2 步热空气干燥至残留水分质量分数≤0.5%。

2. 连续式清洗

连续式是间歇式的改进方法，将切碎的废旧塑料连续喂入，清洗后的塑料连续排出。废旧塑料由输送带送入切碎机，进行粗粉碎，然后再送到大块分离段，砂石等沉入水底，并定时被送走。上浮的物料经输送辊送入湿磨机，随后进入沉淀池，所有比水重的物料均被分离出来，包括最微小的颗粒。分离出的物料首先进入旋风分离器进行机械干燥，然后通过隧道式干燥机进行热空气干燥。干燥过的物料由收集器回收，准备造粒。2 种机械连续清洗干燥工艺的流程和设备如图 2-13 和 2-14 所示。

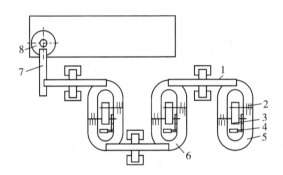

1—加料器；2—搅拌器；3—减速机；4—电动机；5—热碱水池；

6—清水池；7—带输送机；8—离心干燥器

图 2-13　机械清洗严重污染薄膜的流程与设备

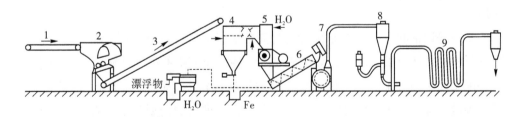

1—加料；2—破碎机；3—输送带；4—预洗器；5—清洗器；6—螺旋脱水机；

7—干燥器；8—旋风分离器；9—空气干燥器；10—包装

图 2-14　机械清洗一般污染薄膜的流程与设备

图 2-13 的装置常用于污染较严重的薄膜，其工艺如下：将分离后的薄膜切成

30 cm×30 cm 的膜片，送入碱水池中，搅拌机速度控制在 20 r/min，膜片在池中停留时间约 5~8 min，然后送至清水池中清洗，搅拌机转速和停留时间同碱水池，经清洗的膜片由带输送机送到离心干燥机干燥。带输送机的速度约 8~10 m/min。值得注意的是，使用这一工艺之前要将膜片切碎。

图 2-14 的装置用于一般污染的薄膜。薄膜被切成 5 cm×5 cm 以下的小片，经清洗后的膜片可直接用于造粒工序。

(三) 超声波清洗

超声波清洗方式效率超过一般的常规清洗方法，清洗速度快，清洗效果好，清洁度高，而且全部工件清洁度一致，人手不需要接触清洗液，安全性高，对工件表面无损伤，节省溶剂、热能、工作场地和人工，但成本偏高。

二、废旧塑料清洗的操作步骤

废旧塑料的清洗过程分为 3 个工序：预洗、主洗和漂洗。按步骤操作，就能洗出合格的产品。

(一) 废旧塑料的预洗

①预洗的作用。预洗是清洗流水线的第一道工序，即先用清水洗一遍。废旧塑料表面黏附着很多沙土等容易去除的杂质，这些杂质占杂质总量的 80% 以上，但很容易清洗。所以在整个清洗工艺中，应当先把这部分杂质去掉，这个过程就是预洗。预洗工序是用最少的投入去除数量最大的杂质，这个工序不但能提高清洗产品的质量，而且能大大降低清洗成本。现在清洗工厂运行的清洗流水线中，80% 没有预洗配置，对动力、燃料和清洗剂造成了极大的浪费，同时严重影响清洗质量。

②预洗设备的选用。传统的预洗设备有摩擦洗料机和漂洗槽，相比之下，摩擦洗料机的预洗效果比较好，漂洗槽要差一些。摩擦机的能耗比较高，一般小型设备配用 5.5~7.5 kW 电动机，漂洗槽的能耗比较小，同时能漂出一部分浮料，把 2 种设备配合使用效果更好。目前市场上新近推出的新型预洗设备——喷淋洗料机，效果优于摩擦洗料机，价格与摩擦洗料机一致，能耗与漂洗槽一样，可用其代替摩擦洗料机和漂洗槽作为预洗设备。

③预洗用水。预洗工序主要是去除泥沙等杂质，对水的要求不太高，可以用漂洗工序的回水代替清水。漂洗工序的回水中含有一定量的清洗剂，使用漂洗回水做预洗用水，既能节约清水，也能提高预洗效果。

（二）废旧塑料的主洗

①主洗的作用。主洗是清洗流水线中去除顽固污渍的关键工序，也就是洗衣服时用洗衣粉清洗的过程。经过预洗的废旧塑料，已经去掉了大部分杂质，还有一小部分顽固污渍，主要是油和粘商标纸的胶等。这部分污渍在整个杂质中占的分量不大，但是很难去除，主洗的作用就是要去除这部分杂质。主洗的过程就是把废旧塑料放在清洗剂水溶液中，在一定的温度下进行搅拌或搓洗。传统的清洗工艺是用火碱做清洗剂，要求温度 95~98 ℃，搅拌清洗 30 min，才能达到清洗要求。现在有了废旧塑料专用清洗剂，可适当降低清洗温度和清洗时间，但不同牌号的清洗剂对温度和时间的要求不一样。以惠佳祥清洗剂为例，要求温度达到 60~70 ℃，搅拌清洗时间 30 min 或搓洗 15~20 min，即可达到清洗要求。

②主洗设备的选用。目前市场上的主洗设备有 2 种。一种是 20 年前仿制德国的热洗罐（热清洗釜），使用热洗罐清洗废旧塑料，必须使用双罐，2 个罐交替使用，才能达到清洗效果。该设备的小型配置需要 3 台提升机和 2 个热洗罐，用电 20 kW 左右，操作麻烦。另一种是北京惠佳祥塑料再生技术服务有限责任公司发明并生产的螺带洗料机，物料在螺带洗料机中可实现自动搓洗 20~30 min，先进先出、后进后出、连续生产。所有过机物料都能得到同样的搓洗时间，实现了均匀彻底的清洗。这种设备清洗效果优异，操作方便，用电 3 kW，比热洗罐的双罐配置更省电。

（三）废旧塑料的漂洗

①漂洗的作用。经过主洗的废旧塑料，通常黏附着清洗剂水溶液和被清洗剂溶解的污渍，这些污渍已经与废旧塑料脱离，用清水就可以洗掉，去掉这些污渍的过程就是漂洗。漂洗不合格的废旧塑料，放到烘箱里烘烤会发黄，主洗工序洗得再好，漂洗不到位，也洗不出合格的产品。

②漂洗设备的选用。通用漂洗设备有 2 种：漂洗槽和摩擦洗料机。一般的配置是一台摩擦洗料机和 3~6 台漂洗槽，能洗出品级不同的产品。新型漂洗设备有漂洗机和喷淋洗料机 2 种，比通用的漂洗设备功效提高 1 倍以上，节能 40%，能减少设备用量，节约设备投资，减少成本。

③去除浮料。如果对商标纸和瓶盖去除得不太彻底，在清洗过程中会产生一些漂浮料，数量少的可以在漂洗机中去除，数量大的可以选用浮料分离机，效果更好，也能节省人工。

（四）废旧塑料的脱水和除尘

①脱水。水是清洗工艺中比较重要的一步，中间过程的脱水率，影响运行成本和对环境的污染程度，最后的脱水率影响废旧塑料的再利用和清洗工厂的运费。目前使用的脱水设备主要有以下几种：a. 半网卧式甩干机：脱水率 93%~95%，用电 11 kW；b. 全网卧式甩干机：脱水率 97%~98%，用电 15 kW；c. 立式甩干机：脱水率 94%~96%，用电 8. 25 kW；d. 离心甩干机：脱水率 96%~98%，用电 7. 5 kW；e. 旋风脱水机：脱水率 96%~98%，用电 3 kW。以上参数只是一个大概数值，各设备厂的产品参数性能都不一样，在购买设备的时候要与供货厂家核对好性能参数，选择适合的设备。

②除尘。除尘是清洗的最后一道工序，去除清洗过程中产生的纸毛、纸屑、薄膜等碎屑，提高产品的纯度。一般的洗料厂对产品质量要求不高，都没有这部分装置，所以成型的设备很少，目前使用的有除尘料仓。

三、废旧塑料清洗剂的选择与配方

清洗剂的选择是废旧塑料清洗效果的一大因素。在以往的清洗工艺中，都是用火碱做清洗剂的，需要加温到 95~98 ℃才能清洗干净。这种工艺消耗大、污染大、成本高、操作麻烦。从 2006 年开始，废旧塑料清洗剂的研发和生产逐渐引起了人们的重视，国内目前生产的清洗剂有近 10 个品牌，如除油墨清洗剂、除胶清洗剂、除电镀层清洗剂等。这些清洗剂的应用，对提高清洗技术和清洗工艺水平作用明显。

（一）清洗剂的选用

污迹的种类主要以印刷油墨为主，此外也有动植物油、矿物油污，化工残留，不干胶类及其他附着物，如锈迹、包装物品残存物等。清洗剂的选用要考虑以下几方面问题。

1. 要符合环保要求

①清洗残液及冲洗用水不可造成水污染。冲洗用水不能直接排放，必须过滤沉淀后排放，因为洗掉的油墨等是有毒的，要集中处理。清洗剂中也不能含有磷等国家明令禁止的富氧成分，以免排放后造成水污染。

②不能对操作人员造成伤害。清洗剂中不能含有易挥发的有机溶剂，如苯、酮类，以免刺激人的皮肤、呼吸道等。

2. 要考虑成本因素

溶剂型清洗剂往往脱墨很快，效果立竿见影，但易挥发，循环使用效果差，只能洗一两次，无法循环使用。为降低清洗成本，可优先选用能多次循环使用的清洗剂。

3. 要保证清洗效果

清洗干净是废旧塑料清洗的基本要求，因而要保证所选用的清洗剂能有好的清洗效果。当然，塑料材质不同，油墨污垢种类不同，所需的清洗剂与工艺也会不尽相同。一般不能使用同一种清洗剂清洗各个种类的塑料，而要针对不同塑料选用与之相适宜的清洗剂。

（二）常用清洗剂

1. 塑料薄膜专用清洗剂

塑料薄膜清洗剂，是一种用于废旧塑料薄膜粉碎造粒前的清洗剂，可将废旧塑料薄膜上面的各种印刷字迹、图案及其他污渍清洗干净，清洗后的废旧塑料薄膜表面光滑、洁白如初。也可用于只将塑料袋上的字迹清除，使塑料袋可以重新使用。

塑料薄膜清洗剂有 2 种型号：802-SS 型，只能清除塑料薄膜上面的印刷字迹和图案，不能清除其他污渍。802-SSA 型，既可用于塑料薄膜的清洗，也可用于编织袋的清洗；既可清除塑料薄膜或编织袋上面的印刷字迹和图案，也可清洗掉上面的其他污渍，是一种理想的全功能清洗剂。可用手工清洗，也可机械清洗。

①手工清洗。将要清洗的塑料薄膜放平，用刷子或抹布蘸少许清洗剂对准要清除的字迹或图案进行刷洗，一般情况下，2 s 即可将字迹清除。清洗时不要用力太猛，以免将塑料薄膜损坏。手工清洗时在一个敞口的容器内进行，这样溢出的清洗剂就会存留在容器内，以便回收清洗剂重复使用。刷洗用的刷子，用普通硬度的刷子即可，不要用太硬的塑料刷子，以免损坏塑料薄膜。刷洗时戴上手套，避免皮肤长时间接触清洗剂。若不慎溅入眼内，应及时用大量清水冲洗。

②机械清洗。机械清洗主要用于对大量的塑料薄膜进行清洗，清洗时将塑料薄膜放入机械内，加入清洗剂，清洗剂要将塑料薄膜完全浸润，开动机械。利用机械滚刷的翻动摩擦将塑料薄膜上的字迹清除干净，一般来说，清洗的时间需要3~5 min。清洗时间视塑料袋的制作材料和印刷程度而定。

机械清洗的效果不如手工清洗效果彻底，一般来说只能清除 95% 左右的字迹，如有需要，可延长清洗时间，或将未清洗干净的字迹再用手工清洗掉。无论是手工清洗，还是机械清洗，用清洗剂进行清洗后，都应再用清水漂洗一遍，这样废旧塑料薄膜就会洁净如新。每千克清洗剂通常可清洗 30 kg 以上的废旧塑料薄膜，但是，由于清洗的程度不同，用量会有不同的增加或减少。

2. PET 瓶片专用清洗剂

①北京惠佳祥塑料再生技术服务有限责任公司生产的 PET 瓶片清洗剂，综合去污能力强，可循环使用，价格适中，常温、中温的去胶效果都很好。但没有去油墨的功能，不能洗菲林片。

②河北省保定市豪锐塑料机械有限公司生产的 PET 清洗剂是一种通用型清洗剂。在常温下浸泡 1 h 或搓洗 10~20 min，就能去除瓶片上黏附的所有污渍，经漂洗后，瓶片干净透亮，洁净如新。PET 清洗剂在清洗瓶片的时候能快速地与脱离瓶片的污垢络合在一起，不会在瓶片上沉淀，杜绝了二次污染。

③广东彩虹再生科技有限公司生产的海离子 PET 瓶片高效不干胶清洗剂是针对 PET 瓶片上的不干胶脱除清洗而设计的。能快速除净纸质及塑质不干胶，洗后光滑无胶痕。清洗前后 PET 基材物理化学性能不变，完全达到了高质量、高产量的清洗工艺及效果。

3. 塑料编织袋专用清洗剂

恒安 802-BZN-68 型编织袋清洗剂，是用于编织袋再生造粒前的专用清洗剂，可有效地将编织袋表面的印刷字迹、油污、泥沙及其他有机污渍清洗干净，使造出的颗粒洁净晶莹，品质大为提高。使用时不需要加热，只需将造粒用的编织袋粉碎成丝，并初步用清水清洗后放入清洗剂中浸泡 5~15 min，用清洗设备清洗 5~8 min 后再用清水漂洗就可完成。

（三）处理废旧塑料的几种清洗剂配方

1. 多用途清洗剂（脱模、脱脂、清洗）

配方（质量分数）：

水——87.0%　　　　　　　　　磷酸三钠——0.6%

硅酸钠——3.0%　　　　　　　　丁基溶纤剂——5.0%

磷酸盐化壬基苯氧基聚乙氧基乙醇（阴离子型）——2.0%

氢氧化钾（质量分数为 90%）——2.4%

2. 脱沥青剂

配方（质量分数）：

改性椰子酰二乙醇胺（乳化、增稠、发泡）——15.0%~20.0%

异丙醇——4.0%　　　　　　　　聚乙氧基壬基酚——15.0%

三聚磷酸钠——1.0%　　　　　　染料、香料——适量

水——加到100%

制备方法：先把水加入混合罐中，然后按配方顺序，将各组分依次加入，边加边搅拌，直到溶液混合均匀（pH=9）。

3. 油漆清洗剂

配方（质量分数）：

乙氧基化烷基胍-胺络合物——20.0%　　碳酸钠——40.0%

硅酸钠——30.0%　　　　　　　　　　氢氧化钠——10.0%

制备方法：将钠盐和碱共研成粉末，缓慢地加进胍-胺络合物中，混合均匀。

四、废旧塑料清洗实例

（一）聚乙烯塑料油桶的清洗

聚乙烯塑料油桶上积聚的油渍可用清水稀释碳酸氢钠，灌入油桶内洗涤，然后灌入食用碱水来回摇晃，最后用热盐水冲洗，清洗效果更佳。

（二）废塑料卷膜的清洗

废塑料卷膜的回收利用已受到关注，由于其具有更高的附加值，因此科学合理的回收利用可达到资源节约的目的，更具有实际意义。废塑料卷膜的清洗一般是使用有机溶剂进行退涂处理，因而不必担心污水排放问题。

废塑料卷膜的清洗要考虑以下几点：①有机溶剂的选择。尽量避免使用毒性比较大的芳香烃类、易燃易爆的酮类（如丙酮、丁酮等）。②溶剂的价格。一般情况下溶剂回收率只有90%（风冷），如果是水冷的情况下，回收率还要低一些，所以溶剂的价格是必须要考虑的。③溶剂的回收。因为随着清洗时间延长，溶剂中的溶解物与脱落物不断增加，就会出现溶剂疲劳问题（清洗效果变差），这就必须对溶剂进行净化处理。这一步的关键就是回收速度必须与生产匹配，不能滞后，否则就会影响生产。④溶剂挥发问题。清洗过程中溶剂挥发是不可避免的，因此必须加以回收，否则生产成本就会增加，可以采用冷凝回收方式，减少溶剂进入空气中的量。⑤对薄膜表面的保护。如果薄膜表面产生二次划伤，就会大大降低其使用价值，因此应尽量减少托辊的数量，但是又必须保证薄膜不会变形。⑥清洗后薄膜的洁净度。这是关系到再次使用的关键问题，同时也关系到销售的价格，多级清洗是必需的，同时可采用置换方式进行末级清洗。

（三）PC废旧碟片（CD、VCD、DVD）的清洗

当前，废旧光盘的回收加工方式主要有以下3种。

①浓硫酸退镀工艺。该方法采用浓硫酸在加热条件下退除光盘表面各种涂层，由于其清洗力度过大，对 PC 底材有一定影响，会使洗干净的料在回收处理以后变得较脆，对环境污染严重，所以此法正在逐步淡出这一领域。

②打磨退镀，即用打磨机磨掉碟片上面的漆。因为用打磨机比较慢，对料的损失较大，不能处理碎料，也不能处理 DVD，所以市场不是很广。

③碱（主要是火碱）退镀。一般采用加热的方法进行退镀处理，由于 PC 属于对碱敏感材料，所以会产生一定的水解，另外其对 UV 保护胶去除不彻底，尚存在一定不足。

对此，有人研制出来专门处理 PC 碟片的碱基常温退镀剂，完全解决了光盘表面各种涂（镀）层的去除问题。由于采用常温浸泡，所以可操作性强，对 PC 基材损伤极小，可在 1~3 h 处理干净 CD、VCD、DVD 表面漆面，金属反射层、激光膜，最终退镀产品性能优良。

总体上看，科学的工艺、合理的设计是处理这类产品的质量保证，各个部分的衔接、制造精度都会对产品质量产生影响。

五、废旧塑料的干燥技术

采用干燥工艺，能将材料中所含的水分、溶剂等可挥发成分汽化除去，这是塑料加工过程中一个不容忽视的环节，很多树脂在常温下易吸收水分，使其含水率较高，如 ABS 树脂、PA 树脂，在成型加工前必须干燥，否则成型的制品会产生气泡、强度下降等质量问题，成为不合格品。干燥方式很多，可根据材料的特性、形态、干燥过程中材料变化、干燥机制等情况选择合适的干燥条件和干燥装置。

（一）对流式干燥技术

非吸湿性物料的干燥可使用热风干燥机来完成。因为水分只是被物料与水的界面张力松散地约束，易于去除。热风干燥机技术参数见表 2-17，料斗式热风塑料干燥机如图 2-15 所示。其工作方式如下：当开动风机后，风机把经过电阻加热的空气由料斗下部送入干燥室，热风由下往上吹，在原料中通过时，把原料中的水分加热蒸发并带走，潮湿的热气流由干燥室顶部排出。这种热风连续进出，逐渐将原料中的水分蒸发带走，达到干燥原料的目的。不同原料的干燥处理温度见表 2-18。

表 2-17　热风干燥机技术参数

型号	容量/L	装料量/kg	电热功率/kW	风机/W	桶径/mm	高度/mm	质量/kg	底座尺寸（长×宽）/mm	电源（50Hz）/V
GZ102	20	12	1.8	60	260	700	20	110×110	220
GZ104	40	25	2.7	100	345	960	40	160×160	220
GZ108	80	50	3.9	130	420	1160	50	160×160	220
GZ112	120	75	5	180	490	1240	60	180×180	380（三相）
GZ116	160	100	6	180	550	1320	72	180×180	380（三相）
GZ132	320	200	9	370	685	1660	112	230×230	380（三相）
GZ164	640	400	18	550	890	1940	180	280×280	380（三相）
GZ196	960	600	24	750	950	2260	250	280×280	380（三相）
GZ1128	1280	800	30	1100	1000	2900	300	280×280	380（三相）

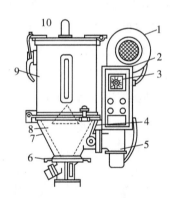

1—风机；2—电控箱；3—温度控制器；4—热电偶；5—电热器；6—放料闸板；

7—集尘器；8—网状分离器；9—干燥室；10—排气管

图 2-15　料斗式热风塑料干燥机

表 2-18　不同原料的干燥处理温度

原料名称	聚乙烯、聚丙烯	聚苯乙烯	丙烯酸树脂、ABS、AS	纤维素塑料	聚碳酸酯	尼龙
干燥温度/℃	65~80	70~80	70~90	65~75	100~120	70~75

吸湿性物料的干燥，一般分为 3 个干燥段：第一个干燥段是将物料表面的水

分蒸发掉；第二个干燥段则将蒸发的重点放在材料内部，此时干燥速度较慢，而被干燥物料的温度开始上升；在第三个阶段，物料达到与干燥气体的吸湿平衡。在这个阶段，内部和外部间的温度差别将被消除。在第三个阶段末端，如果被干燥物料不再释放出水分，这并不意味着它不含水分，而只是表明胶粒和周围环境之间已经达到平衡。

对于干燥技术的应用，空气的露点温度是一个非常重要的参数。所谓的露点温度就是在保持湿空气的含湿量不变的情况下，使其温度下降，当相对湿度达到100%时所对应的温度。它表示空气达到水分凝结时所对应的温度。通常，用于干燥的空气的露点越低，所获得残余水量就越低，干燥速度也越低。

（二）真空干燥技术

现阶段，真空干燥也进入塑料加工领域当中，这种连续操作型的机器由安装于旋转输送带上的 3 个腔体组成。在第一个腔体处，当物料被填满后，通入被加热至干燥温度的气体以加热物料。在气体出口处，当物料达到干燥温度时即被移至抽成真空的第二个腔体中。由于真空降低了水的沸点，所以水分更容易变成水蒸气被蒸发出来，因此，水分扩散过程被加速了。由于真空的存在，从而在物料内部与周围空气之间产生了更大的压力差。一般情况下，物料在第二个腔体中的停留时间为 20~40 min，而对于一些吸湿性较强的物料而言，最多需要停留 60 min。最后，物料被送到第三个腔体，并由此被移出干燥器。圆桶形、方形真空干燥器如图 2-16 所示。

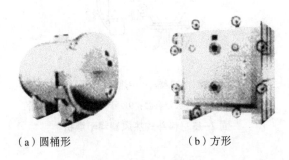

（a）圆桶形　　　　　　　　（b）方形

图 2-16　真空干燥器

（三）红外线干燥工艺

红外线干燥工艺也是干燥物料的常用手段。在对流加热过程中，气体与物料之间、物料与物料之间及物料内部的热导率都很低，因此热量的传导受到极大的限制。而采用红外线干燥时，由于分子受到红外线辐照，所吸收的能量将直接转换成热振动，这意味着物料的加热比在对流干燥中更快。与对流加热相比，在干燥过程中，除了环境、空气和胶粒中水分的局部压力差以外，红外线干燥还有一个逆向的温度梯度。一般而言，干燥气体和受热微粒之间的温度差越大，干燥过程就越快。红外线干燥时间一般在 5~15 min。

第四节　废旧塑料的破碎与增密技术

废旧塑料大小不一，形状多样，特别是一些体积较大的废弃物，必须对其进行破碎、剪切或研磨，将其破碎成一定大小的碎片或小块物料，然后进行再生加工或进一步模塑成型制成各种再生制品。对于那些污染程度较低的生产性废料，如注塑、挤出加工厂产生的废边、废料或废品，一般经破碎后即可直接回收利用。

一、破碎的 4 种基本形式

破碎就是指物料尺寸减小的过程。通常采用各种类型的破碎机械，对物料施加不同机械力来完成的，如拉伸力、挤压力、冲击力和剪切力等。破碎分粗破碎（将物料破碎到 10 mm 以上）、中破碎（破碎至 50 μm~10 mm）及细破碎（即研磨至细度 50 μm 以下）。粗破碎也就是利用切割机将大型废旧塑料制品（如汽车保险杠、板材、周转箱、船只等）切割成可以放入破碎机进料口的过程；细破碎还可以进一步划分为微破碎、超微破碎、特超微破碎。破碎的基本形式有 4 种，如图 2-17 所示。

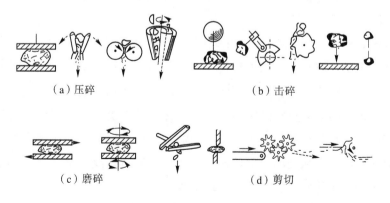

（a）压碎　　　　　　　　　　（b）击碎

（c）磨碎　　　　　　　　　　（d）剪切

图 2-17　破碎的 4 种基本形式

（一）压碎

物料受到相对压缩力的作用被破碎成小块，适用于体积较大的废旧塑料制品，不适用于软质塑料。其作用方式如下：一是 2 块相对运动的金属板相互挤压作用；二是 2 个相对旋转辊的碾压作用；三是在外锥形筒中做偏心旋转的挤压作用。

（二）击碎

物料受到外冲击力作用而被破碎，它适用于脆性材料。其作用方式如下：一是外来坚硬物体的打击作用，如用铁锤锤击；二是物料自身间及与固定的硬质钢板的高速冲击作用；三是物料相互之间的撞击作用。

（三）磨碎

物料在不同外形研磨体之间受到碾压作用而被破碎成细小颗粒，块状物料适宜于采用磨碎的形式。

（四）剪切

物料在刀刃等利器的剪切、穿刺、撕裂等作用下被破碎成小块或碎片，适用于韧性材料、薄膜、片材及软质制品。

二、破碎设备的选择

针对施加于物料上的作用力的不同，破碎废旧塑料的设备可分为压缩式、冲击式、研磨式和剪切式四大类。

（一）压缩破碎机

压缩破碎机有颚式破碎机、圆锥式破碎机和辊式破碎机。

1. 颚式破碎机

颚式破碎机（图 2-18）主要由固定颚板、活动颚板、偏心轴、连杆与弹簧等部分组成。电动机驱动皮带和皮带轮，通过偏心轴使动颚上下运动，当动颚上升时肘板与动颚间夹角变大，从而推动动颚板向固定颚板接近，与此同时由于对物料的挤压、搓、碾等多重破碎作用而使物料被压碎或劈碎，达到破碎的目的；当动颚下行时，肘板与动颚间夹角变小，动颚板在拉杆、弹簧的作用下离开固定颚板，此时已破碎物料从破碎腔下口排出。随着电动机连续转动，破碎机动颚做周期性地压碎和排出物料，实现批量破碎物料。

颚式破碎机的性能优势表现在以下几个方面：破碎腔深且无死区，提高了进料能力与产量；其破碎比大，产品粒度均匀；垫片式排料口调整装置，可靠方便，调节范围大，增加了设备的灵活性；润滑系统安全可靠，部件更换方便，保养工作量

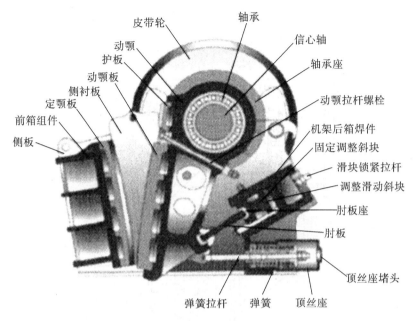

皮带轮
轴承
动颚
信心轴
护板
轴承座
动颚板
侧衬板
动颚拉杆螺栓
定颚板
机架后箱焊件
前箱组件
固定调整斜块
侧板
滑块锁紧拉杆
调整滑动斜块
肘板座
肘板
顶丝座堵头
弹簧拉杆　弹簧　顶丝座

图 2-18　颚式破碎机

小；结构简单，工作可靠，运营费用低。设备节能：单机节能 15%~30%，系统节能 1 倍以上；排料口调整范围大，可满足不同用户的要求；粉尘少，噪声低。

2. 圆锥式破碎机

使用圆锥式破碎机（图 2-19）时，电动机的旋转部通过皮带轮或联轴器、传动轴和圆锥部在偏心套的追动下绕着固定点做旋摆运动，从而使圆锥式破碎机的破碎壁时而靠近又时而远离固装在调整套上的轧臼壁表面，使物料在破碎腔内不断受到冲击、挤压和弯曲作用而实现物料的破碎。在不可破碎的异物通过破碎腔或因某种原因导致机器超载时，圆锥式破碎机弹簧保险系统实现保险，圆锥式破碎机排料增大。异物从圆锥式破碎机破碎腔排出，如异物卡在排料口使用清腔系统，则排料口继续增大，使异物排出圆锥式破碎机破碎腔。排出异物后圆锥式破碎机在弹簧的作用下，排料口自动复位，圆锥式破碎机恢复正常工作。

圆锥式破碎机适用于坚硬的脆性材料的破碎，具有破碎力大、效率高、处理量高、动作成本低、调整方便、使用经济等优势。但因为圆锥部磨损较快，在硬物料破碎的应用上受到了限制。圆锥式破碎机系列分为粗碎圆锥式破碎机、中碎圆锥式破碎机和细碎圆锥式破碎机 3 种，用户可根据自身实际需求选购。

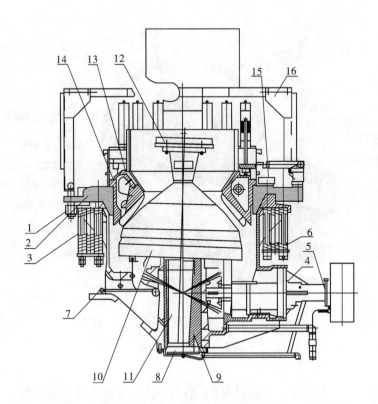

1—机架部；2—支承套部；3—弹簧部Ⅰ；4—传动轴架部；5—传动轴部；
6—弹簧部Ⅱ；7—润滑部；8—推力轴承部；9—偏心套部；
10—碗形轴承部；11—动锥部；12—分料盘部；13—衬板部；
14—调整套部；15—千斤顶系统部；16—给料平台架部

图 2-19　圆锥式破碎机

3. 辊式破碎机

辊式破碎机也可称作辊破、辊破机，是利用辊面的摩擦力将物料咬入破碎区，使之承受挤压或劈裂而破碎的机械。当用于粗碎或需要增大破碎比时，常在辊面上做出牙齿或沟槽以增大劈裂作用。主要优点有工作可靠、维修简单、运行成本低廉和排料粒度大小可调。辊式破碎机通常按辊子的数量分为单辊破碎机、双辊破碎机（对辊破碎机）和四辊破碎机，分别适用于粗碎、中碎和细碎中硬以下的物料。

双辊破碎机的工艺流程可反映出废旧塑料破碎的运行原理。双辊破碎机（图2-20）主要由辊轮、支撑轴承、压紧和调节装置及驱动装置等部分组成。它由2个电动机，通过三角皮带传动到槽轮上拖动辊轮，按照相对运动方向旋转，利用相对旋转产生的挤压力和磨剪力来破碎物料。当物料进入机器的破碎腔以后，物料受到转动辊轴的啮力作用，使物料被逼通过两辊之间，同时受到辊轴的挤压和磨剪，物料即开始碎裂，碎裂后的小颗粒沿着辊子旋转的切线，通过两辊轴的间隙，向机器下方抛出，超过间隙的大颗粒物料，继续被破碎成小颗粒排出。

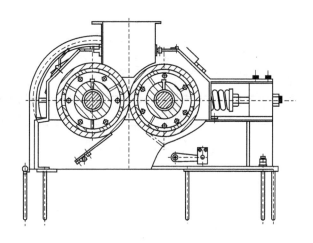

图 2-20　双辊破碎机

双辊破碎机的两辊轮之间装有楔形或垫片调节装置，楔形装置的顶端装有调整螺栓，当调整螺栓将楔块向上拉起时，楔块将活动辊轮顶离固定轮，即两辊轮间隙变大，出料粒度变大；当楔块向下时，活动辊轮在压紧弹簧的作用下两轮间隙变小，出料粒度变小。垫片装置是通过增减垫片的数量或厚薄来调节出料粒度大小的，当增加垫片时两辊轮间隙变大；当减少垫片时两辊轮间隙变小，出料粒度变小。

（二）冲击破碎机

冲击式破碎机是将物料在高速旋转的刀或锤的打击下和固定刀、机内壁进行冲撞，使物料被粉碎。冲击破碎机可分为叶轮式破碎机和锤式破碎机。

1. 叶轮式破碎机

叶轮式破碎机（图 2-21），又称冲击破或固定锤式破碎机，它与锤式破碎机的主要差别在于"击锤"换成"击刀"或"击轮"。物料由机器上部直接落入破碎机中，受到装在中心轴上并绕中心轴高速旋转的旋转刀（转盘）的猛烈冲击作用而受到第一次破碎；然后物料从旋转刀获得能量高速飞向机内壁而受到第二次破碎；在冲击过程中弹回的物料再次被旋转刀击碎，难于破碎的物料，被旋转刀和固定板挤压而剪断。

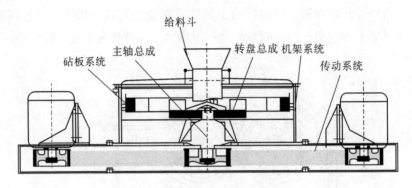

图 2-21　叶轮式破碎机

2. 锤式破碎机

锤式破碎机主要由箱体、转子盘、锤头、反击板、筛板等组成。锤式破碎机主要是靠冲击作用来破碎物料的，物料进入破碎机中，遭受高速回转的锤头的冲击而破碎，破碎的物料从锤头处获得动能，高速冲向架体内挡板、筛条，与此同时，物料相互撞击，遭到多次破碎，小于筛条间隙的物料，从间隙中排出，个别较大的物料，在筛条上再次经锤头的冲击、研磨、挤压而破碎，物料被锤头从间隙中挤出，从而获得所需粒度的产品。锤式破碎机具有破碎比大、生产能力高、产品均匀、过粉现象少、单位产品能耗低、结构简单、设备质量轻、操作维护容易等优点。但锤头和筛条磨损快，检修和找平衡时间长，当破碎硬物质物料，磨损更快；破碎黏湿物料时，易堵塞筛缝，为此容易造成停机（物料的含水量不应超过10%）。

（三）研磨式粉碎机

研磨式粉碎机主要有锉磨粉碎机、鼓式粉碎机、盘式粉碎机、湿式搅碎机和球磨机。

1. 锉磨粉碎机

锉磨粉碎机如图 2-22 所示。装在垂直轴的旋转体带动重锉磨臂做旋转和上下运动使废料在锉磨杆的压缩力和剪切力的双重作用下被粉碎，废料从底部进入料槽。此粉碎机具有加工成本低的特点，常用于废旧斜胶轮胎的粉碎。

2. 鼓式粉碎机

鼓式粉碎机如图 2-23 所示。旋转鼓为圆形、八角形或六角形，其内装有固定的或相对旋转的搅打器或挡板，废料被粉碎后通过鼓内的小孔排出。

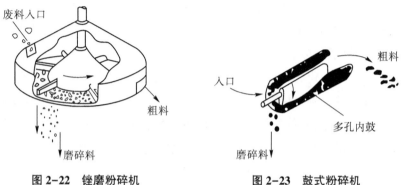

图 2-22　锉磨粉碎机　　　　　图 2-23　鼓式粉碎机

3. 盘式粉碎机

盘式粉碎机由一个圆盘和固定的接触面，或者由 2 个相对高速旋转的圆盘组成（图 2-24）。废料投入，进到两盘之间，受到放置盘或弧形轮的反复碰撞而被粉碎，达到一定粒度时从接触面上的小孔中排出。

4. 湿式搅碎机

湿式搅碎机如图 2-25 所示。其类似于盘式粉碎机，在搅碎机的圆形腔内装有高速旋转的弧形桨叶。废料与水混合制成稀浆，送入搅碎机，被桨叶强力搅打，粉碎至所需粒度，由底部小孔排出收集。

图 2-24　盘式粉碎机

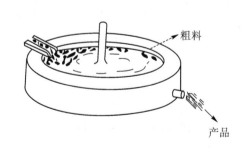

图 2-25　湿式搅碎机

5. 球磨机

球磨机（图2-26）是物料被破碎之后，再进行粉碎的关键设备。球磨机有一个圆形筒体，筒体两端装有带空心轴颈的端盖，端盖的轴颈支撑在轴承上，电动机通过装在筒体上的齿轮使球磨机回转，在筒体内装有研磨体（钢球、钢棒或砾石等）和被磨的物料，其总装入量为筒体有效容积的 25% ~ 45%。当筒体按规定的转速绕水平轴线回转时，筒体内的研磨体和物料在离心力和摩擦力的作用下，被筒体衬板提升到一定的高度，然后脱离筒壁自由泻落或抛落，使物料受到冲击和研磨作用而粉碎。物料从筒体一端的空心轴颈不断地给入，而磨碎以后的产品经筒体另一端的空心轴颈不断地排出，筒体内物料的移动是利用不断给入物料的压力来实现的，湿磨时物料被水流带走，干磨时物料被向筒体外抽出的气流带走。

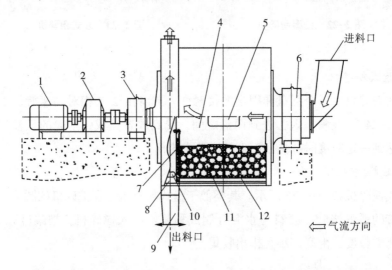

1—电机；2—减速机；3—支撑装置；4—破碎腔；5—检修人孔；6—进料装置；
7—出料算板；8—出料腔；9—集料罩；10—甩料孔；11—破碎介质；12—环沟衬板

图 2-26　干粉球磨机

（四）剪切式粉碎机

剪切式粉碎机有高速旋转式剪切粉碎机、低速旋转式剪切粉碎机及往复式剪切粉碎机 3 种。

1. 高速旋转式剪切粉碎机

高速旋转式剪切粉碎机（图2-27）主要由外壳、定刀、转鼓、动刀和筛网等组成。该粉碎机是在高速旋转的轴上装有旋转刀（动刀），其尖端刀口锋利，粉碎室内壁上装有固定刀（定刀）。旋转刀由数把刀重叠组成，各刀相互错位安装，刃口相对于轴稍有倾斜，以防负荷突然增大。物料由这些刀剪断、粉碎，粉碎的程度由筛板孔的大小决定。定刀和动力均可拆卸，动刀刀刃可磨快；定刀和动刀之间间隙可调节，筛网可任意更换，能耗低，噪声小，能保持运转的平衡性。

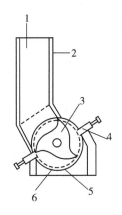

1—供料口；2—料斗；3—旋转刀；

4—固定刀；5—筛板；6—出料口

图 2-27　高速旋转式剪切粉碎机

2. 低速旋转式剪切粉碎机

低速旋转式剪切粉碎机是 2 个放置轴上交错安装旋转刀，两轴反向低速旋转，废料就在刀刃之间被剪断，如图 2-28 所示。粉碎料的大小由旋转刀的幅宽决定，无法达到细微粉碎的要求。

3. 往复式剪切粉碎机

往复式剪切粉碎机（图 2-29）有卧式和立式 2 种。[①] 在卧式机中，移动刀做水平方向运动，固定刀与移动刀相互交错排列，废料在两刃之间被剪断。在立式机中，移动刀做上下运动，与固定刀交错时剪断废料。这种粉碎机适用于剪碎韧性材料。

在废旧塑料粉碎设备的选用上要遵循以下原则：被破碎物料的材质、形状及所需要的破碎程度不同，应选择不同的破碎设备。硬质聚氯乙烯、聚苯乙烯、有机玻璃、酚醛树脂、脲醛树脂、聚酯树脂等是一类脆性塑料，质脆易碎，一旦受

---

① 刘明华，李小娟 . 废旧塑料资源综合利用［M］. 北京：化学工业出版社，2017：53.

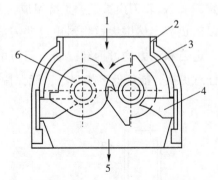

1—供料口；2—壳体；3—旋转刀；

4—刮板；5—出料口；6—轴套

图 2-28　低速旋转式剪切粉碎机

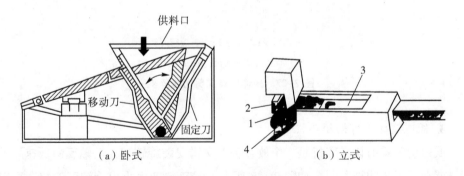

1—压板；2—移动刀；3—推料棒；4—固定刀

图 2-29　往复式剪切粉碎机

到压缩力、冲击力的作用，极易脆裂，破碎成小块，对于这类塑料适宜采用压缩式或冲击式破碎设备进行破碎；而对于在常温下就具有较高延展性的韧性塑料，如聚乙烯、聚丙烯、聚酰胺、ABS 塑料等，则只适宜采用剪切式破碎设备，因为它们受到外界压缩、折弯、冲击等力的作用，一般不会开裂，难以破碎，不宜采用脆性塑料所使用的破碎设备；此外，对于弹性材料、软质材料，则最好采用低温破碎，即先把物料冷冻到脆化点以下，然后在粉碎机内进行粉碎。另外，应根据废旧塑料需要破碎的程度来确定破碎设备，若将大块破碎成小块时应采用压缩式、冲击式或剪切式破碎设备；若将小块破碎成细粉、细粒时，则主要采用研磨式破碎设备。

三、废旧塑料的增密技术

多数废旧塑料都要先进行粉碎才能回收处理，但对于泡沫、薄膜制品来说，粉碎难度极大，即使能粉碎，效率也很低。在这种情况下，应考虑使用增密的方法。增密就是将这些体积大、密度低的废旧塑料，通过物理甚至化学的方法减小体积，增加其密度，使其尺寸和密度能符合后续回收工艺的要求。增密的主要方法有压实和团粒。增密和粉碎有时在同一设备上进行，先将废旧塑料粉碎，然后立即增密成便于回收的尺寸。

增密设备有压实机和团粒机 2 种。例如，聚苯乙烯泡沫压实机，其原理是用螺旋压缩机把 EPS 泡沫压缩成块。使用时，操作者只要把泡沫块投进料斗，机器里面有撕碎机把泡沫块打碎，然后螺旋机就把小块的 EPS 泡沫挤压成截面为方形的压缩块。塑料团粒机利用摩擦生热原理，可对软聚氯乙烯、高低压聚乙烯、聚苯乙烯、聚丙烯及其他热塑性塑料的废弃薄膜、纤维和发泡材料碎块等进行团粒，这是一种使废旧塑料再生利用的便捷、有效的塑料辅助设备。

第五节　废旧塑料的配料与造粒技术

一、废旧塑料再生制品配方的确立

废旧塑料制品在使用过程中由于受到外界条件的影响及光和热的作用，会发生不同程度的老化，其中所含各种添加剂均有不同程度的损失。例如，回收的废旧软质聚氯乙烯中增塑剂损失就较大，用它生产再生制品，其性能远比用新料生产的制品差。为尽可能提高再生制品的质量，在再生过程中需要重新添加一定量的助剂，以改善废旧塑料的成型加工及力学、热和电等性能。在确定再生制品配方时应当考虑到以下几点：一是添加剂种类的选择；二是添加剂加入量的确定；三是配方的调整。

（一）添加剂的选用

在选用添加剂时，要考虑塑料的品种和老化程度等因素。聚烯烃新料在加工成型时一般只添加少量助剂，如抗氧化剂、紫外线吸收剂等，其废料再生时，一般只需要加入少量着色剂即可，因此配方不难确定。除非这类塑料严重老化，已变硬发脆，则需要根据具体情况确定配料的组成。

聚氯乙烯塑料的组成较为复杂，特别是软质聚氯乙烯，所含添加剂的种类较多，有增塑剂、稳定剂、紫外线吸收剂、润滑剂和颜料等，其中以增塑剂用量最多。其制品在使用过程中受到光、热等气候条件的影响，增塑剂逐渐渗出，制品硬化，尤其是其物理性能大大下降，逐渐老化，不能满足使用要求而成为废品。这类废旧制品再生时必须补充足够数量的增塑剂及其他助剂，最大限度地恢复其力学性能，因此确定合理配方至为关键。

增塑剂的加入量主要由再生聚氯乙烯制品要求的硬度而定，为此应考虑回收的聚氯乙烯废制品中硬质与软质的比例。聚氯乙烯薄膜、人造革和壁纸等软质制品与硬质的管材、异型材等的制品中增塑剂的残留量不同，因此，只要将硬质和软质回收料相互掺用，调节两者的掺混比例，即可制得要求硬度的再生制品，可减少增塑剂的用量，甚至不使用增塑剂。

在配料时选用助剂的总方针是既保证再生制品具有一定的性能，符合使用要求，又要控制成本。通常情况下，助剂的选用需要考虑以下几点：第一，由于废旧塑料和再生制品的价格较低，因此所采用的添加剂的价格也要便宜。第二，正因为废旧塑料往往是各种颜色废料的混合物，在再生加工时一般添加深色着色剂，故对所选用助剂的外观色泽要求不高。第三，添加剂应能满足再生制品的一定性能要求。

（二）常用助剂

在用废旧塑料生产再生制品时需要添加的助剂有增塑剂、稳定剂、发泡剂、润滑剂、填充剂和着色剂等。

1. 增塑剂

增塑剂是指增加塑料的可塑剂，改善在成型加工时树脂的流动性，并使制品具有柔韧性的有机物质。它通常是一些高沸点、难挥发的液体或低熔点的固体，一般不与塑料发生化学反应。增塑剂首先要与树脂具有良好的相容性，相容性越好，其增塑效果也越好。添加增塑剂可降低塑料的玻璃化转变温度，使硬而刚性的塑料变得软且柔韧。一般还要求增塑剂无色、无毒、无臭、耐光、耐热、耐寒、挥发性和迁移性小、不燃且化学稳定性好、廉价易得。实际上，一种增塑剂不可能满足以上的所有要求，这就需要进行选择、配合使用，以达到特定目的。

①增塑剂的分类。根据其作用分为主增塑剂，即溶剂型增塑剂；辅助增塑剂，即非溶剂型增塑剂；催化剂型增塑剂。根据其化学结构分为苯二甲酸酯类、脂肪酸酯类、磷酸酯类、聚酯类、环氧酯类、含氯化合物等。

②常用的增塑剂。增塑剂主要用于聚氯乙烯和纤维素等塑料。常用的增塑剂有邻苯二甲酸二丁酯、邻苯二甲酸二辛酯、磷酸三甲苯酯、磷酸三苯酯、环氧大豆油、癸二酸二辛酯、氯化石蜡等（表2-19）。

表2-19　常用增塑剂的性能、应用和制备

增塑剂	性能	应用	制备
邻苯二甲酸二辛酯	无色、无臭，透明液体，稍有芳香气味，不溶于水，而溶于乙醇、乙醚和矿物油等。与聚氯乙烯、硝酸纤维素、乙基纤维素、聚苯乙烯、有机玻璃等相容性好，有助于提高制品的弹性和防水能力，并具有适当的硬度	是聚氯乙烯和氯乙烯共聚物的优良增塑剂	由邻苯二甲酸酐与α-乙基己醇加热酯化制得
邻苯二甲酸二丁酯	无色液体，不溶于水，但溶于乙醇、乙醚等有机溶剂	常用于塑料，合成橡胶和人造革等	由邻苯二甲酸酐和正丁醇加热酯化制得
磷酸三甲苯酯	无色有毒的不挥发油状液体，不溶于水，能与普通有机溶剂、稀释剂、植物油等混溶。与聚氯乙烯、醋酸纤维素、乙酸纤维素、聚苯乙烯、酚醛树脂等相容性好，阻燃性、耐候性好，但低温性能差	常用作人造革、薄膜、片材等聚氯乙烯制品的增塑剂	由甲酚与三氯化磷通氯反应后经水解、减压蒸馏制得
磷酸三苯酯	无色、无臭结晶状固体，稍有芳香气味，不溶于水，微溶于乙醇，极易溶于乙醚等，阻燃性好	可用作硝酸纤维素、醋酸纤维素薄膜的阻燃性增塑剂，但其塑化能力差，要与邻苯二甲酸酯类溶剂型增塑剂并用，力学性能持久，并有很好的柔软性和强韧性	由苯酚与三氯化磷通氯反应后经水解、减压蒸馏制得
氯化石蜡	金黄色或琥珀色黏稠液体，无臭，无毒，挥发性极低，不燃，可使制品具有阻燃性，价格低廉	可替代部分主要增塑剂，可用于电缆制造和水管、地板、薄膜、人造革和日用品等塑料制品，兼作稳定剂	
环氧大豆油	浅黄色油状液体，无毒，耐热性、耐光性好，低温柔韧性优良，挥发性低，迁移性小，是使用最广泛的环氧增塑剂和稳定剂，与聚氯乙烯相容性好	可用于聚氯乙烯薄膜、薄板、人造革和农膜等	

续表

增塑剂	性能	应用	制备
癸二酸二辛酯	浅黄色或无色透明油状液体，不溶于水，可溶于乙醇、乙醚、苯等有机溶剂，挥发性低，具有优良的耐寒性，较好的耐热性	主要用作聚氯乙烯、硝酸纤维素、聚苯乙烯、聚乙烯等的低温增塑剂	由癸二酸经酯化而制得

2. 稳定剂

稳定剂是指能够防止或抑制塑料受光、热、氧及其他各种环境条件影响所引起的劣化现象，增加稳定性能的物质。在聚氯乙烯的成型加工中就需要使用稳定剂，其中所用的热稳定剂种类最多。因为聚氯乙烯的熔融温度和分解温度十分接近，使用稳定剂后能提高树脂的分解温度，防止聚氯乙烯在熔融状态下发生分解析出氯化氢气体（该气体又使树脂继续分解，从而影响聚氯乙烯制品的质量）。在聚氯乙烯加工过程中可用铅白、三碱基硫酸铅等无机化合物或二苯基硫脲等有机化合物作稳定剂，以提高其耐热性和耐光性等。在储存和运输单体及蒸馏纯化单体时，为了防止聚合所添加的一些阻聚剂也往往称为稳定剂。常用的稳定剂有碱式铅盐类、脂肪酸皂类、有机锡类和复合稳定剂。

①碱式铅盐类。三碱式硫酸铅为白色粉末，味甜有毒，不溶于水，可溶于热醋酸铵溶液，不稳定，受阳光照射变色，能自行分解，热稳定性和电性能优良。主要用于聚氯乙烯塑料。二碱式亚磷酸铅（俗称铅白）为白色细微的针状结晶，味甜有毒，不溶于水和普通溶剂，溶于盐酸、硝酸。热稳定性差，能自行分解，电绝缘性优良，耐候性突出。主要用于软质聚氯乙烯塑料，特别适用于户外用制品。与三碱式硫酸铅并用有协同效应，也宜与氯化石蜡并用。

②脂肪酸皂类。硬脂酸铅（俗称铅皂）为白色粉末，有毒，不溶于水，溶于热乙醇和乙醚，具有良好的润滑性和光、热稳定性，可用作聚氯乙烯等塑料的热稳定剂和润滑剂。常与其他铅稳定剂配合使用，与镉皂、钡皂或有机锡化合物并用时有良好的协同效应。硬脂酸钙（俗称钙皂）为白色细微粉末，无毒，不溶于水，可溶于热乙醇和乙醚。可用作聚氯乙烯等塑料的无毒稳定剂和润滑剂，与锌皂和环氧化合物并用时有协同效应。主要用于食品包装、医疗器具等要求无毒的软质薄膜和器具。硬脂酸钡（俗称钡皂）为白色细微粉末，有毒，不溶于水，溶于热乙醇。用作聚氯乙烯的耐热、耐光稳定剂，兼作润滑剂，常与镉盐并用起协

同作用。硬脂酸镉（俗称镉皂）为白色细微粉末，毒性较大，不溶于水，溶于热乙醇，是聚氯乙烯塑料的皂类稳定剂中光稳定性和透明性最好的品种。硬脂酸锌（俗称锌皂）为白色细微粉末，不溶于水，溶于热乙醇、苯、甲苯、松节油等有机溶剂。耐候性较好，可用作聚氯乙烯的稳定剂，一般不单独使用，常与钙皂、铅皂、钡皂、镉皂等并用，主要用于软质制品。

③二月桂酸二正丁基锡。为淡黄色清澈液体，有毒，溶于所有工业用增塑剂和溶剂，具有优良的润滑性、光稳定性和透明性，常与钡皂和镉皂并用，效果良好，可用作聚氯乙烯的稳定剂。主要用于软质和半软质的聚氯乙烯透明薄膜、管材、人造革等制品。

④有机钡镉稳定剂。以钡镉有机酸盐组成的一类复合稳定剂，为浅黄色至黄色的清澈液体，具有优良的光、热稳定性，良好的透明性和着色稳定性。常与锌皂、亚磷酸酯和环氧化合物并用，广泛用于聚氯乙烯等塑料的配混料，在塑料中分散性良好，稳定作用明显。

3. 发泡剂

发泡剂又称起泡剂，是指能够促进树脂产生泡沫，形成闭孔或联孔结构的物质。发泡剂可分为物理发泡剂和化学发泡剂两大类。

①物理发泡剂（挥发性发泡剂）。其中，气体发泡剂有空气、二氧化碳和氮气等；挥发性液体发泡剂有氟利昂、低碳烷烃、苯和乙醇等；此外还有可溶性固体，如水溶性聚乙烯醇等。物理发泡剂广泛应用于生产泡沫塑料，它们不污染制品，价格便宜，一般采用低沸点的有机液体。

②化学发泡剂（分解性发泡剂）。是指用于塑料中产生化学发泡的物质，其分解温度应与聚合物的熔融温度相近，在热的作用下分解产生气体，使塑料发泡。产生的气体应无毒，无腐蚀性，不易燃。大部分热塑性塑料可使用化学发泡剂发泡。化学发泡剂分无机发泡剂和有机发泡剂2种。无机发泡剂有碳酸氢钠、碳酸氢铵等，受热分解产生二氧化碳或氨气；有机发泡剂主要有偶氮化合物，如偶氮二异丁腈、偶氮二甲酰胺（即发泡剂AC）、磺酰肼化合物、氮腈化合物、亚硝基化合物、叠氮化合物等，可分解产生氮气、二氧化碳或氨气。其中常用的发泡剂偶氮二甲酰胺系黄色结晶，分解产物无毒、无臭、不污染、不变色，有自熄性。广泛用于聚乙烯、聚氯乙烯、聚丙烯等的发泡。

4. 润滑剂

润滑剂的作用是在塑料加工中改善树脂的流动性和制品的脱模性，防止在机内或模具内因黏着而产生缺陷。一般加在模塑料中或涂于型腔表面。常用的润滑剂有脂肪酸及其盐类、长链脂肪烃等。根据润滑剂作用机制不同可分为外润滑剂和内润滑剂。①外润滑剂，如石蜡等。这种润滑剂与模塑用树脂的相容性较差，因此常用在成型加工机械或模具上，它与树脂之间形成润滑层，便于树脂流动和制品脱模。②内润滑剂，如硬脂酸丁酯、硬脂酸铅等。此类润滑剂与树脂的相容性好，常掺入树脂之中，降低树脂的熔体黏度，改善其流动性。硬脂酸盐类既是良好的润滑剂，又是有效的稳定剂。

5. 填充剂

填充剂也称填料、填充物，一般是指作为基本组分添加在塑料中以降低制品成本或改善某些物理性能的固体物质，其主要作用是起增量作用。此外，有的还可增加制品的硬度和刚性，提高耐热性和尺寸稳定性等。填充剂的种类很多，应用很广。在塑料工业中，常用木粉、棉纤维、纸、布、石棉、陶土等来提高制品的力学性能；用云母、石墨等来提高制品的电气性能；用炭黑、白炭黑、陶土、沉淀碳酸钙等来提高拉伸强度、硬度、耐磨耗和耐挠曲等性能；用石墨、二硫化钼作聚四氟乙烯的填料可赋予制品润滑性；用磁性铁红作填料可获得磁性；用铅或其氧化物可增加相对密度；用铝、铜、铅和青铜等粉末则赋予塑料制品更高的导电和导热性能；填充炭黑、白垩与二氧化钛等可起着色作用。

6. 着色剂

着色剂主要是指能使塑料着色的物质，通常包括颜料和染料，一般要求在塑料成型加工时着色剂本身不起变化，不与所着色的塑料或其他添加剂作用，具有耐晒、耐候性能。有的着色剂还具有紫外线吸收能力，因而有防光、老化的作用。在废旧塑料的回收利用中常选用深色着色剂，以解决不同颜色塑料混合时的着色问题。常用的着色剂有酞菁紫、塑料棕、炭黑等。

（三）添加剂加入量的确定

在选定所用添加剂的种类之后，必须再确定它的加入量。鉴于塑料的老化程度不同，而且在混合废料中既有一次回收料，又有二次回收料，因此要精确地确定添加剂的加入量是比较困难的。一般通过实践经验和参照试验配方并结合公式计算来确定。必须注意，所计算出来的数量在很大程度上仍然是估计量，还要根据试验来确定合理的加入量。

①添加剂加入量的计算公式为：

$$x = \left[A\frac{b}{100+b} - \left(A_1\frac{C_1K_1}{100+C_1K_1} + A_2\frac{C_2K_2}{100+C_2K_2} + \cdots + A_n\frac{C_nK_n}{100+C_nK_n} \right) \right] \times \left(1 + \frac{b}{100} \right),$$

$$(2.1)$$

式中：x——再生制品配方中所需某种助剂的添加量；

　　　A——再生制品配方中废旧塑料的总量，$A = A_1 + A_2 + \cdots + A_n$；

　　　A_1，$A_2\cdots$，A_n——再生制品配方中各种废旧塑料的量；

　　　b——再生制品配方中需添加某种助剂的质量比；

　　　C_1，$C_2\cdots$，C_n——各种废旧塑料原配方中某种助剂的质量比；

　　　K_1，$K_2\cdots$，K_n——各种废旧塑料原配方中某种助剂的损耗系数，可根据实际经验来估算。

②举例：用 1000 kg 废旧农用聚氯乙烯薄膜再生加工鞋底，在配方中需要添加增塑剂多少 kg？

解：例子中所用废旧塑料仅有农用聚氯乙烯薄膜一种，故 $A = A_1$。再生鞋底配方中要求增塑剂的质量比 b 为 60 份，我国各地生产的聚氯乙烯薄膜配方中增塑剂的质量比 C 一般为 45 份。根据实践经验，在废旧聚氯乙烯农用薄膜中的损耗系数 K 一般为 0.8~0.95，在此取 K 值为 0.9。

所需添加的增塑剂量 x 可按式（2.1）进行计算，结果为：

$$x = \left(1000\frac{60}{100+60} - 1000\frac{45\times0.9}{100+45\times0.9} \right) \times \left(1 + \frac{60}{100} \right) \approx 139 \text{（kg）}。$$

由计算结果可知，在鞋底的配方中需要添加 139 kg 增塑剂。同样，也可以用式（2.1）计算出其他添加剂的加入量。由于配方中对稳定剂、润滑剂和颜料的需求量较小，因而可在实际生产中灵活调整。

（四）检测试样和调整配方

上述的计算结果在很大程度上仍然是估计量，并不能确定是最佳量。为了确保再生制品的质量，还需按配方制成试样，然后检验其物理、力学性能，再根据检测结果进一步调整配方，使其更为合理，进而提高再生制品的质量。

二、不同塑料容合工艺

不同的废旧塑料混合制成另一种特性的塑料时，就要考虑它们之间的相容性，通过添加相容剂或采用化学交联使它们能够相互容合。

（一）添加相容剂

现阶段，城市固体垃圾中主要的废旧塑料就是聚氯乙烯、聚乙烯和聚苯乙烯，它们之间不相容。采用相容剂可使它们相互之间达到理想的结合。在聚乙烯和聚氯乙烯之间可采用氯化聚乙烯（CPE）作为相容剂。氯化聚乙烯是由高密度聚乙烯微粒悬浮在水中氯化而制得，它具有表面活性剂的相似性能，对聚乙烯和聚氯乙烯两者表面均能起到活化作用，使之良好结合。氯化聚乙烯添加到聚乙烯和聚氯乙烯的混合物中还大大提高了再生制品的冲击强度，使其具有极细密的结构。乙烯-丙烯-二烯三元共聚物（如 SEBS）和乙烯-醋酸乙烯共聚物均是聚乙烯和聚苯乙烯的良好相容剂，它们可提高再生制品的拉伸强度和冲击强度。相容剂的添加量以 10%~30%（质量分数）更合理。

（二）化学交联

采用过氧化物进行高温化学交联是改善混合废旧塑料力学性能的有效途径。混合废旧塑料中聚乙烯占的比例最大，它可同过氧化物（如二异丙苯基过氧化物、二叔丁基过氧化物等）配混产生交联，聚乙烯的交联提高了这种配混料的使用温度。正由于交联，塑料的拉伸强度下降而伸长率却明显增加，交联塑料变得更软，在大多数应用中伸长率为 20%~30% 就足够了。交联使得不相容塑料的脆性混合物转变为挠曲的高抗冲材料。

交联的混合废旧塑料可以用来制备泡沫塑料，其工艺流程如下所示：废旧塑料的收集—清洗—粉碎成 6 mm 筛网—挤出机上熔融、混合—研磨—在辊炼机上同过氧化物配混—添加发泡剂—从辊上取下—压制模塑约为 8 min—打开模具，泡沫膨胀—冷却—泡沫塑料成型。

在上述工艺流程中，常用发泡剂为 Celogen AZ 等，交联剂为 Dicup 40C（过氧化异丙苯）。模压时压力约 9.65 MPa，温度约 177 ℃。混合废旧塑料制得泡沫塑料的压缩性能类似于交联聚乙烯泡沫塑料。

三、废旧塑料的混合技术

混合就是将废旧塑料与各种添加剂均匀混合的过程，是在低于树脂流动温度和较低的剪切速率下完成的。

（一）混合设备

混合设备主要有普通捏合机和高速捏合机 2 种。

①普通捏合机如图 2-30 所示，其主体是带有夹套的混合室和其中的一对 Z 型或 S 型搅刀。夹套的作用是对混合室进行加热和冷却。当捏合完成时，混合室倾斜，上盖自动打开，卸出物料。

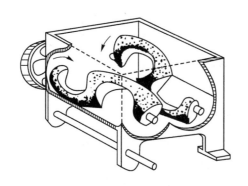

图 2-30　普通捏合机

②高速捏合机又称强力混合器，如图 2-31 所示。它由一个密闭的圆筒形混合室及其底部高速旋转的叶轮组成，混合室同样有加热用的夹套，加热介质为蒸气或油。物料由混合室上部投入，由于离心力的作用，物料从底部沿侧壁向上旋转至中心部位落下，叶轮高速旋转，物料便如此上升、下降，剧烈运动，相互撞击，从而达到均匀混合的目的。

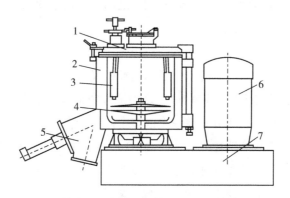

1—回转盖；2—容器；3—折流板；4—搅拌装置；

5—出料口；6—驱动电动机；7—机座

图 2-31　高速捏合机

(二) 混合工艺

将废旧塑料投入设备，开机进行加热，一般不超过 100 ℃。若配料中有增塑剂时，则需预热至一定温度，并在热混合约 10 min 之后加入，然后依次添加稳定剂、着色剂、填充剂和润滑剂。混合一定时间后，将蒸气通入容器夹套，使物料温度上升到规定值，润滑剂熔化并与树脂均匀混合即可。混合系统一般分为间歇混合和连续混合两大类，通常为间歇作业。混合工艺要求配混物料各组分细度相近，以混合均匀，增塑剂要被树脂全部吸收。确定混合结束，往往要靠经验。低温捏合的目的在于可以缩短物料随后进行的塑炼时间，避免因塑炼时间过长而引起树脂的分解。

四、废旧塑料的造粒技术

经清洗干燥的废旧塑料在成型加工之前一般要根据树脂的特性和成型条件的要求进行造粒。造粒工艺分为冷切造粒和热切造粒两大类，一般不同的塑料品种造粒工艺也不相同，但同种塑料也会因成型设备及工艺的不同而采用不同的造粒工艺。

（一）片料、线料的冷切造粒

熔体从塑化设备中引出片料（如双辊塑炼机）或线料（如挤出机），通过冷却水槽冷却，经脱水辊后，用牵引辊以一定的速度送入切粒机中，料条牵引速度不超过 60~70 m/min，料条数目不超过 40 根，粒料的截面大小和长度由牵引速度和送料速度确定。造粒的质量、表面质量、光泽、颜色、气泡均可在线料上连续检验。该工艺的优点是操作简单，粒料相互之间不粘连，缺点是所需的空间较大。

（二）机头模面热切造粒

熔体从挤出机机头挤出后，直接送入与机头端面相接触的切割刀而切断，切断的粒料再进行空气冷却或水冷却。热切造粒机又可分为以下 5 种。

①中心旋转热切空气冷却造粒机。这种造粒方式简单，但只限于聚乙烯的造粒，且产量较低。其出料孔分布在一个或多个同心圆上，易产生粒料粘连现象。

②中心旋转热切水冷造粒机。如图 2-32 所示，这是一种常用的造粒方法，旋转刀旋转切粒，为防止粒子互相粘连，切断后的粒料落入水槽中冷却。料孔分布在一个或多个同心圆上，要求的出口平面比较大，所以机头体积也就增大，但切刀的定位和制造较简单，采用弹簧钢刀片可直接与模面相接触。

③平行轴式旋转刀水冷却造粒机。如图 2-33 所示，类似中心旋转热切水冷造粒机，机头中心与旋转刀的轴心不同心，相互平行，机头模板较简单，在一个很小的模截面上分布很多出料孔，出口模面和机头都较小，但切刀相对大些，且与模板精确控制一定间隙。这种系统主要用于聚乙烯的造粒。

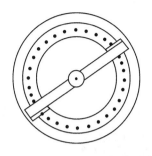

图 2-32　中心旋转热切水冷造粒机

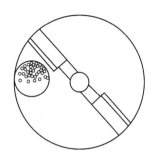

图 2-33　平行轴式旋转刀水冷却造粒机

④环形铣齿切水冷模面造粒机。如图 2-34 所示，用螺旋铣齿切刀作切粒机构，机头出料孔直线排列。适用于所有热塑性塑料，包括聚酰胺、PET、聚氯乙烯等的造粒。

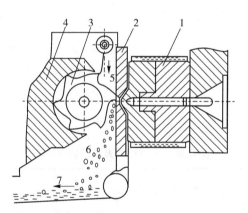

1—机头体；2—模板；3—切刀；4—切粒机构；
5—喷水；6—粒料；7—排水

图 2-34　环形铣齿切水冷模面造粒机

⑤水环切粒机。如图 2-35 所示，这种切粒机既可是垂直式的又可是水平式的。由于从机头出来的物料在模面被切断，切断后的粒料同时已经水冷，不易粘连。因机头与水直接接触，所以密封必须良好，为防止切刀与模板的磨损，模板的表面硬度要求比较高。粒料的形状可以是圆粒状、围棋子状或球状，长度由切刀速度确定。

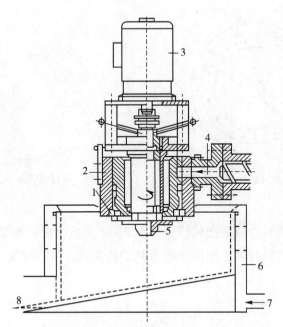

1—模板；2—机头；3—电动机；4—熔体；5—切刀体；
6—水环室；7—进水口；8—料、水混合物排出口

图 2-35　水环切粒机

上述不同造粒方法的特点比较见表 2-20①。

表 2-20　不同造粒方法的特点比较

造粒方法		产量/ （kg/h）	适用材料	粒料直径/mm	长度/mm	粒料形状	主要特点
冷切造粒	片料	5~1000	PE、PP、 ABS、PVC、 PA 及其他	1~6	1~6	正方体	起动容易，切口形状 不良，粒料流动性差， 不需后干燥
	线料	5~1000	PE、PP、 ABS、PS、 PA 及其他	1~6	1~6	圆柱体	适用多种树脂，产量 大，不需后干燥，可 空气冷却

续表

造粒方法		产量/(kg/h)	适用材料	粒料直径/mm	长度/mm	粒料形状	主要特点
热切造粒	中心切粒空冷	20~100	PE、PP等	4~6	1~2.5	圆柱体	操作简单，颗粒状好，切粒动力小，限用于PVC或高黏度物料挤出
	中心切粒水冷	20~600	PE等	2.5~6	1~3	围棋子状圆柱体	易发生粒料的熔接，操作简单，操作环境好，可大量生产
	偏心切粒水冷	20~3000	PE等	2~6	1~3	围棋子状圆柱体	机头较小，产量高，切刀相对较大
	铣齿环刀切粒	10~1000	PP、PE、ABS、PVC、PS等	1.5~6	1~3	围棋子状圆柱体	几乎适用于所有热塑性塑料的造粒
	水环切粒	500~5000	几乎所有热塑性塑料	1.5~6	1~3	围棋子状球体	适用于高产量场合，适合所有热塑性物料

（三）造粒过程中的温度控制

造粒过程中的温度控制十分关键。开机时各区温度可以都设定在200 ℃左右，进料口温度可以略低20 ℃，这是在生产干料的情况下，具体要根据挤出来的物料来调整。尽量减少废料的含水量，废料在进入造粒机前，粉碎后先干燥。机筒的排气口要保证出气（水汽）通畅，这样颗粒内部不容易有水泡；勤换过滤网，过滤网可在40~100目（筛孔尺寸0.15~0.425 mm）根据产品质量要求来选择；过滤网目数越高，杂质过滤得越干净。控制冷却水的温度，要保证切好的颗粒有一定的温度来蒸发颗粒表面的水分。机筒整体尽量使用带自动控制的电加热装置，就PE来说温度设定在200 ℃左右，根据原料特性作调整。因为机头体积大且里面还有分流板不容易达到设定温度，所以为了节约用电，机头处应提前45 min左右加热。

（四）造粒挤出机的过滤网更换装置

在废旧塑料的回收造粒中通常需要采用挤出机。废料由挤出机熔融塑化，挤出条状料，按所需规格直接热切粒或冷却后切粒备用。挤出机前端的2个功能部件是粗滤板和滤网，它在废旧塑料的挤出造粒和成型加工中起着重要的作用。粗滤板由合金钢制成，外观呈蝶形，厚度约为机筒直径的1/5。上面有规则排列的小孔，孔径为3~6 mm，孔两边倒角，以防止物料滞留而降解。使用滤网可进一步清除废料中残存的杂质，如沙子、纤维（100 μm以上）及其他熔点较高的塑料等，以保证产品质量和挤出过程的顺利进行。滤网如图2-36所示，通常为不锈钢制成，必要时还可用几层孔径不同的滤网叠合使用，使过滤效果更佳。

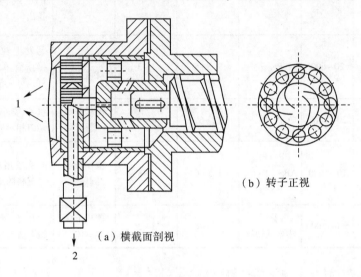

（a）横截面剖视

（b）转子正视

1—挤出物；2—杂质

图2-36 连续熔融过滤装置

废旧塑料通常已受到不同程度的污染，即使已经清洗、分离等，其杂质含量还是很高，因而在其加工时过滤网需要频繁更换。过滤网更换时，需要先停机，在设备没有完全冷却时拆开挤出机机头，更换过滤网。这个过程导致挤出机的效率降低、废品率提高。这对废旧塑料的加工是不现实的，因此必须使用过滤网更换装置。

①双工位滑板往复式手动或气动更换装置。在一块可移动的滑板上有2个过滤网的安装位置，其中一个处于工作位置。当装在其前侧的熔体压力表显示压力较大需要更换过滤网时，通过手动或气动装置推倒滑板，将备用的过滤网推到工作位置，从而使已用过的过滤网更换成新的备用。采用这种装置，可以不停机而快速更换过滤网。但在更换过程中，熔体通过过滤网处的面积突然增大而导致熔体压力较大波动，生产会出现短时间的中断。

②双工位螺栓式手动或气动更换装置。图 2-37 所示为手动滤网更换装置。将装有滤网的备用粗滤板由 2 块法兰盘的上方间隙插入，通过调节丝杠，将它横向前推，直至对准螺杆的中心位置。调节丝杠上设有定位套管，可以保证备用粗滤板准确对准螺杆的中心位置。在备用粗滤板推进的同时，待更换的粗滤板被顶向调节丝杠对面的法兰盘间隙处，待完全顶出，超过支持块后便由法兰盘下方落下，粗滤板与法兰盘的配合间隙为 0.03~0.05 mm，配合面光滑。这种方法与滑板式相似，在更换时也会有熔体压力波动。

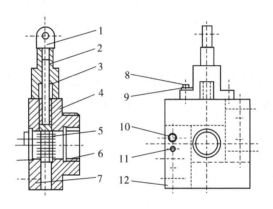

1—顶出螺栓；2—定位套；3—顶出螺栓固定块；4、7—法兰盘；5—钢丝滤网；
6—滤板；8、10—六角螺栓；9—弹簧垫圈；11—定位销；12—支持块

图 2-37　手动滤网更换装置

③回溢式滤网更换装置。如图 2-38 所示，熔体被挤出机挤压通过 2 个相对的过滤器室。过滤后的熔体经过中央导管通过 2 个细颈筒，再在通向形成线材口模的导管内汇集起来。压力上升情况便显示过滤器的污染情况。为更换过滤器，这 2 个细颈筒交替停止工作，在进行更换期间，熔体只流过 1 个细颈筒。

如图 2-39 所示为反向冲洗式过滤装置。它是依靠已过滤熔体反向冲洗的作用进行全自动自身清洁的。在达到预设定的压力范围后，细颈筒被依次送入反向冲洗位置；当杂质被尽可能冲洗掉之后，细颈筒自动回到过滤位置。

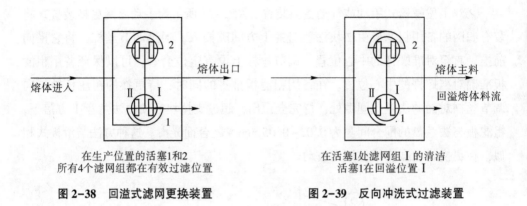

图 2-38　回溢式滤网更换装置　　　　图 2-39　反向冲洗式过滤装置

④旋转式（转盘式）滤网更换装置。旋转式滤网更换装置的主要特点是过滤盘在 2 个过滤板之间转动，过滤网的料腔围绕着过滤盘呈环形分布，过滤器转盘偏心地置于过滤板之间，通过 3 个螺栓固定。由于在任何时候，过滤网的有效面积都不减少，因而熔体压力保持恒定。这样，在换网时，就可以保证生产连续不间断。这种装置结构复杂，成本较高，使用较少。

第三章　废旧塑料的再生利用技术

第一节　热固性废旧塑料的再生利用技术

人们通常所说的塑料回收均是指热塑性塑料，而热固性塑料由于固化成型后形成交联结构，不能再次熔化成型，所以回收比较困难，实际回收应用也较小。但是现在热固性塑料的用量约占全部塑料的15%，绝对数量很大，因此对其再生利用也愈加紧迫。

热固性塑料是指在加工过程中分子之间发生反应而形成交联结构，制品具有不溶、不熔特点的一类塑料。常用的热固性塑料种类并不多，主要有聚氨酯、酚醛树脂、环氧树脂、不饱和聚酯、蜜胺和脲醛树脂等。其中又以聚氨酯、酚醛树脂用量最多，各占热固性塑料总量的1/3左右。消费后热固性塑料在城市固体废弃物中数量很少，而主要应用在工业和商业中。热固性塑料由于具有很多优点，如价格低、剪切模量和杨氏模量高、刚性好、硬度高、压缩强度高、耐热、耐溶剂、尺寸稳定、抗蠕变、阻燃和绝缘性好等，广泛地应用于电器和电子工业、机械、车辆、滑动元件、密封元件及餐具生产。以前，其发展速度不如热塑性塑料快，但进入20世纪80年代后，热固性塑料的应用有所回升，每年增长速度大于3%。

热固性塑料由于非可逆的固化反应特性，非线性的网状体型结构，再次加热后无法熔融，不能在化学溶剂中溶解，因此，无法再次塑性成型或塑性加工。这种性质使热固性塑料及其制品具有优良的机械性能和耐久性。但是，热固性塑料制品废弃后，其不熔化、不溶解的性质却成为再生利用的最大障碍，是有效回收必须解决的关键问题。长期以来，人们一直认为废旧热固性塑料不能再生利用，因而将其当作垃圾处理，不仅造成环境污染，还会耗费大量人力、物力。

一、废旧热固性塑料的基本来源

热固性塑料包括热固性树脂及其增强塑料或材料（也称复合材料）。在热固性树脂中，聚氨酯占绝大多数，其次是酚醛树脂，环氧树脂用量相对较小。热固性树脂的应用方式比较多，有黏合剂、涂料、复合材料、密封剂等。增强塑料大多是不饱和聚酯、环氧树脂和酚醛树脂等热固性树脂与玻璃纤维、碳纤维等制成的复合材料，典型的复合材料是不饱和聚酯树脂增强塑料。热固性塑料的成分来源具体如下。

（一）聚氨酯

聚氨酯是由异氰酸酯和多元醇在催化剂作用下合成的，其消费量仅次于聚乙烯、聚氯乙烯、聚丙烯、聚苯乙烯。聚氨酯一直被称作"万用材料"，其产品有多种，如软质泡沫塑料、硬质泡沫塑料、吸能泡沫、热固性和热塑性弹性体、黏合剂、涂料、纤维和薄膜等。

当前大量的聚氨酯废料主要来源于聚氨酯软质泡沫塑料和聚氨酯硬质泡沫塑料。软质泡沫塑料主要有床垫、汽车坐垫、防护材料等。硬质泡沫塑料主要有建筑用板材、冰箱和冷库用绝热材料、包装材料等。聚氨酯弹性体用作滚筒、传送带、软管、汽车零件、鞋底、合成皮革、电线电缆和医用人工脏器等。此外，聚氨酯还可制成乳液、磁性材料等。另外，体育用品也是聚氨酯废料的一个主要来源。工业废料，如聚氨酯生产中高达10%的废品，泡沫二次加工产生的大量边角料，反应注射成型（RIM）生产中的浇道料、飞边等也是不可忽视的废料来源。

（二）酚醛树脂

酚醛树脂是酚类化合物和醛类化合物缩聚而得的高聚物。最常用的酚类化合物是苯酚，其次是甲酚、二甲酚和对苯二酚等；最常用的醛类是甲醛，其次是糠醛，其中最重要的是苯酚和甲醛制得的酚醛树脂。酚醛树脂成本低，但强度高，在很宽的温度范围内机械性能保持率高，使其仅次于聚氨酯，成为第二大热固性塑料。酚醛树脂主要作黏合剂使用。酚醛模塑复合物广泛用于家电手柄和电子、汽车零件及日用品等。酚醛泡沫的绝热性好，耐火性好，燃烧时烟少，可作屋顶材料。

酚醛塑料具有力学强度高、性能稳定、坚硬耐腐、耐热、耐燃、耐大多数化学药品、电绝缘性良好、尺寸稳定性好、价格低廉等优点。酚醛塑料主要用于电绝缘材料，故有"电木"之称。当用碳纤维增强后能大大提高耐热性，已应用于飞机、汽车等方面。在宇航中可作为烧蚀材料以隔绝热量，防止金属壳层熔化。

（三）不饱和聚酯

不饱和聚酯（UP）是指在主链中含有不饱和双键的一类聚酯，是由不饱和二元酸或酐（主要为顺丁烯二酸或其酸酐，另有反丁烯二酸等）和一定量的饱和二元酸（如邻苯二甲酸、间苯二甲酸等）与二元醇或多元醇（如乙二醇、丙二醇、丙三醇等）缩聚得到的线型初聚物，当然，随着原料种类和配比的不同可获得不同性能的产品。加入饱和二元酸的目的是调节双键密度和控制反应活性。在这种树脂中加入苯乙烯等活性单体作为交联剂，并加入引发剂和促进剂，可以在低温或室温下交联固化，并可加入玻璃纤维增强形成复合材料，称为玻璃纤维增强不饱和聚酯塑料，因其力学强度很高，在某些方面接近金属，故称为玻璃钢。在玻璃钢中，以不饱和树脂为最重要（约占80%）。

不饱和聚酯主要用作玻璃纤维增强塑料，其相对密度为1.7~1.9，仅为结构钢材的1/5~1/4，为铝合金的2/3，其比强度高于铝合金，接近钢材，因而在运输工业上用作结构材料，能起到节能作用。UP树脂的主要优点是可在常温、常压下固化，其制品制造方法有手糊法、喷射法、缠绕法、模压法等，但以手糊法为主；加工设备简单、操作方便，因此适用于制造大型、异型的结构材料，特别是大型壳体部件，如车体、船体、通风管道等。此外也可用作建筑材料、化工防腐蚀设备、容器衬里及管道等。除此之外，还用于制造非玻纤增强制品，如纽扣、涂料、人造玛瑙、人造大理石等。

因不饱和聚酯树脂材料，特别是玻璃钢在工业上的用量大，以及在生产加工过程中所产生的边角废料及工业品的老化废弃，当废不饱和聚酯树脂无地堆积时，便将其倒入江河湖泊或就地掩埋，这样会对土质、水质造成严重破坏。

（四）环氧树脂

环氧树脂是一类分子结构中含有环氧基的树脂，由多酚类与环氧氯丙烷缩聚而成。保护性涂料是环氧树脂的最大用途，其次是增强材料，如层压印刷电路板、雷达安装用复合材料、商用设备和飞机、汽车等所用的复合材料等。由于其强度高、尺寸稳定性好，还可用于机床工业，如铸造和模塑等。电子零件的绝热材料、黏合剂等也是其主要应用范围。

二、废旧热固性塑料的再生利用技术

近年来，随着热固性塑料的用量越来越大，对其再生利用也显得越来越重要和紧迫，废旧热固性塑料的回收量日益增多且对其回收利用开展了大量的研究工作，目前已取得了一些成果。热固性塑料的回收技术有机械回收（如将其粉碎后作热塑性或热固性塑料的填充剂）、化学回收（如水解/醇解回收原材料）和能量回收等。但不管采用哪一种回收方法，固化的热固性复合材料必须首先切碎成可用的块状，以后是否需要进一步切小取决于其最终的用途。采用化学回收法，即高温分解法时，通常块体尺寸约为 5 cm×10 cm；采用重新碾磨颗粒回收时，需进一步切小块体尺寸。

（一）机械回收

机械回收是在不破坏热固性塑料的化学结构、不改变其组成的情况下，采用机械粉碎或黏接方法直接回收。在此主要介绍采用机械重新加工不饱和聚酯片状模塑料（SMC）而不改变 SMC 化学性能的回收方法。如果 SMC 来源确定且不含杂质，重新碾磨可能是最为合适的回收方法，但通过重新碾磨回收热固性塑料不是一种新方法。

1. 聚氨酯

（1）PU 软质泡沫

用软质聚氨酯泡沫生产垫子时产生大量的废料（8%~10%），废料的多少取决于泡沫料的形状和切制品的复杂程度。模塑的坐垫也产生一些边角料。其机械回收有以下几种方法。

①黏合剂涂覆、后模塑技术。将纯净的泡沫切成适宜尺寸的碎片，用黏合剂涂覆。黏合剂是一种异氰酸酯预聚物，由二异氰酸甲苯酯与聚醚多元醇制得。黏合剂用量为泡沫质量的 10%~20%。经过催化作用和充分混合，将泡沫黏合剂混合物放入模具中压塑。在热和蒸汽作用下，泡沫在压缩中固化，密度可达 40~100 kg/m^3。

②用作填充剂。软质泡沫塑料的另一种回收技术是将其粉碎，在泡沫生产中作填充剂。工艺如下：将软质泡沫塑料在深冷温度下（<-150 ℃）粉碎，研磨成适宜的粉料，然后将其与多元醇混合，比例为每 100 份多元醇加入粉料 15~20 份。混合的多元醇/泡沫粉料糊可以在常用的泡沫加工设备中处理。为了得到最佳的性能，需调整催化剂和异氰酸酯的比例。实验表明，含回收料的软质泡沫的性能与不含填料的泡沫性能接近，且可以降低成本。

（2）反应注射成型的聚氨酯（RIM-PU）

1）作为填料

一是用于 RIM-PU 制品。用于生产 RIM-PU 制品时，首先要对回收的材料进行粉碎，通常有 2 种方法：其一是用粉碎机将其粉碎，料屑的尺寸为 6~9 mm；其二是在精密磨盘上将其研磨成 180 μm 的微粒。然后采用一种"三股流"工艺回收，如图 3-1 所示，回收料的加入量为 10%，多元醇、异氰酸酯和 RIM-PU 制品回收料分三股流入混合头中，混合后形成制品。从制品性能看，回收料对弹性体的性能影响很小，基本上与不含填料的制品性能相同，而且涂漆后制品表面光滑，可与不含填料的制品相媲美，且成本降低 5%。

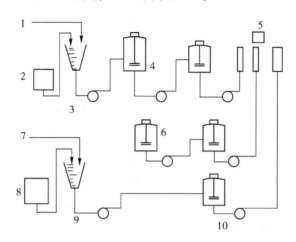

1—多元醇 1；2—玻纤；3—预混站；4—多元醇料箱 1；5—三股流混合头；

6—异氰酸酯；7—多元醇 2；8—RIM 回收料；9—预混站；10—多元醇料箱 2

图 3-1　RIM-PU 回收料的"三股流"再生利用工艺流程

二是用于热塑性弹性体。RIM-PU 回收料和 PP 的混合料注塑结果表明（表 3-1），回收料的加入降低了 PP 的物理性能，但使回收料在 PP 中均匀分散，可提高制品表面性能。为提高混合物的性能，填料在加入前需进行改性，主要方法如下。

表 3-1　含 RIM-PU 回收料的 PP 的性能（混合比例为 1∶1）

性能	材料	
	PP	RIM-PU/PP 混合物
密度/（g/cm³）	0.91	0.89~1.0
拉伸强度/MPa	25	9.4~13.8
断裂伸长率/%	250	25~35
弯曲弹性模量/MPa	850	750~858

①活性处理：将热固性塑料用氨基硅烷等偶联剂进行表面活性处理。

②加相容剂：用马来酸酐接枝聚烃烯和丙烯酸接枝聚烯烃等相容剂可促进回

收料与 PP 的相容。

③加无机填料：在混合物中加入 10%～20%的硅烷处理的超细（1.8 μm）滑石粉，可促进回收料与 PP 的相容性。

RIM-PU 回收料作为热塑性弹性体的填料不仅可降低制品成本，而且可改善其性能，如改善耐热性和阻燃性、提高耐磨性和制品尺寸稳定性及耐蠕变性等。RIM-PU（玻璃纤维增强）的热变形温度可高达 300 ℃以上，因此，当其加入通用热塑性塑料后可改善其耐热性。RIM-PU 的耐磨性好，摩擦系数低（0.01～0.03），加到非耐磨塑料中可提高其耐磨性，如加到 PVC 鞋底料中可生产耐磨性鞋底。RIM-PU 回收料属阻燃性填料，可改善热塑性塑料的阻热性能。

三是用于热固性塑料和弹性体。在聚酯模塑复合材料，如 BMC 或热固性聚酯复合材料中加入低密度的 RIM-PU 回收料后可扩大其应用领域。一方面玻纤含量高的 RIM-PU 回收料对上述材料具有增强作用；另一方面加入 10%的 RIM-PU 回收料后，复合材料的密度下降了 3%，而收缩率、弯曲强度和冲击性能未受到影响，但加入 RIM-PU 后，聚酯复合材料的耐热性能下降，如改性的 RIM-PU 回收料填充的不饱和聚酯的最高使用温度仅在 100 ℃。

2）压缩模塑

压缩模塑是回收 RIM-PU 废料的另一个途径。在压缩模塑过程中不使用任何添加的黏结剂而直接将研磨过的 RIM-PU 料压缩模塑成需要的形状。工艺如下：在一定的温度、压力 [如 185～195 ℃（持续 7 min），30～80 MPa（持续 1.5 min）] 和高剪切力作用下，RIM-PU 粉料发生流动，颗粒间聚结在一起。压力越高，模塑件的性能越好。与热塑性塑料的注塑模塑（冷模）相比，这种压缩模塑技术可以在热状态下充模和脱模，温度保持在恒定温度（190±5）℃，不需要使用脱模剂。制品性能低于原制品，但可将其用作气流转向器、挡泥板等，价格上可与聚烯烃、SMC 等竞争。

3）用捏合机回收

捏合机回收 PU 的原理是通过热力学作用把分子链变成中等长度链，在这一反应过程中硬质的弹性的 PU 材料被转化为软质的塑性状态，但并不是熔融态。实现这一状态转变的关键是将捏合机温度升高到 150 ℃，对其中的 PU 物料施以大量的摩擦热，这样温度才能达到 200 ℃，实现热裂解。部分裂解产物中还有许多官能团，能同高浓度的异氰酸酯交联，得到的材料硬度可高达 80，拉伸强度可高达 30 MPa，但断裂伸长率较低（6%～8%）。这种材料适合作强度高、硬度高但不需要高的断裂伸长率的塑料件，如用作汽车上的工具箱等。

2. 酚醛树脂

废旧酚醛树脂主要是用作填充剂，填料的多少和填料颗粒大小对酚醛树脂性能的影响如表 3-2 所示。酚醛树脂中加入回收料后，混合物整体性能下降。下降最大的是无缺口冲击强度（为 35%），即使回收料含量仅为 5% 时也是如此，但用粒径小的回收料后性能有少许提高。令人感兴趣的是，含有回收料时，材料的缺口冲击强度反而有所提高，弯曲强度不受回收料量和颗粒尺寸的影响。另外，拉伸强度值较低，即使在回收料含量较低时也是如此，在回收粒径较大时尤为严重。介电强度、吸水率和热变形温度基本上不受回收料含量和颗粒大小的影响。使用时应慎重，掌握混合物性能的变化。

表 3-2　酚醛树脂回收料对酚醛树脂性能的影响

材料组成	性能				
	弯曲强度 /MPa	拉伸强度 /MPa	缺口冲击强度/（J/m²）	无缺口冲击强度/（J/m²）	热变形温度 /℃
酚醛树脂	85.8	46.7	752	3154	115
酚醛树脂+5%大粒径回收料	74.0	23.1	904	1955	110
酚醛树脂+5%中粒径回收料	81.2	40.6	1135	2039	107
酚醛树脂+5%小粒径回收料	79.1	37	967	2376	109
酚醛树脂+10%中粒径回收料	80.5	—	736	2039	107
酚醛树脂+15%中粒径回收料	78.8	—	820	2018	111
酚醛树脂+20%中粒径回收料	77.0	—	749	1998	109

3. 环氧树脂

将环氧树脂回收料加到环氧树脂配方中后，混合物的黏度增加，加工难度增大，强度和冲击性能下降，如表 3-3 所示。混合工艺有 2 种：一种是在固化前将回收料粉与环氧树脂干混；另一种是在固化前将回收料在体系中于 90 ℃下浸泡 1 h，然后在室温下浸泡 4 d。回收料增加了混合物的硬度，但降低了其他大部分性能。含有浸泡过的回收料的多胺固化试样的落锤冲击强度和热变形温度提高。对于多胺固化试样，加入干回收料后弯曲强度只有少许下降，体积电阻增加。在酸酐固化配方中，加入浸泡过的回收料后环氧树脂与铝的黏结力大大增加。

表 3-3　回收料对环氧树脂性能的影响

材料	性能					
	硬度/RCL	挠曲模量/MPa	弯曲模量/MPa	落锤冲击强度/J	热变形温度/℃	体积电阻/($10^{15}\Omega\cdot cm$)
多胺固化材料	120	3272	111	1.13	103	1.700
含20%的干回收料	129	2315	39	<1.13	90	1.340
含20%浸泡的回收料	128	2239	46	2.23	108	0.024
聚酰胺固化材料	118	2638	84	3.39	60	0.690
含20%的干回收料	121	2507	82	<1.13	54	2.300
含20%浸泡的回收料	113	1626	40	1.13	46	0.870
酸酐固化材料	121	2467	83	2.26	70	12.100
含20%的干回收料	122	2535	47	1.13	71	7.190
含20%浸泡的回收料	126	1681	50	<1.13	65	8.010

注：回收料粒径的 70%～80% 为 200～500 μm，其余的小于 200 μm。混合比例为：环氧树脂：回收料=8：20。

4. 不饱和聚酯

不饱和聚酯片状模塑料（SMC）的再生利用主要是作填充剂，如将 SMC 粉碎，将其作预制整体模塑料（BMC）的填料。实验结果表明，含大粒径 SMC 回收料的 BMC 的拉伸强度、模量和冲击强度等性能下降，而含小粒径的性能下降不大。

SMC 回收涂料除可以用于 BMC 外，还可以将其与聚乙烯、聚丙烯共混，混合比例可分别为 15%、30%、50%。测试结果表明，SMC 回收料填充的试样缺口冲击强度和热变形温度得到提高，当 SMC 含量为 50% 时热变形温度由 63 ℃提高到 94 ℃。从总的实验结果看，SMC 起到了填料的作用而非增强剂的作用。SMC 的另一个用途是将其磨碎至 200 目，代替碳酸钙作 SMC 的填充剂，如每 100 份 SMC 用 88 份 SMC 回收料，黏度的限制妨碍了更多回收料的使用。结果表明，回收料含量较低时对 SMC 的性能影响不大，含量较高时制品性能，尤其是表面质量下降较大，但不会严重影响材料的使用性能。SMC 还可以回收其中的纤维。

（二）化学回收

化学法回收是在不同的介质中对废旧热固性塑料进行加热，或者通过化学反应，将热固性树脂基体分解成原料单体或低分子聚合物，从而达到与增强材料分离、实现回收再利用的目的。热固性塑料的化学回收方法主要有水解、醇解和热裂解，只有含有羧基官能团的聚合物水解或醇解才可得到其合成单体，而热裂解可回收各种材料。化学回收工艺是高温分解，高温分解是在无氧的环境下通过加热（不燃烧）的方法将一种材料化学分解为一种或多种可再生的物质。

高温分解是将塑料降解为可以重新利用的有机产品，而焚烧是在有氧的环境下燃烧，释放出所有的热量，但留下的废渣必须填埋。因而应注意的是，不要将高温分解与焚烧混淆不清。

1. 聚氨酯水解/醇解

聚氨酯的水解与 PET 的水解不同，不是其聚合的逆反应，水解得到的是其合成组分之一，即二异氰酸酯与水的反应产物（二胺和多元醇），同时还得到二氧化碳。

$$—R—NH—\overset{\overset{\textstyle O}{\|}}{C}—O—R^1— + H_2O \longrightarrow —R—NH_2 + HO—R^1— + CO_2$$

二胺可以转化成二异氰酸酯。聚氨酯水解之所以得到二胺，是因为其中含有的官能团，如软质泡沫塑料中的脲官能团、硬质泡沫塑料中的异氰酸酯官能团，水解成二胺和二氧化碳，如下所示。

$$—R—NH—\overset{\overset{\textstyle O}{\|}}{C}—NH—R—+H_2O \longrightarrow 2—R—NH_2 + CO_2$$

$$+ 3H_2O \longrightarrow 3—RNH_2 + 3CO_2$$

含有氨基甲酯或脲或异氰酸酯键的聚氨酯水解的引人注目之处是可以将其中的所有成分都转化为二胺或多胺和多元醇。聚氨酯水解的主要缺点是二胺和多元醇在再利用之前需分离。

（1）蒸汽水解

软质聚氨酯泡沫塑料在高压蒸汽作用下可以水解为二元醇和二氧化碳。水解温度是决定聚氨酯水解产物质量和产量的关键参数。实验证明，聚氨酯水解得到多元醇并保证其质量的最佳水解温度为 288 ℃。回收的多元醇可用于软质聚氨酯泡沫塑料的生产，当回收多元醇含量为 5%，软质聚氨酯泡沫塑料性能最佳。

（2）醇解

醇解法的基本原理是利用烷基二醇为分解剂，在 150～250 ℃温度范围内，使聚氨酯废料中的氨基甲酸酯基断裂，即氨基甲酸酯基团与烷基二醇进行酯交换反应。氨基甲酸酯基团被短的醇链取代，释放出长链多元醇。与此同时，由于聚氨酯结构复杂，参与反应的基团比较多，还会发生很多不良反应，主要的不良反应是在醇解剂的作用下，脲基断裂生成胺和多元醇。另外，Kim 等对聚氨酯降解产物中气体 CO_2 和亚硝气进行了分析，认为聚氨酯醇解时也会像水解一样产生 CO_2。

使聚氨酯发生醇解反应的试剂是醇解剂。常用的醇解剂包括二甘醇、乙二醇、二乙二醇、丙二醇、二丙二醇、丁二醇、聚乙二醇等。国内学者对不同醇解剂做过对比实验，醇解后都得到聚酯（或聚醚）多元醇。当醇解剂为二元醇，助醇解剂分别是叔胺和乙醇胺，分解温度为 150～200 ℃时，分解主要产物为多元胺和多元醇；分解温度为 175～200 ℃时，产物是多元醇。此外，用叔胺和乙醇胺作助醇解剂，反应时间也比用二元醇的反应高出 1 倍；比较好的分解方法是采用二元醇和二元胺的混合物作醇解剂、碱土金属氢氧化物作助醇解剂，优点是反应温度较低（60～160 ℃），分解废料的倍数也高（30～50 倍），分解时间较短（1～5 h），得到的多元胺和多元醇产物可直接用于聚氨酯泡沫的生产；也有研究人员用分子量为 400～3000 的聚丙二醇和磷酸酯作分解剂，在 175～250 ℃下反应 3～5 h 得到多元醇和磷酸胺。

此外，还可使用助醇解剂，如醇胺、叔胺、碱金属和碱土金属的钛酸盐等，优点是反应温度较低，分解时间短，分解效率也比较高。使用碱金属的氢氧化物及盐类作助醇解剂时，多元醇对碱土金属离子比较敏感，要求碱金属离子质量分数少于 1.0×10^{-5}，否则可能产生凝胶；用乙二醇或二甘醇作为醇解剂，降解产物分层明显，产物颜色较浅，体系黏度较小，降解效果比丙二醇和丁二醇好，但乙二醇沸点较低，体系温度最高只能升至 190 ℃左右，并且由于接近沸点，有大量回流。因此，使用二甘醇比乙二醇对醇解反应更有利。

醇解工艺通常是在有回流冷凝条件下进行醇解反应。投料之前充入氮气以排尽容器中的空气，并在整个反应实施过程中保持氮封。

总之，选择合适的降解剂和降解条件可以获得高质量的多元醇，解决聚氨酯回收问题。这种方法可以用来回收硬泡沫（热绝缘性材料）、微孔弹性体（鞋底）

和结构泡沫、柔性弹性体等，并且在回收硬的鞋底废料和聚氨酯泡沫中已得到了工业化的应用，Baver 公司、BASF 公司和 ICI 公司在这方面都取得了一定的进展，江苏油田和胜利油田用复合降解剂对废 PU 泡沫降解也进行了试生产。

醇解产物的分离：醇解的目的就是回收多元醇，因此，如何将目标产物从复杂的降解产物中分离出来是研究的一个重点问题。醇解结束后静置一段时间，产物分为 2 层。上层产物主要是高分子量多元醇及过量降解剂（如小分子二元醇），下层产物主要含有脲、氨基甲酸酯等。

20 世纪 90 年代，日本本田技研株式会社在专利中提出了从降解产物中分离回收多元醇的 4 种方法及工艺：一是将有机二羧酸或其酸酐加到含胺的分解和回收多元醇中，除去沉淀物的工艺；二是将异氰酸酯化合物加到含胺的分解和回收多元醇中的工艺；三是将氧化物加到含胺的分解和回收多元醇中的工艺；四是将脲加到含胺的分解和回收多元醇中的工艺。这些工艺的主要目的就是通过加入某种物质以便除去醇解的副产物胺，从而分离、纯化多元醇。

英国帝国化学工业公司将醇解完成并冷却一定时间后，将分层的两相分别收集处理。先将上层产物用低相对分子质量多元醇，如乙二醇进行萃取，多次萃取后再进行蒸馏操作可得到较纯的大分子量多元醇；下层产物主要含有脲、氨基甲酸酯、胺及其他一些低相对分子质量化合物，可通过烷氧基反应掉胺基，然后经蒸馏提纯，所得产物可用于制备聚氨酯硬质泡沫。

降解回收的多元醇的纯度一般根据后续制品的要求而确定，对于一些纯度要求不太高的制品，醇解产物甚至都不需要特别处理，如韩国三星电子株式会社将回收所得的多元醇用于制备聚氨酯硬质泡沫，其醇解的产物只需要除去不溶性杂质，然后与一定量市售的多元醇混合作为后续反应的原料，这样从另一个角度来看，确实降低了多元醇中杂质的含量，而且省去了烦琐的分离处理。

2. 不饱和聚酯水解/醇解

不饱和聚酯大量地用于生产片状模塑料。SMC 是将切断的玻璃粗纱（长 25 ~ 50 mm）分散在不饱和聚酯和乙烯基单体（如苯乙烯）的混合物中，添加交联剂、催化剂、增厚剂（如碳酸钙、氧化镁）等制得的。

固化的不饱和聚酯在 225 ℃下水解 2 ~ 12 h 后，过滤得到间苯二甲酸（理论上可得到 60%）、苯乙烯与酸的共聚物及未水解的反应材料等。

SMC 醇解可以得到油，产率最高可达 18.3%，有的油的热值为 40 ~ 53 MJ/kg，可作燃料油使用。于 400 ℃下，SMC 在空气中醇解得到的油可作为环氧树脂的增韧剂。随着醇解油含量的增加，环氧树脂的拉伸强度和压缩强度下降，伸长率和压缩变形率增加，而基体的黏度下降。这种醇油与环氧树脂的相容性很好，固化过程中和固化后都没有出现相分离和油析出，即使在室温下加压也不会产生上述现象。

SMC 醇解得到的玻璃纤维—碳酸钙残留物中玻璃纤维长 5～10 mm，直径约18 μm，可用作环氧树脂的填充剂。实验表明，在环氧树脂中加入 30%的玻璃纤维—碳酸钙残留物不影响环氧树脂的性能。

（三）裂解

裂解是将聚合物的大分子链断裂，生成小分子物质。裂解有热裂解、催化裂解及加氢裂解等。

1. 热裂解

（1）聚氨酯

聚氨酯的热解温度为 250～1200 ℃。丙二醇和二异氰酸甲苯酯生产的聚氨酯在一定气氛下，于 200～250 ℃下的热解使聚氨酯键自由断裂成异氰酸酯和羟基。温度升高，醚键断裂，产生一系列的氧化产品。在类似的条件下，软质泡沫塑料在300 ℃时失去其中的大部分氮，同时失重约 1/3。对于硬质泡沫塑料而言，温度（200～500 ℃）越高，失氮和失重越多。在 200～300 ℃时，硬质聚氨酯泡沫塑料产生异氰酸酯和多元醇，比例相同。二异氰酸甲苯酯生产的软质泡沫塑料可分解为聚脲、二苯基甲烷-4、4′-异氰酸酯生产的硬质泡沫塑料热分解得到聚碳二酰亚胺。当温度高于 600 ℃时，聚脲和聚碳二酰亚胺可进一步分解为腈、烃和芳香族复合物。

（2）不饱和聚酯片状模塑料

不饱和聚酯片状模塑料热裂解产生的燃料气体足够维持热分解反应。热解的固体副产物，如碳、碳酸钙和玻璃纤维排出反应器，冷却，分离。实验表明，20%的固体副产物可代替碳酸钙用于 SMC 中而不损害产品的性能和表面质量。

（3）酚醛树脂

酚醛塑料热解后可产生活性炭。工艺如下：将温度升至 600 ℃（升温速率为10～30 ℃/min），保持 30 min，酚醛树脂即可被炭化形成炭化物。用盐酸溶液将炭化物中的灰分溶解掉，增大活性炭产品，产率为 12%，产品的比表面积达1900 m²/g。这种活性炭的吸附能力较强，对十二烷基苯磺酸钠的吸附能力为通用活性炭的 3～4 倍。

（4）氨基塑料

蜜胺塑料和脲醛塑料也可以热裂解，生产活性炭。在炭化温度 600 ℃，炭化时间 30 min、活化用水蒸气温度为 1000 ℃ 条件下，脲醛塑料的活性炭产率为 2.6%，产品比表面积为 750 m²/g。

2. 加氢裂解

加氢裂解是使大分子中的 C ═ C 键被氢化，抑制高温下炭析出，防止炭化发生。同时需使用催化剂，常用的催化剂为分解和加氢两组分双功能型催化剂，如铂/二氧化硅、钒/沸石、镍/二氧化硅等。

酚醛塑料在 440～500 ℃ 下加氢裂解时，如不使用催化剂，得到 30% 的小分子液体；以铂/活性炭作催化剂，则可得到 80% 的小分子液体，其中含有 40%～50% 的苯酚单体，其余为甲酚、二甲酚、环己醇、烃类气体和水等小分子物质。催化剂提高氢化产率的原因在于酚醛骨架结构中的羟基或醚键的氧及游离羟甲基被吸附在铂的活性表面上，促进加氢作用的发生。

蜜胺塑料在氧化镍作用下也会发生加氢裂解。在 200 ℃ 时分解反应就开始发生；持续升温至 300 ℃ 时分解速率加快；升至 400 ℃ 时，蜜胺会全部加氢裂解。其裂解产物为气体，裂解汽化率达 68%，其中 37% 是氨气，31% 是甲烷。

（四）能量回收

能量回收是通过焚烧炉焚烧硬质聚氨酯泡沫塑料释放的热能的有效利用来达到回收目的的方法。有些物质，如 PP、尼龙和聚氨酯能量含量极高，其热值等于或高于煤，但 SMC 的有机物、能量含量很低且灰渣含量很高，不利于用焚烧法处理 SMC，聚氨酯燃烧时的发热量约为 28～32 MJ/kg，而且通过焚烧方法能使废弃物的体积减小 99%，欧洲许多国家将家用、商用及工业中产生的废料都当作燃料。

热固性塑料的焚烧既安全又经济，且得到环境部门的认可，同时还可以回收热量。聚氨酯泡沫塑料、含有聚氨酯和聚氯乙烯的混合塑料、汽车塑料残留物等的焚烧排放物含量均在环境部门认可的范围内。

热固性塑料的能量回收现仅限于研究阶段。现有的技术已经可以做到安全经济地焚烧这些材料而对环境无害。即焚烧像聚氨酯泡沫、聚氯乙烯、汽车塑料件的混合物，可以控制其排出的有害气体浓度在允许的范围内。硬质聚氨酯泡沫废料在 700 ℃ 燃烧时，焚烧彻底，聚氨酯完全分解，体积减小 85% 以上，排出的有害气体为：NO_x 80×10^{-6}，氯化氢 0.25×10^{-6}，另有少量的三氯氟甲烷，不含一氧化碳、异氰酸酯、氢氰酸、酚、甲醛及光气等物质。

Voest-Alpine 公司热固性混合塑料的能量回收工艺是较成功的一种。先将塑料废料在一个已加热到 1600 ℃ 的炼焦炉中汽化，使之产生氢气和一氧化碳。该混合体温度非常高，通过热交换装置使之冷却，而热量则用于产生蒸汽。不燃烧材料变成液态渣，从反应炉中排出到水槽中冷却。冷却后的炉渣似碎玻璃状，是一种很好的建筑材料。从炉中冷却得到的混合气体还可以燃烧产生很高的能量。该工艺的综合能量回收效率为 80% ~ 85%。燃烧排放的有毒气体很少且能严格符合空气质量要求。焚烧设备有流化床、旋转窑等，每种设备对废料都有不同的要求，且都需要清洁的废料。排出的有毒气体很少，甚至比煤和油燃烧排出的都少。

三、废旧热固性塑料的再生利用

（一）废旧热固性塑料生产塑料制品

废热固性塑料不能通过重新软化使之流动而重新塑成塑料制品，但可将其粉碎后，混入黏合剂而使其互相黏合为塑料制品，此制品仍然具有很好的使用性能。废塑料的粒度影响产品质量。粒度太大，产品表面粗糙；粒度太小、产品表面无光泽且强度太小，并需消耗大量黏合剂，增加成本。要求粒度大小适中，一般为 20 ~ 100 μm；粒度还应呈正态分布，不应完全均匀。

通常选用环氧树脂类、酚醛树脂类、聚氨酯和异氰酸酯类等为黏合剂。例如，废聚氨酯热固性塑料的再生方法为：先将废料粉碎至 8 ~ 10 mm 粗粒，再用另一个粉碎机进一步粉碎至 50 ~ 80 μm 细粒，与黏合剂按 85：15 的比例，在搅拌器内混合均匀，按制件所需的重量，取一定量此混合物置于成型模具内，在压力为 100 ~ 120 kg/cm^2、温度为 140 ~ 150 ℃ 条件下，热压 1 ~ 3 min，即可得到新的模塑制品，可用作汽车挡泥板，此制品的拉伸强度为 200 ~ 250 kg/cm^2，伸长率为 110% ~ 140%，疲劳试验可达 70 000 次，密度为 1. 17 g/cm^3，外观平滑并有光泽。

（二）废旧热固性塑料用作填料

废旧热固性塑料成本低，又易粉碎成粉末状，因此可用作填料。由于热固性填料本身具有聚合物结构，因此同塑料的相容性好于无机填料。如果将热固性填料加入同类塑料中（如 PF 填料加入 PF 树脂中），则这种填料可不必经过处理而直接加入，相容性很好，但如果将热固性填料加入其他各类塑料中，则其相容性往往不够理想。因此，填料在加入前往往要进行改性处理，如活性处理、加相容剂、加无机填料。

超细（1. 8 μm）滑石粉，用硅烷处理，可促进热固性填料同塑料的相容性，加入量为 10%~30%。废热固性填料不仅起降低成本的作用，更主要的是改善其如下性能：①改善耐热性。废热固性填料的耐热性都很好，其热变形温度范围为150~260 ℃，填充玻璃纤维的温度要求还要高，可达 300 ℃ 以上。因此，这种填料加入通用热塑性塑料中，可改善其耐热性。②提高耐磨性。废热固性填料的耐磨性都很好，其 PV 值高，摩擦系数低（0.01~0.03）。这些填料加到非耐磨塑料中，可提高其耐磨性。例如，加入 PVC 鞋底中，可制成耐磨鞋底。③改善阻燃性。热固性填料大都属于自熄性难燃填料，如脲醛、三聚氰胺甲醛、有机硅、聚氨酯及聚酰亚胺等。酚醛塑料填料属于慢性填料。因此，这种填料加入后，可提高塑料的阻燃性能。④提高尺寸稳定性和耐蠕变性。不管加入何种塑料中，热固性填料在改善其性能的同时，降低了其流动性。因此，在这种填料中，要加入适量润滑剂，主要有聚四氟乙烯蜡（可用于 PF）、羟甲基酰胺（可用于氨基塑料、PF）等。这种填料除可用于所有塑料外，还可用于水泥、陶瓷、沥青等建材中。

（三）废旧热固性塑料生产活性炭

活性炭是一种重要的化工产品，可广泛用于吸附、离子交换剂。用废热固性塑料生产活性炭成本低、性能好。

用废塑料生产活性炭的研究从 1940 年就已开始，其技术关键在于高温处理形成的炭化物，使具有乱层结构并难以石墨化的炭化物形成具有牢固键能的主体结构，需要采取的措施如下：注意炭化时的升温速率不能太快，一般以每分钟 10~30 ℃ 为宜；应引入交联结构；加入适当添加剂。形成立体结构的炭化物还要进行活化处理，以增大其比表面积，提高吸附能力。在炭化温度 600 ℃、炭化时间30 min，活化用水蒸气于 1000 ℃ 时；酚醛塑料的活性炭生产率为 12%，产品比表面积 1900 m^2/g；尿醛塑料的活性炭生产率为 5.2%，产品比表面积为 1300 m^2/g；蜜胺塑料的活性炭生产率为 2.6%，产品比表面积为 750 m^2/g。

例如，用酚醛废塑料生产活性炭的工艺为：先将废料粉碎成粉末，在炉内升温，升温速度为每分钟 10~30 ℃，升温到 600 ℃，持续 30 min 即可被炭化形成炭化物；将此炭化物用盐酸溶液进行处理，使其中灰分被溶解除掉，从而增大炭化物比表面积。将处理过的炭化物，再升温到 850 ℃，用水蒸气进行活化，即得到活性炭产品。该产品的吸附能力好，对十二烷基苯磺酸钠的吸附力大于市售活性炭的 3~4 倍。

（四）废旧热固性塑料裂解小分子产物

废旧塑料的裂解方法有热裂解、催化裂解及加氢裂解等，其共同机制为分子链断裂，生成小分子产物，如单体等。废旧热固性塑料一般采用加氢裂解的方法，使其中 C = C 键被氢化，抑制高温下炭析出，防止炭化现象产生。在加氢裂解时，也需采用催化剂。常用的催化剂为分解和加氢两组分双功能型，如铂/二氧化硅、钒/沸石、镍/二氧化硅等。加催化剂可提高液体产量，是因为 PF 骨架结构中的氢氧基或醚键的氧及游离羟甲基被吸附在催化剂的活性表面上，促进加氢作用的发生。

废蜜胺塑料在氧化镍存在下，也可以发生氢裂解。这种裂解在反应温度为200 ℃时即开始发生，持续升温达到300 ℃时，裂解速度加快，再升高到400 ℃，蜜胺会全部加氢裂解，与酚醛不同的是，其裂解产物不是液体，而是气体，其裂解汽化率可达 68%，其中 37% 为氨气，31% 为甲烷。

（五）废旧热固性塑料降解生产低聚物

废热固性塑料具有的交联主体结构，使其不溶、不熔而不能重新加热塑化成型。如果采取适当方法使其交联结构破坏，降低交联度或成为线型聚合物，则又可重新模塑成新的制品。降解的方法主要有热降解、机械降解、辐射降解和氧化降解。

热固性聚酰亚胺膜是一种新兴的功能膜，其回收方法为：先将 PI 膜进行碱化处理，再进行酸化处理；酸碱处理后，再用水洗并干燥；最后，将此膜溶于溶剂中，即制成 PT 溶液。此溶液可用于制漆，如生产漆包线漆、浸渍漆或重新用作PI 膜生产原料。采用上述方法，热固性聚酰亚胺膜的回收率高达 95%。

（六）废旧热固性塑料生产改性高分子

废旧热固性塑料中含有苯环、氨基等可反应基团。利用这些可反应基团进行高分子反应可生成新的高分子材料。例如，将废 PF 塑料用浓硫酸进行磺化反应，得到的新聚合物可用作阳离子交换剂。将其先氯甲基化后，再进行胺化，可得到阴离子交换剂。

第二节　交联型废旧塑料的再生利用技术

交联塑料因其可大幅提高通用塑料的强度、耐热性、抗老化性，而成为聚合物改性的一个重要分支。例如，PVC、PE、PP、PS、PA、ABS、PET 通过交联可制成 PU 泡沫的替代产品；PVC、PE、PA 经交联还可制成高耐热、耐寒、高强度、高抗冲击管材、板材。目前，交联回收塑料主要有 PVC、PE、PP 及橡塑泡沫板、电缆管、矿用管、地暖管和耐高温薄膜。但是交联回收塑料的机械回收逆塑性很差，因此它的回收利用非常困难。与热固性回收塑料相似，交联回收塑料首先要解决逆塑问题；与热固性回收塑料又有不同，这就是交联本身带有对聚合物的降解，所以还要解决修复问题。但无论是解决逆塑问题，还是修复基质降解，都必须有科学的配方和恰当的工艺。

一、交联型废旧塑料的结构特征

从交联塑料的配方可以发现，交联塑料的基体多数为热塑性聚合物（而不是树脂），这一点表明交联的基料是热塑可逆型，而不是固化型。交联剂的应用能使热塑性聚合物失去逆塑性，因为交联剂作用于聚合物时首先可起分子链降解作用，氢键替代了大分子链。用专业理论解释：交联使聚合物由线性结构转变成三维网结构（这种现象可认为是凝胶变化，也可认为是大分子链冻结），其最终结果是回收塑料失去了可供熔融的流动性。这一点与 LDPE 老化原理存在相似性。

聚合物交联是指在聚合物大分子链之间加入交联剂后，由于交联剂与催化剂反应，使线性结构的聚合物链发生了变化，即由线性变成"三维网状"结构。此时大分子链完全断裂，氢键数目大幅增加，分别形成高分子聚集态和缩合态。宏观上明显表现为高黏性、高强度、低伸长率、高熔点。交联与固化、硫化虽然其称谓不同，但都是以氢键替代长链的现象。聚合物受交联影响，其热性能、力学性能、耐磨性、耐溶性、抗蠕变性、热稳定性均有所提高。它还有利于反熔组分共混，但相对分子质量的过度提高和可供流动的大分子链被破坏，又使这些材料失去了二次流变功能和力学上的柔软性，使得机械回收难度较大。

聚合物交联从工艺上可分为化学交联和辐射交联，此外还有光交联、热交联和盐交联；从形成过程上看，可分为原料交联和产品交联；从结构上看，有发泡交联和实体交联。

（一）化学交联回收塑料的结构特征

化学交联是将交联剂引入聚合物体系，在一定温度条件下分解而产生自由基，引发聚合物大分子链之间发生化学反应，从而形成化学键的过程。化学交联要求，在一定温度和应力条件下交联剂进入聚合物体系中。其中，PVC、PE、PP、ABS、PET、PS、橡胶都可以是交联基体，而有机过氧化物（DCP、BPO、DTBP），聚硅氧烷（AD、A-151），二乙烯苯，液态 1,2-聚丁烯，叠氮甲酸盐，常为主要交联剂；马来酰胺、甲基丙烯酸甲酯常为辅交联剂；二月桂酸二丁基锡为催化剂。

①LDPE 电缆的交联配方（基料 100 份）见表 3-4。

表 3-4　LDPE 电缆的交联配方　　　　　　　单位：份

材料名称	配方 1	配方 2	配方 3	配方 4
过氧化苯甲酰 DCP	2	2	—	—
硫化剂双 25	—	—	2	2
抗氧剂（DNP）	0.5	—	0.5	—
抗氧剂（RD）	—	—	—	0.5
抗氧剂（300）	—	0.5	—	—

注：DNP——N，N-二 B-萘基对苯二胺；
　　RD——2，2，4-三甲基-1，2-二氢化喹啉；
　　300——4，4-硫代双（6 叔丁基-3-甲基）酚。

②LDPE 交联护层电缆配方（主料 100 份）见表 3-5。

表 3-5　LDPE 交联护层电缆的配方　　　　　　　单位：份

材料名称	配方 1	配方 2	材料名称	配方 1	配方 2
DCP（交联剂）	2	2	DSTP	0.4	0.4
1010 抗氧剂	0.2	0.2	热裂解炭黑	80	50

③过氧化物交联配方见表 3-6。

表 3-6　过氯化物交联配方　　　　　　　单位：份

材料名称	用量	材料名称	用量
LDPE/EVA	100/125	DVB（二乙烯基苯）	1.0
DCP	1.0	抗氧剂 1010	0.1

④硅烷交联产品配方见表 3-7。

表 3-7　硅烷交联产品配方　　　　　　　单位：份

材料名称	用量	材料名称	用量
LDPE	96~97.5	抗氧剂 264	0.5~0.7
DCP（引发剂）	0.1~0.2	二月桂酸二丁基锡	0.05
A-151	2.5~3.0	色料	适量

⑤PP 叠氮交联产品配方见表 3-8。

表 3-8 PP 叠氮交联产品配方 单位：份

材料名称	用量	材料名称	用量
PP	100	AC 发泡剂	3
1，10-双（磺酸叠氮）癸烷	0.75	4，4-硫代双（3-甲基-6-叔丁基）酚	0.2

⑥PE 模压发泡板的交联配方见表 3-9。

表 3-9 PE 模压发泡板的交联配方 单位：份

材料名称	配方 1	配方 2	配方 3	配方 4	配方 5
DCP 交联剂	0.6	1.0	0.8~1.0	—	0.01
硬脂酸锌（ZnSt）	1	—	—	—	—
氧化锌（ZnO）	3	—	—	0.5	0.3
AC 发泡剂	15	5.5	15~20	0.6	0.6
三盐	—	3	3.5~4.0	—	—
Bast/Hst	—	1.5/1.5	—	—	—
滑石粉	—	—	—	0.7	—
白油、矿物油	—	—	—	0.1	0.1

1，3，5 主料 LDPE 100 份；2，4 主料 LDPE 100 份；EVA 20 份。

⑦PP 低发泡产品的交联配方见表 3-10。

表 3-10 PP 低发泡产品的交联配方 单位：份

材料名称	模压产品	模压产品	挤出产品
PP（PE/PP）	（20/80）	100	100
交联剂 DCP（癸烷）	0.25	（0.25）	0.1
发泡剂 AC	2.0	0.7	3.0
辅助交联剂	1.0	0.5	0.2
填料	—	20~30	—

⑧PVC 的发泡交联配方见表 3-11。

表 3-11 PVC 的发泡交联配方　　　　　　　　　　单位：份

材料名称	PVC 交联配方	PVC/PE 交联物
聚合物	100	(86-10) 96
DCP	1.0	1.5
DAP	1.5	2.0
Myo	0.5	0.5

上述配方都是化学交联实例。从这些配方中可以看到过氧化物与硅烷的加入，可使聚合物大分子链断裂，氢键数目上升。一般交联剂的用量为 0.5%~2.0%，小则交联度不够，大则起降解作用。

（二）辐射交联的结构特征

同化学交联工艺相比较，辐射交联不直接使用交联剂。它是借用外部射线来达到大分子链歧化的一个过程。辐射交联有常温下进行的加工特点，如使用电子速，X 射线、γ 射线、β 射线、快质子水等，从工艺上看，它称为后交联。但有时也应预先给料体中加入一些对射线、水反应的敏化剂，目的在于加速反应。辐射交联虽然与化学交联过程不同，但最终结果是相似的。在射源作用下，大分子即可发生交联（凝胶作用），也可发生降解作用（大分子链断裂被氧化）。至于以谁为主与聚合物有关。以交联为主的聚合物主要有：PE、PP、PS、PVC、PAN、PVA、PA、PF、PET、硅胶、橡胶；以降解为主的聚合物主要有：F_4、聚异丁烯、聚 α-甲基苯乙烯、PMMA、聚偏二氯乙烯、聚三氟氯乙烯、丁基橡胶、聚硫橡胶。

1. PE 热收缩配方（电缆用）

LDPE（MFR 2 g/10 min）——65 份　　　抗氧剂/加工助剂——2~4 份

EVA（VA 18%，MFR 7 g/10 min）——25 份　　炭黑——4~8 份

此配方料辐射剂量为 50~150 kGy。

2. PVC 辐射交联配方

PVC（聚合度 700~800）——100 份　　　敏化剂 S_2Cl_2——5~20 份

增塑剂——40 份　　　稳定剂——6 份

此配方产品凝胶量为 77.5%。

3. LDPE 地暖管交联配方

LDPE （MFR 1~2 g/10 min）——100 份　　　　敏化剂 S_2Cl_2——5~10 份

该配方产品耐温由 60 ℃提高到 100 ℃。

4. PE 硅烷交联产品

PE （MFR 2.2~10.5 g/10 min）——100 份

乙烯基三乙氧基硅烷——2.5 份

DCP （引发剂）——0.01~0.03 份

二丁基二月桂酸（催化）——0.125 份

该产品的生产工艺是先加料，后加交联剂，成型后在 100 ℃热水中通过。

辐射交联的主要产品有管材、板、发泡管。其工艺主要是挤出法，但回收塑料存在难以逆塑的缺点。

（三）交联塑料的回收特征

交联能使热塑性回收塑料的软段消失，大分子链被固化，因而无法逆塑。交联能使热塑性聚合物大分子链完全降解，因此无法按原位利用。交联回收无论接收的料质是化学交联还是辐射交联，其回收性能都是相同的。但从结构上看，它比热固性回收塑料有基质上的可逆相，比热塑性回收塑料又有无溶流可塑相。因此交联回收塑料的二次利用功能介于热塑性和热固性回收塑料之间。总之，交联型塑料的回收特征就是不可逆塑及基质降解。

二、交联型回收塑料的再生利用

交联塑料废弃物要得到再生利用，需考虑其逆塑性、链组成及利用途径。其中回收是关键，利用是目的，改性则能发挥辅助作用。

（一）细化粒径的增塑原理

细化粒径是按照"纳米材料电子自旋共振"原理考虑的一种回收方法。实验证明将交联回收塑料细化到 500~100 μm 粒径时，由于边沿效应、超级分散效应、比表面积增极效应、宏观量子隧道效应及导流和热传递效应的联合激发，使无线性结构的回收塑料自发形成了物理上的熔融现象，还形成了与其他化合物热力增容及对液态酯的高吸收能现象。它符合聚合物分散相容的尺寸原理。例如，当粒径小于 200 nm 时，PE/PET 可混合相容就是电子自旋共振原理的体现。以 PE 低泡片材回收为例说明粒径效果，见表 3-12。

表 3-12　PE 低泡片材回收粒径效果

回收塑料粒径 1 mm 掺混		回收塑料粒径 0.5 mm 掺混	
原料名称标准	用量	原料名称标准	用量
LDPE（MFR 2 g/10 min）	80 份	LDPE（MFR 6 g/10 min）	80 份
回收塑料（粒径 1 mm）	20 份	回收塑料（粒径 0.3 mm）	40 份
高分子促混剂	25 份	高分子促混剂	25 份
熔体破裂无法成型		该产品表现为成型良好	

两料的区别就在于回收塑料粒径不同，足见粒径细化的重要性。而细化粒径不仅增加了分子之间自黏，还节约了大量改性助剂。细化粒径是从以下几点协助交联体恢复可塑性的。

1. 尺寸微细的效应

研究认为，当交联料粒径细化到与德布罗意波长相当或更小时，这种颗粒由于周期性边界条件消失，首先出现了熔点下降的回变。这一点就为热力熔融提供了逆塑条件。尽管由于塑料回收时很难达到纳米级但细化有利于传热，也可以降低熔点。

2. 比表面积的增极效应

研究认为，细化粒径会增大分子团比表面积。而比表面积的增大引发的电子自旋倍增，使交联更容易互相扩散。它虽然只是一种物理表现（粒径越小自聚态越高），但此时生成的氢键被长链吸收后就形成了新的接枝链，而熔点就会恢复到原来的状态。

3. 微孔吸塑的增容效应

回收塑料粉碎中不会形成玻璃态硬表面，它一般为棱形体，切面的微孔为液体增塑剂吸收提供了更多的空间，类似糊状 PVC 吸塑一样。这一点是改性加链的重要因素。当液体增塑剂与回收粉末共混时，回收塑料以微孔将大量增塑剂吸附，使长链助剂潜伏在高分子体内，进入动态后就形成了新的主链结构。

（二）反交联组分互变的改性机制

虽然机械缩体从分子态微细化方面以电子自旋共振原理为交联回收塑料提供了更多的氢键，使它们从熔点、表面极性上发生了一定的可逆变化，但是仅凭借这些机械、物理变化也难以实现完整的逆塑改性。因此，还必须从体系结构上进行改性。事物发展总有它的两面性，高分子材料也是如此。如果说交联是线性结构向三维网结构的转化过程，那么将三维网结构返回到线性结构也是可能的。这一工艺就是交联回收塑料的逆向修复，称为反交联工艺。

1. 动态交联的工艺原理

动态交联工艺是辐射使高聚物结晶破坏和结晶二次再生成的一个自聚过程。动态交联的目的不是单组分自交联，而是用于提高不相容组分，如 PP/EPDM、PE/EPR、PP/CPE、PA/丁腈橡胶、PA/CPE 在动态条件下的增容作用。部分动态交联产品的配方见表 3-13。

表 3-13　部分动态交联产品的配方

聚合物	配方
PVC/丁腈橡胶	丁腈橡胶 50 份、PVC 50 份、硫化剂 D/DM 2~3 份、硫黄 0.8~1.5 份
PE/1, 2-聚丁二烯	PE 70 份、1, 2-聚丁二烯 30 份、TT 和 DM 各 0.25 份、硫黄 0.17 份
PP/LDPE/橡胶	PP 50 份、LDPE 50 份、天然橡胶 20 份、CE 2 份、NOBS 1 份、硫黄 1 份
PP/硅烷/MM	PP 70 份、丙烯酸酯橡胶 30 份、硅烷 2.5 份
PET/PBT/MM	PBT 80 份、丙烯酸酯 10 份、异氰酸酯封端 PET 10 份
PP/CPE/MgO	PP 80 份、CPE 20 份、MgO 0.5 份、二巯基噻二唑 0.3 份

表 3-13 中，动态交联以高极性聚合物为交联剂，这种组合是可逆结构；静态交联是用热固性助剂为交联剂（后交联），是无逆相结构。结论是交联体一旦加入高极性组分就形成了可逆相结构。它提示我们，改变交联回收塑料的逆相，必须加入极性组分，而极性组分实际充当了反交联作用。实现动态交联的必要条件如下：①被加工的回收塑料粒径必须小，为 1~2 mm；②交联物的表面极性应足够大，表面张力应低于 0.5~3.0 mN/m；③树脂结晶度应大于 15%~30%；④必须有明显的软化点；⑤料体中应有可流动黏接的助熔剂。

在交联塑料回收过程中，细化粒径已由机械完成，但树脂结晶态黏性、流变性则应依靠助剂；而只有使用打破三维网、重组线性结构的助剂才能达到这一目的。

2. 动态交联的加合物

动态交联必须有外力协助。剪切、压力、温度促进改性组分均混（相态均一）、分散，还可提供热能。它使交联料重新形成可逆性。

①反交联加合物。增塑剂是最好的增链剂，它可使聚集态的高分子分散，使交联料分子分布密度下降，而自身又作为抗黏剂分布在分子之间。这样就打破了

三维网结构而形成线性结构。例如，DBEP 对 PVC、DOPCP 对 PE、癸二酸二辛酯对 PP、油酸甲酯对 PS、甲基苯磺酰胺对 PA 都是增链助剂。又如，PVC 中加入 15 份 DBEP，它的交联网就完全消除；PA 加入增塑剂 10 份，它的 MFR 可提高 60%。因此，高极性的增塑剂对交联回收塑料而言就是良好的交联逆向（即反交联）改性剂。

②扩链加合物。聚硅氧烷虽然是一种交联剂，但它也是一种偶联剂。交联料受到细化与反交联作用后就会解除原有结构，此时再加入偶联剂，就增加了线性体。因为在无催化作用下硅烷是不交联的。例如，A-172、A-1289、南大 821、大分子钛酸酯用于 PVC 0.5% 时则增加表面极性。其实硅烷、钛酸酯最大的贡献还在于与氢键接枝，通过接枝使氢键延伸，组成长分子链网络。

③软段加合物。增塑剂用于反交联的量是有限的（3%~5%），因为它与聚合物吸附能量有关，PO、PS、ABS、PA、PET 是不易吸附增塑剂的，即使可以吸附也会因此而降低产品强度，所以使用高分子增塑剂更为理想。同理，高分子增塑剂也应具备反交联作用。一般凝胶性低的化合物有利于反交联改性，高伸长率有利于修补链段；极性越高软化段越好。

丙烯酸改性聚合物的凝胶性很低，它可用于交联回收塑料的软段形成。例如，EVC 对 PVC，EMA 对 PE、PA、PC、PET，EEA 对 PE、PP、PA、PET 就是逆相添加物。将上述增塑剂、偶联剂、丙烯酸改性料配混，加入交联回收塑料（20%~30%），就可以使回收塑料得到逆塑加工性。

3. 动态交联的生产过程

动态交联的生产过程大致可分为 4 步：①细化交联回收塑料（粒径标准 0.3~0.5 mm）。②加入增塑剂（液态物）。有偶联剂时先活化后增塑。③与原生料和其他助剂二次混合（极性与结晶度为 20% 以上）。④进行直接挤出或预先造粒。

（三）二次稳定的修复机制

因为交联回收塑料很少有反容结构，因此加工反容、反熔现象很少，但大粒径会导致分散不良，要加分散助剂。分散助剂可分为 2 类：一是矿物油类（白油、硅油、松节油）；二是烃类（氧化聚乙烯蜡、酰胺蜡、高沸点石蜡）。此外还要使用抗氧剂、除酸剂。这些助剂会增加粉料的抗黏、耐热、抗热降解性能，避免二次加工中分子链再降解。

1. 除酸剂的应用

交联回收塑料因加入催化剂比通用回收塑料生成的酸更多，酸性杂质是降解聚合物的主要催化物，因此必须除酸。硬脂酸钙、硬脂酸锌、硬脂酸钠、氧化锌、乳酸钙都是除酸剂。硬脂酸钙主要用于 PP、PET、POM；硬脂酸锌主要用于 PE、PVC、ABS；氧化锌主要用于含橡胶的复合物和 PA。硬脂酸锌/钠还是 PE 的开链剂。为了除酸，这些助剂用量要大些（1%～1.5%）。除酸剂与抗氧剂配合有较高的护链作用。例如，硬脂酸锌与 1010、1068、1076、2264、245 配混，可起抗变色、抗交联的作用。

2. 抗黏剂的应用

由于交联回收塑料粒径小，无逆塑链，更易引起黏度上升，而且较大的比表面积更容易造成粒子之间摩擦生热，因此需要消黏。常用的消黏剂有油酰胺、芥酸酰胺、硬脂酰胺、EBS。酰胺蜡（硬脂酰基）乙二胺对 PVC 特别有效。抗黏剂单独添加分散不良。加入白油、二辛酯、硅油可以提高抗黏剂的分散度。对于交联回收塑料，复合利用抗黏剂，消黏效果更好，所以这一助剂应预先混成浆状。常用的配方是白油 5 份、硅油 2 份、粉类胺 3 份，经搅匀使用。抗黏剂的改性原理是，当交联粉末吸附了这些助剂后，就成了核壳包腹形态，由于表面滑移性增加就降低了硬摩擦生热；当交联体生成氢键时，抗黏剂又以介质作用协助了长链与氢键接枝；当混合体完成接枝后，这些助剂渗出体外又发挥了料与设备的抗黏作用。因此，抗黏也是提高共混效果的保护助剂。

3. 增容填充剂的应用

增容填充剂是低相对分子质量聚合物，但比液相增塑剂的相对分子质量高，又比聚合物树脂的相对分子质量低。例如，聚乙烯蜡、LMWPS、聚酯增塑剂、聚丙烯蜡、低分子聚酰胺、糊状 PVC。这些填充剂与交联回收塑料在熔融中可形成一个连续相，交联体分散在它们之间，就形成了主分子网链结构。这是实现增链与增韧同步改性的重要组成部分。常见的交联回收塑料增容填充剂见表 3-14。

表 3-14　常见的交联回收塑料增容填充剂

增容填充剂名称	英文缩写	相对分子质量	适用聚合物
聚乙二醇（400）二月桂酸酯	PEG-400	756	PVC、CPE、CPVC
聚 e-甲基苯乙烯树脂	—	355～1100	PVC、PE、PP、ABS
低相对分子质量聚苯乙烯	LMWPS	8000	EP、PVC
低相对分子质量聚三氟氯乙烯	LMWPCTFE	900	PVC、PO、EP

続表

增容填充剂名称	英文缩写	相对分子质量	适用聚合物
己二酸酯	—	800~8000	PVC 橡胶
甘油三乙酰基蓖麻醇酸酯	—	1060	PVC 交联电缆、橡胶
丙烯酸酯泡沫均化剂	—		PVC 强增塑
1，2-聚丁二烯	PB-1.2		PO、PS、ABS
含氟聚合物	PPA		PE、PP、UHMWPE、PVC、PA 抗交联
有机硅	PAI		各类交联回收塑料增容
聚酯	W-400		PE、PP、弹性体、工程塑料
FA-1 专用蜡	—		PVC、PE、PS、ABS、PA、PBT
氧化聚乙烯蜡	PED-191	2000~6000	PVC、PE、PP、ABS

上述料在选用中应注意与加工料的相容性，用量应控制在 0.5~3 份。

三、交联型废旧塑料的改性再生利用实例

与热固性废旧塑料的回收相似，交联回收塑料必须采用磨粉工艺回收；与热塑性废旧物回收改性不同，交联废弃物必须先对其逆塑性进行改性。一般改性包括掺混改性和修复改性。

（一）交联回收塑料的掺混改性

掺混改性是指结构、工艺完全相似的新旧塑料直接掺混，也称为就地回收。主要适用于生产过程中的废弃塑料的回收利用。

1. 回收塑料与原始组分的差别

交联塑料的初始组分是可逆性的结构。但回收塑料不仅是不可逆结构，而且还是降解结构。因此，交联废旧塑料与初始组分之间不仅有外观、力学、组分组成的差别，还有加工性能上的差别，这些差别对回收利用会产生许多影响。例如，无法再熔融加工和基质降解的影响都会造成掺混配方的质量变化。因此，交联回收塑料掺混利用中要消除这些差别。

2. 掺混配方对回收塑料的要求

作为直接掺混的配方设计首先应要求回收塑料与原生塑料的均相性；其次要求加工方法相似，而且外观、组分组成都应该基本相似。

3. 掺混料对回收塑料粒径的要求

一般而言，发泡模压回收塑料粒径应在 0.5 mm 以下；弹性体应在 5 mm 以下，管材应在 0.3~3 mm，薄膜应在 3~10 mm。这些粒径可以与原料配方直接掺混。实验表明这些粉状物在不高于 10% 的加量时，是可以成型的，但如果大于 10% 就要对配方进行调整。

4. 掺混料的改性方法

①提高回收塑料的可混性，采用少量增塑剂和稳定剂；②提高交联剂的用量，因为回收塑料需要重新降解；③采用金属皂和氟合物对回收塑料进行除酸、抗黏；④加入矿物油增加回收塑料与原料的分散度；⑤提高原生塑料的流动性。

5. 掺混加工的生产工艺

①将回收塑料磨粉；②将增塑、偶联、除酸、抗黏助剂与回收塑料预混；③将助剂、原料配方、处理好的回收塑料进行预混；④送入挤出机、密炼机、模具中成型。

6. 常见交联回收塑料的掺混实例

（1）PVC 电缆管的掺混实例

①PVC 的交联电缆管，无论初始配方是过氧化物与硅烷交联，还是增敏剂与辐射交联，在回收塑料中都表现为难熔性。因此作为原位掺混，如何从熔融形态上解决成型问题是关键。而保证掺混料不影响原位配方也不能忽视。

对此，可熔性上考虑（链段修复），这方面除了细化粒径外，主要采用偶联剂或添加二甲基丙烯酸丁二酯，甘油三乙酰基蓖麻醇酸酯。例如，回收塑料 100 份/南大 821 2 份/DCP 0.5 份；回收塑料 100 份/二甲基丙烯酸丁二酯 3 份/硅烷 A-1100 1 份；回收塑料 100 份/甘油三乙酰基蓖麻醇酸酯 2 份、硅烷 A-151 1 份。它们在硅白油作分散剂（约料体积 1%~2%）的条件下，经高速捏合机共混，就可以作为原料配方的掺混。

②电缆管掺混实例：

回收管材（粉末）——100 份　　　　　偶联剂 A151——1 份
甘油三乙酰基蓖麻醇酸酯——3 份　　　硅白油配合液——1 份
复合稳定剂——3 份　　　　　　　　　其他助剂——适量

这一配方可在 110 ℃条件下经螯合机预混完成，然后按不高于总配方体积的 20%，在挤出前添加。

（2）PE 交联管材的掺混利用

PE 地暖管多数为辐射交联，因此也应先解交链后使用，根据 PE 交联的特点采用反交联增塑十分有效，但掺混配方应分为 2 步改性。

①第一步：对回收塑料预先改性。除了将回收塑料细化至 0.3~0.5 mm 的尺寸，还应加入增塑剂、扩容剂和偶联剂。利用粉粒有吸油的特点，使液体助剂与原料湿性混合，经高速混合就可以完成逆塑改性。

回收塑料配方实例：

回收塑料（粉末）——100 份　　　　　　A-174 偶联剂——0.7 份

乙二醇单丁醚油酸酯——5 份　　　　　　白油、硅油——3 份

硬脂酸锌——1.0 份　　　　　　　　　　滑石粉——1.5 份

这一配方料可在 100 ℃ 条件下螯合均匀使用，添加量不高于原配方的 30%。

②第二步：对整体配方的复合改性。在第二步配方设计中应加入反交联剂。常用的反交联剂有 FW、PPA、EVA 或 EMA；加入量为回收塑料体积的 10%。同时要加入稳定剂和交联剂。交联剂可选 2,5-二甲基-2,5-双（叔丁过氧基）己烷（用量 1~2 份）；稳定剂选 1076 和胺类稳定剂（用量 0.1~0.2 份）。

配方实例：

原生料（相对提高了 MFR）——70 份

EVA（VA30%，MI 50 g）——10 份

合成回收塑料——30 份　　　　　　　　抗氧剂——0.2 份

聚硅己烷——1.5 份　　　　　　　　　　氧化蜡/EBS——适量

这一配方料可在 80 ℃ 条件下进行螯合，然后对其进一步加工。

(3) PP 低发泡交联塑料的掺混利用

PP 低发泡交联回收塑料多采用的是辐射交联，因此回收工艺与 PE 是相似的。但 PP 所用的交联剂与 PE 不同。首先将回收塑料细化，然后再加入癸二酸二辛酯、硅烷、氢化基硅油等就可以直接掺混。与 PE 生产过程一样，它也是 2 步工艺。

①第一步：回收塑料预处理工艺。首先将回收塑料用磨粉机制成 0.3~0.5 mm 的粉末，然后加入癸二酸二辛酯 3.7 份，再加入 2 份滑石粉、硬脂酸钙，就可经高速混合完成逆塑改性。

配方实例：

回收塑料（粒径为 0.3 mm）——100 份　　氢化基硅烷——1.3 份

癸二酸二辛酯——3.7 份　　　　　　　　硬脂酸钙——1 份

白油——1.5 份　　　　　　　　　　　　滑石粉——2 份

这一配方料在 100 ℃条件下混合即恢复了逆塑性，通常情况下，可按 15%加入原生塑料配方。

②第二步：整体配方的复合改性。将原生塑料配方中的交联剂提高 20%，发泡剂提高 25%，并加入 EMA、FAI，就可以在 80 ℃条件下二次预混制料。

配方实例：

原生塑料——80 份　　　　　　　　　　　AC 发泡剂——6 份

回收混合料——20 份　　　　　　　　　　EMI——3 份

交联剂——1.5 份　　　　　　　　　　　　其他助剂——适量

这种配方料在 80 ℃条件下混合后即可进行后期加工。

（4）PE 泡沫板交联塑料的掺混改性

PE 泡沫板/管多采用化学交联工艺，它的掺混不仅要缩小粒径，还要进行降解处理。但产品在制作中还有一个泡沫保护问题，还要调整配方。其与掺混塑料配方对比见表 3-15。

表 3-15　原生塑料配方与掺混塑料配方对比

原生塑料配方		掺混塑料配方	
材料名称	用量/份	材料名称	用量/份
LDPE（MFR 2 g/10 min）	100	泡沫废料（粒径 0.25 mm）	60
DCP 交联剂	1	LDPE 原生塑料（MFR10 g/10 min）	40
偶氮二甲酰胺	20	EVA（VA30%）（MFR30 g/10 min）	15
三碱式硫酸铅	4	DCP 交联剂	9.3
硬脂酸锌	2.5	硬脂酸锌	2.2
其他助剂	适量	Hst	0.8
		AC 浆（自制）	6.5
		三盐等	适量

从表 3-15 所述配方中可以看到，2 种配方对 DCP 交联剂与发泡剂的用量是不同的。因此要分别加工。

①第一步：回收塑料预处理。将回收塑料预先磨粉，用 1 份 AC、0.65 份白油搅混制浆；再按三盐 1 份、白油 0.4 份制成一种浆料。其工艺如图 3-2 所示。

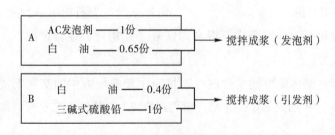

图 3-2 回收塑料的预处理工艺

配方实例:

回收塑料(粒径为 0.3 mm)——100 份   Bast/Znt——1~2 份

A 号浆料——6.5 份   Hst——0.8 份

B 号浆料——1.55 份   轻质碳酸钙——10 份

氧化 PP 蜡——1.2 份   硅油等——适量

该配方料可在 90 ℃条件下高速混合成预混物备用。

②第二步:整体配方预混。在整体配方预混中可将交联剂、新原料加入硅油少量。在 60~70 ℃混合。

配方实例:

预混回收塑料——60 份   DCP——9.3 份

MFR 10 g/10 min 的 LDPE——40 份   ARMOW AX W-440——10 份

EVA(VA30%,MFR 50 g/10 min)——15 份   氧化锌——1.5 份

将混合物送入密炼机成胶(90~140 ℃);压片(辊距 0.5~0.8 mm),温度保持在 100~105 ℃;然后送入模具成型。

(5)PVC 泡沫交联塑料的掺混改性

先将 PVC 交联回收塑料磨粉,然后加入氢化蓖麻油、氯化石蜡,再加入 REC-LSS 稀土多功能复合稳定剂后,与原生料配方掺混,生产工艺与 PE 一样,也是分 2 步实施。

①第一步:回收塑料预处理。首先将回收塑料细化,再加入氢化蓖麻油、氯化石蜡及增塑剂,在 80 ℃条件下预混均匀。

配方实例:

回收塑料——100 份   氯化石蜡——1.2 份

氢化蓖麻油——3 份   酰胺蜡——1.5 份

DBP/DOP——5 份　　　　　　　　　　南大 821——2 份

将上述配方料在 80 ℃条件下混合，就可以备用。

②第二步：整体配方预混。

回收塑料（粒径为 0.3 mm）——20 份　　　AP 发泡剂——5~6 份

原生塑料（聚合度 700 PVC）——80 份　　氧化锌（ZnO）——1.5 份

DOP 增塑剂——35 份　　　　　　　　复合稳定剂 PEC-LSS——2 份

DBP 增塑剂——15 份　　　　　　　　$CaCO_3$——10 份

交联剂 DCP——0.5 份　　　　　　　二乙烯基苯——1 份

将上述配方料在螯合机中预混后，送入开炼机制片成型。

从这些配方实例中可发现，废旧交联塑料不仅需要细化粒径，而且在直接掺混工艺中还必须进行扩链和降解，此外还需要二次稳定。

（二）交联回收塑料的修复改性

对交联回收塑料以反交联工艺进行改性，能使已交联结构转变成线性结构。此工艺很适合专业回收商使用。反交联改性是交联工艺的逆向过程。以机械回收进行反交联改性一般采用的是固态修复原理，如扩链、物理接枝就可以实现这一目的。

1. 扩链改性

交联回收塑料常以高分子为主要结构特征，按高聚物"高分子、高黏度、低流动"的经典理论，交联回收塑料影响逆塑的主要因素是相对分子质量分布过窄，因此要使它恢复逆塑性，只有采用增加回收塑料流动性的方法，较大地提高聚合物流动性主要依靠增加分子链。例如，对 PVC 而言，使用强极性增塑剂；对 PE，采用 EVA、EAA；对 PP，采用 EMA；对 PA、PEP，采用丙烯酸—酰亚胺共聚物。但以同牌号中的低分子结构聚合物为添加剂，在成本上是最可行的。例如，PE、PP、PA 蜡、AMS、LMWPS、聚酯（聚己内酯），它们因形成高极性强键的主链，就可以形成交联回收塑料的可逆塑改性。原理在于，聚合物在低分子组分熔融条件下形成了类似溶剂对溶质的聚合原理，从原理上看，这是补入新分子链的一种有效手段。

2. 接枝改性

交联回收塑料随其粉碎细化，虽然发生了大分子链断裂，但也同时形成了更多的氢键。这些氢键不仅改变了"三维网"骨架使三维网结构被破坏，而且在动态应力中可能形成更多的短链。这一现象是自发的"电子自旋共振效应"。在自发生链（动态交联）的基础上，如果加入环氧化合物，如乙烯三甲硅氧烷（A-171、A-174A）、聚 Ca-甲基苯乙烯树脂（AMS）、1, 2-聚丁二烯树脂、含氟聚合物（PPA）、有机硅（PA-1）和高极性增塑剂、WOT 等，它们就组成了主链与氢键的无规接枝。这是使交联回收塑料逆向改性的最基本方法，即逆向修复法。

3. 润滑抗黏原理

润滑与抗黏实际上都能促进粒料降低熔点、提前开聚。这对于增加交联塑料软化点、保护氢键与扩链组分主链键接枝是一个共溶介质。由于润滑促进了料体之间的分散性，使其以较快的速度形成扩链过程。例如，氧化聚乙烯蜡和酰胺类化合物就可以发挥这种作用。同时在润滑抗黏剂中，氧化锌、硬脂酸锌还有开口作用，这更利于降低熔点。交联回收塑料常用的润滑抗黏剂见表 3-16。

表 3-16　交联回收塑料常用的润滑抗黏剂

聚合物	抗黏、开口剂	润滑、耐热剂
PE 交联物	EBS、硬脂酸锌、NPA、FW	氧化 PE 蜡、含氢硅油、PA$_3$X
ABS 交联物	硬脂酸锌、Pbst、EBS、MYST	褐煤蜡、氯化蜡、PA$_3$
TPU 交联物	聚 e-己内酯、聚乙二醇磺酸酯	硬脂酸钙、硅油、AMS
PVC 交联物	Pbst、Cast、酰胺蜡	低分子 PE 蜡、环氧树脂、CPA
PP 交联物	芥酰胺、硬脂酸钙 FAI	PP 蜡、含氢硅油、XJC-1
PA 交联物	脂肪族二元醇、芳香族氨	硬脂酰胺、Nast、List、硅油

4. 修复配方的实例

利用接枝原理可使交联回收塑料由三维网状变成动态交联网状结构；利用扩链剂的主链插入，可使新生的交联氢键与其组成长枝链结合；利用抗黏助剂可以降低加工熔点。而在动态条件下，这三类助剂在占到回收塑料 10%左右时，它们的扩链度可达到完成可流动标准。

（1）交联 PVC 的修复配方实例

①聚氯乙烯交联回收塑料的解联主要依靠强极性增塑剂，如二甘醇二苯甲酸酯（溶解型增塑剂）、氢化蓖麻油（强极性塑化助剂）及（硬脂酰基）乙二胺。这些助剂与低黏度 PVC、高极性树脂 CPVC、EVA、EVC 掺混，就可以使交联塑料变成可逆塑结构。

②PVC 交联管材的修复实例：

回收塑料——100 份　　　　　　　　二甘醇二苯甲酸酯——3 份

CPVC 原生塑料（低黏度）——10 份　　　氢化蓖麻油——3 份

（硬脂酰基）乙二胺——1.0 份　　　WMH-2A——10 份

这一配方料经预混造粒就类似热塑性 PVC，可直接成型，也可掺混，柔软性与增塑剂用量密切相关。

③PVC 模压泡沫交联塑料的修复实例：

回收塑料——100 份　　　氢化蓖麻油——3 份

EVA（VA40%）——10 份　　　（硬脂酰基）乙二胺——1.0 份

二甘醇二苯甲酸酯——5 份　　　WMH（软质）稳定剂——10 份

增塑剂——8 份　　　其他助剂——适量

上述配方料经预混造粒可恢复塑性，用于中软产品生产，也可用于软质产品掺混。

（2）交联 PE 的修复配方实例

①PE 交联回收塑料的解联，主要依靠 CPP、AMS 和增塑剂，也可以用 PA_3CXGJ-1、XA-202、FW、NPA。

PA3 对 PEX 的改性效果：回收塑料 100 份+5 份 XH-202，相对分子质量下降 15%~35%。回收塑料 100 份+5 份 XJG-1，MFR 增加 50%。

CPP 对 PEX 的改性效果：回收塑料 100 份+10 份 CPP，MFR 增加 30%~50%。

AMS 对 PEX 的改性效果：回收塑料+AMS（相对分子质量 800~1100）2 份，MFR 增加 40%，熔点下降 10 ℃。

NPA 对交联 PE 改性效果：回收塑料 100 份+NPA 5 份，MFR 增加 30%，熔点下降 10%。

FW-1 对 PEX 的改性效果：回收塑料 100 份+FW-1 0.5 份、硬脂酸锌 1 份，MFR 增加 10%。

②PE 交联管材的修复配方实例：

回收塑料——100 份　　　乙二醇单丁醚油酸酯——6 份

EVA（VA50%）——10 份　　　AMS——5 份

FA-1——2 份　　　硬脂酸锌——1.5 份

氢基硅油——1 份　　　氧化聚乙烯——2 份

该配方料可通过预混造粒，制成通用 PE 的具有加工性能的颗粒。

③PE 模压发泡废塑料的修复配方实例：

回收塑料——100 份　　　增塑剂——5 份

XH-202——5 份　　　　　　　硬脂酸锌——1 份

甲基含氢硅油——1 份　　　　　LDPE（MFR 50 g/10 min）——20 份

氧化蜡——1 份　　　　　　　　EBSM——0.5 份

该配方料经预混可制成注塑级加工料。

（3）交联 PP 的修复配方实例

①PP 交联回收塑料的解联，既要使用增塑剂、硅烷，也需要交联剂。例如，往交联回收塑料中加入 DCP 1.5 份时，PP 的 MFR 可增加 10 倍；但还要加入偶联剂及 PPA 等，以防止过度交联引起的硬脆。

DCP 对交联 PP 的改性效果：回收塑料 100 份（MFR 为零）+DCP 1.5 份（MFR 7~10 g/10 min）。

CPP 对 PPX 的改性效果：PP 交联回收塑料 100 份+CPP 3 份，MFR 增加 15%~20%。

A-1120 对交联 PP 的改性效果：回收塑料 100 份（熔点为零）+A-1120 1.5 份（熔点为 175 ℃，MFR 3 g/10 min）。

1,2-聚丁二烯对交联 PP 的改性效果：回收塑料 100 份（熔点为零）+聚丁二烯 10 份，熔点 180 ℃，MFR 2~4 g/10 min。

PA_3 对 PP 交联料的改性效果：回收塑料 100 份（MFR 为零）+XJG-1 5 份，MFR 增加 1.2 倍。

②PP 交联型材的修复实例：

回收塑料——100 份　　　　　　偶联剂——1 份

CPP——5 份　　　　　　　　　　XJG-1——5 份

硬脂酸钙——1 份　　　　　　　　PP 烯蜡——3 份

低分子量 PP（MFR 50 g/10 min）——15 份

癸二酸二辛酯——3.7 份

该配方料经预混造粒可恢复逆塑性。MFR 取决于低分子 PP 用量。

③交联发泡 PP 的修复实例：

回收塑料——100 份　　　　　　癸二酸二辛酯——3.7 份

聚硅氧烷——0.8 份　　　　　　　MPP（MFR 60 g/10 min）——10 份

XJG-1——5 份　　　　　　　　　硬脂酸钙——1.0 份

EBSM——1.0 份　　　　　　　　甲基含氢硅油——1.5 份

该配方料经预混造粒可制成逆塑性产品。

④DCP 对 PP 交联料的改性实例：

回收塑料——100 份　　　　　　　1,2 聚丁二烯——10 份

DCP——1.2 份　　　　　　　　　CPP——5 份

EBSM——1 份　　　　　　　　　癸二酸二辛酯——3 份

滑石粉——5 份　　　　　　　　　硅油——0.7 份

这一配方料的 MFR 为 6 g/10 min，可用于挤出和注塑。

这些配方的改性特点既体现了解联，又体现了消泡，而且体现了扩链和降低相对分子质量。其中，增塑剂与低分子化合物（AMS、PA_3、PNA、FW）都是解联组分；低分子树脂 EVA 都是降熔点组分；硅油都是除泡组分。很明显它与掺混改性是有区别的，这一点对设计配方是极为重要的。

（三）交联回收塑料的添加改性

交联回收塑料添加改性是将回收塑料作为另一聚合物添加助剂掺混的一种方法。例如，PE/PP、PVC/ABS、PU/ABS、PA/PE，用交联回收塑料作为另一聚合物的添加剂，不仅可以实现增强改性，而且可以提高另一聚合物的耐热性和抗老化及尺寸稳定性。

1. 添加改性的用料要求

作为交联与非交联物掺混，先考虑粒径、相容性，再考虑聚合相态的密实性。这种改性的关键点是调节它们的共容熔点。采用这种工艺时通常需要注意以下5点：①组分热力相容：组分热力相容性越好，越有利于相容。例如，PE/PP、PVC/ABS、TPU/ABS、PET/PBT、PA/PE，它们之间可由任何一种作为交联回收塑料。②交联塑料粒径必须达到标准：交联塑料的粒径大于 0.2 mm 时，无接枝的可能，只有小于 0.2 mm 时，才能产生热力上的掺混，这一点是重要标准。③必须给予增容改性：交联回收塑料不仅无熔点而且表面极性也很差，因此它在熔融过程中不仅缺乏分子链渗透性，还缺乏表面极性，因此应使用聚硅氧烷作为活性调节组分。例如，2,5-二甲基-2,5-双（叔丁过氧基）己烷、苯甲基硅油与偶联剂对配可改善交联塑料熔点。④要有明确的改性目的：交联回收塑料有增强、耐热特点，基料之间也有各自特点，通用料加入交联体，除了性能上互补，力学上多为增强效果。因此，只有确定了质量要求，才能形成有目的改性。⑤交联回收塑料的掺混改性特点：一是交联回收塑料有利于增容，二是有利于增加力学性能，三是回收塑料掺混能降低产品成本。但是使用交联塑料掺混应加入可逆性交联剂，使用 SEBS 等增混剂改性效果更佳。

2. 添加中应用的助剂

将交联回收塑料细化成 0.2~0.5 mm 的粒径，可加入少量醇类增塑剂，因为醇可以稀解交联剂。为了提高聚合度可加入少量硅烷或者钛酸酯类助剂，这些助剂可增加接枝率。为了降低交联料熔点，可加入一定量的增塑剂。为增加复合物的抗冲击性能，可加入弹性体。

①增塑剂：PVC/ABS 掺混可选硬脂酸 2-J 氧基乙酯/DBEP 复合物（4∶1）、氧化蓖麻油为增塑剂；也可选聚乙二醇-400。PE/PP 掺混可选癸二醇二辛酯、乙二醇单丁醚油酸酯（1∶1）、AMS、FW。

②扩链剂：硅烷钛酸酯是常用的扩链剂。其中 KH576、A-174 和聚硅氧烷复配就是极好的扩链剂。

③丙烯酸类增容剂：SEBS、马来酸酐接枝物、EVA、EEA、EMA、K 树脂、1,2-聚丙二烯都可以作为交联回收塑料的增容剂。

3. 交联回收塑料添加改性实例

①PE 交联塑料与 PP 的掺混：该配方有抗冲击效果。当 PP 为主体料时，选交联 PE 掺混会提高 PP 的强度、耐热性、刚性。

配方实例：

PP 回收塑料——70 份　　　　　　　氢基硅油——1.5 份

交联 PE 回收塑料——30 份　　　　　乙二醇单丁酯——3 份

A-171——0.7 份　　　　　　　　　　EMA——10 份

该配方可用于电池壳、座椅、管材等产品。

②交联 PVC 与 ABS 的掺混改性：该配方有抗冲效果。当 ABS 为主体料时，选交联 PVC 掺混会提高 ABS 的耐热性、耐候性。

配方实例：

ABS 回收塑料——80 份　　　　　　　AMS——6 份

交联 PVC 回收塑料——20 份　　　　　增塑剂——8 份

KH576——0.6 份　　　　　　　　　　聚乙二醇（400）——1.5 份

该配方可用于家电底座、手柄、线辊的加工。

③PE 交联塑料与 PA 的掺混：将交联 PE 管材细化成 0.5 mm 粉末后，用聚硅氧烷和癸酯类作增塑组分，可以改变 PA 的憎水性、耐寒性和抗冲击性。

配方实例：

PA612——75 份 　　　　　　　偶联剂（回收塑料用）——0.5 份

PE 交联塑料——25 份 　　　　　PPA（反交联剂）——2 份

酰胺增塑剂——5 份 　　　　　　其他助剂——适量

该配方可用于刹气管、油管的加工。

四、交联型废旧塑料再生利用的关键点

交联型回收塑料与热固性回收塑料之间最大的差别是交联回收塑料带有活性，热固性回收塑料无活性或活性点很低。因此，对交联回收塑料的利用应注意如下几个问题。

（一）掺混过程中要关注相容性

原位利用也称为就地回收利用。就地回收利用应避免不同加工方法和不同结构的回收塑料混合。同时新旧料必须是同一类树脂，否则会造成加工与质量上的不稳定。

（二）在单一改性中应注意产品的加工要求

如果是原位利用加工，应按初始配方设计；如果是修复加工，应按解交联设计；如果仅作为填充料使用，应按增混设计，其改性配方差别见表3-17。

表3-17　交联回收塑料的改性配方差别

助剂类别	3 种配方比较		
	原位交联配方	修复改性配方	填料配方
交联助剂	提高浓度	—	—
增塑助剂	专用助剂	专用助剂	—
偶联助剂	适当	必须加入	专用助剂
解联助剂	—	必须加入	—
增容助剂	软化树脂	适当加入	必须加入
差别	含交联助剂	含反交联助剂	不含交联助剂、解联助剂

（三）在加工中要达到工艺要求

获取了可改性的配方，但没有实现配方的工艺也难以实现配方效果。交联废旧塑料的循环利用应注意2个问题：一是粒径一定要小；二是改性一定要将相对分子质量降下来。只有两者紧密配合才能保证二次熔融的顺利进行。

第三节　高性能废旧塑料的再生利用技术

高性能塑料的划分来自聚合物分类。它主要包括 UHMWPE、PTFE、PSF、PI、PPS、LCP、PEER、PAR、PAN、PVDC、PPY 等。从广泛意义上说，除了热塑性、热固性、交联型之外的塑料统归此类。高性能回收塑料有三大特点：一是结构上的高耐热、高强度、专用功能；二是高熔点、易分解、难逆塑；三是用量小、回收难度大。因此，高性能回收塑料的循环利用主要以回收塑料改性为主。高性能回收塑料与热固性废塑料相比，有高活性自聚区别，因此不能以填料利用；高性能回收塑料与交联回收塑料相比，难熔性与加工助剂无关，因此要从化学结构上改性。为了实施改性的理念清晰，将高性能回收塑料归为 3 个大类：①难熔、难容类聚合物：熔点高（400 ℃以上），不能流动（主要用烧结工艺）。它主要包括 UHMWPE、PTFE、PPS、PI、LCP、PBI。②易热分解聚合物：类似PVC，由于其软化点与熔点十分接近，所以存在严重的应力开裂倾向。这类回收塑料包括 PMMA、PEEK、PES、PAR、PVDC。③复合难容类回收塑料：缺乏成胶性，很难自成熔体。这类回收塑料主要有 PPY、PPP、PAW、PVA、SMA、SMI。

从"纳米效应"理论上讲，细化粒径能使固态材料产生较强的分散力、较大的表面极性和较低的黏度。这有利于高分子材料降低黏流温度，因此首先要求对这些材料进行粒径细化。从"电子自旋共振"理论上讲，固态聚合物在受到高剪切时，虽然大量的双键被破坏，但却重新生成了更多的交联活性点。这些活性点进入应力条件下就可形成更多的链键。如果这些枝链遇到大分子长链后就会形成缠绕，此过程就是增容过程，从而改善了回收塑料的分子分布结构。从细化粒径增大比表面积上看，回收塑料的粗糙表面不仅能快速导热，而且还形成了较大的极性和吸油性。这对其他组分介入发挥增容作用极为有利。

将上述三大改性工艺组合起来，它们就产生协同增容的效果。其中细化粒径为增塑介质进入提供了条件；增塑剂介入又为大分子链扩展提供了条件；而最终形成了分子密度下降，相对分子质量分散，黏度下降，流动性恢复。

一、高熔点废旧塑料的回收方法

第一，按加工产品需要、外观、组分组成及成型方法选择废旧塑料；第二，经过分选、归类、表面净化，将其缩径至 0.5 mm 以下。完成这两大操作步骤，就可达到形态上的加工要求。

（一）不熔、不容废旧塑料的加工要点

定向选料——分选去杂——初破清洗——细破脱水——定径磨粉——选入改性。

（二）回收塑料粒径大小对加工质量的影响

回收塑料粒径大小对加工质量的影响如表 3-18 所示。

表 3-18　回收塑料粒径大小对加工质量的影响

项目	粒径			
	>10 mm	>1 mm	<0.5 mm	<0.3 mm
混合分散性	差	可	好	良好
加工熔点	高	中	可	低
熔融黏度	高	有所下降	明显下降	低
表面吸油性	非常难	很少量	>5%	>10%
MFR/（g/10 min）	0	0.01	0.02	0.15
氢链数目	很低	稍有增加	增加 25%	增加 50%
逆塑性	无	难	较难	可逆

从表 3-18 反映的实验结果可以看出，只有回收塑料粒径达到 0.2 ~ 0.5 mm 时，高性能废旧塑料才能符合回收熔塑的标准。

（三）高性能回收塑料预处理设备

高性能回收塑料在回收过程中，不仅要缩小粒径，而且还要除杂去污，因此需要一整套设备。这些设备包括常规破碎机、清洗罐、磨粉机、脱水机、过滤筛、捏合机。

①常规破碎机：市面可供的 SWP 定径破碎机可以作为初级破碎机。这类机械装有水洗装置，一般定径孔可控制在 10 ~ 30 mm，进料尺寸为 300 ~ 600 mm 即可。该机操作可采用磨洗剂配合。它可使杂质表面污物大部分被去除。磨洗料由 200 目 $CaCO_3$、碳酸钠、十二烷基磺酸钠配制。

②清洗罐：清洗罐可以自制，它由罐体、搅拌叶轮组成，转速为 200 r/min。初破料通过冲洗可以除去涂料、金属杂质、砂石、油污。

③磨粉机：市面所供的冲击磨、圆盘磨、涡流磨都可使用，但出料粒径必须

达到 0.3 mm 以下。

④脱水机：脱水机也称为二级破碎机，是具有脱水功能的 SP 破碎机。定径筛孔为 10~12 mm。净化料通过该机可达到脱水和缩体双重要求。经该机加工的料完全符合磨粉机进料尺寸。

⑤分选筛：分选筛的种类很多，选用的关键是筛网规格，一般 70~80 目筛网为标准筛网。筛下料的粒径为 0.2 mm，筛上物可返回再粉碎。筛下物可送入捏合机进行配方预混。

（四）高性能回收塑料细化对二次利用的质量改性

高性能回收塑料细化对二次利用的质量改性具体表现为：①细化粒径改善了回收塑料的分散性；②细化粒径得到了较好的传热性；③细化粒径使回收塑料交联活性点重生，表面张力下降；④细化粒径提高了表面极性，增大了对助剂的吸附性；⑤细化粒径使回收塑料熔点、黏度下降。其中，降黏、分散、熔点下降和吸油性变化是最重要的几项变化。它将成为高性能回收物循环回收改性的重要物理指标。

二、高性能废旧塑料的加工改性技术

虽然细化粒径有利于回收塑料降低黏度、促进流动，但氢键无法替代大分子链的包散力，因此还必须进行组成改性。高性能回收塑料宏观上的不容、不熔，高黏度均与回收塑料微观的相对分子质量与相对分子质量分布、链极性有关。高分子、高黏度、难流动是形成高聚物不溶、不熔的关键。以低分子、低黏度、易流动的另一组分与其掺混，迫使完全相反的组分均相分布，结果就形成中分子、中黏度、易熔融结构。这就是固态溶剂技术。

实际上，高性能废旧塑料虽然统一表现为难容、难熔，细化粒径对它们加工改性几乎都遵循了"纳米"效应规律，但要进行体内改性却并不能一概而论。这主要是不同聚合物存在组成结构、相容性、反应原理、对复合后期质量的影响等差别。一般而言，废旧塑料成型方法决定了它很难就地利用。所以改变用途是主要的回收方法，而加工改性是主要技术。

（一）万能增容剂对难熔回收塑料的改性作用

热致液晶聚合物（TLCP）除具备耐热、耐磨、阻燃、高强度性能外，还有超常的流动特征和广泛的相容性。将 TLCP 废旧塑料、边角料通过细化加工增容改性不存在过高的成本之弊。

1. TLCP 废旧塑料的加工特征

TLCP 废旧塑料遇热稀化（液态）、遇冷硬化（玻璃态），因此它自身不能混炼加工。但这种遇热稀化的超常液体却极易分散到固态物体系中，使不流动的回收塑料极易改善流动性，而自身的液流受加工塑料吸收也不再是液态物。

①TLCP 对不熔回收塑料的流变性改善效果：UHMWPE、PTFE、PCTFE、PAR、PI、PEI、PPS 与 TLCP 不仅有相容性，还有改善这些回收塑料的流变性作用。通过它的加入可使不熔、不容回收塑料得到良好的逆塑性。

②TLCP 回收塑料的相容性：TLCP 有广泛的相容性，它可以与 10 多种回收塑料形成物理共混，具有反应交联、调节分子密度和动态交联剂的作用，使回收塑料产生不失流动的增容性。TLCP 与其他回收塑料的相容性见表 3-19。由于 TLCP 上述的相容性，因而它有"万能增容剂"之称。

表 3-19　TLCP 与其他回收塑料的相容性

回收塑料种类	改性效果	可相容的回收塑料
热塑性塑料	增强	PE、PP、PA、PC、PET、PBT、POM、PPO
热同性塑料	增塑	PF、AF、SMC、SI
交联型塑料	逆塑	PE、PP、PA、PET
高熔点塑料	增流动	UHMWO、PTFE、PAR、PSF、PEI、PEEK、PI

2. LCP 的改性力学特征

LCP 对绝大多数回收塑料除具有改进耐热、憎水、抗老化、阻燃、抗环境开裂、尺寸稳定性外，还有提高拉伸强度、弯曲强度、刚性的特点；但是也容易导致其他回收塑料冲击强度、伸长率、柔软性下降。回收塑料受 LCP 改性的变化见表 3-20。

表 3-20　回收塑料受 LCP 改性的变化

回收塑料	拉伸强度/MPa	拉伸模量/GPa	弯曲强度/MPa	弯曲模量/GPa	伸长率/%	单臂冲击强度/（J/m）
PAR 纯料	71	1.52	67.2	1.76	155	45.6
PAR/LCP 酯酰胺	51.7	3.82	90.3	2.94	2.0	8.4
POM 纯料	56.6	2.37	81.3	2.36	48	41.5
POM/LCP 聚酯	36.5	2.81	72.4	2.94	3.8	17.1
PEFK 纯料	84.1	3.5	—	—	48	—
PEEK/LCP 聚酯	71.1	4.3	—	—	2.5	—

续表

回收塑料	拉伸强度/MPa	拉伸模量/GPa	弯曲强度/MPa	弯曲模量/GPa	伸长率/%	单臂冲击强度/(J/m)
PCTFE 纯料	27	1.70	52.4	2.75	21.7	23.5
PCTFE/LCP 聚酯	70.3	5.24	83.4	3.83	2.5	14.5
PEI 纯料	94	3.05	141	3.34	59	24.7
PEI/LCP 酯酰胺	95.8	7.45	103	6.18	1.54	18.6
PA 纯料	73	2.06	76.5	2.01	436	31.9
PA/LCP 聚酯	66.9	2.65	93.8	2.52	14.6	20.3
PBT 纯料	51.7	2.58	89.6	2.66	5.8	—
PBT/LCP 聚酯	37.9	3.54	52.4	2.73	1.2	—
PC 纯料	66.9	2.32	93.1	2.47	100	462
PC/LCP 聚酯酰胺	154	6.55	136	5.00	4.2	12.8

从表 3-20 可以看出 LCP 使拉伸强度、弯曲强度上升，而使冲击强度、伸长率下降。因此这对一些高抗冲击产品而言仍然未能达到理想状态。

3. PPS 对不熔、不容回收塑料的加工改性

①虽然 PPS 也是一种难熔塑料，在单晶回收中也需要改性。例如，PI、PEI、AS、ABS、PPO、SMI、PS 中的高流动树脂常作为 PPS 的促容改性剂；但 PPS 中的 6465A - 62、6165 - A6、1140 - A6 都有极佳的流动性。例如，黏度为 100 ~ 150 Pa·s 的 PPS 可使 PTFE、PEEK、PI、PES、PASS 得到高流动性。PPS 与 LCP 不同，它会增大复合物的脆性。

②PPS 作为加工改性助剂也有很宽的相容性，可以直接与 PPO、PI、PASS 掺混；PPS 也需要自身增流动改性，而 LCP、SMI、F_4 粉、PPO、PS、AS、ABI、PI、PEI、LM-WPS 可以起到此作用；PPS 与 PA、PS、PC、PBT、PE、ABS 可以掺混以改善这些料的功能，由此可见 PPS 的相容性也是广泛的。PPS 在不熔回收塑料中的改性实例见表 3-21。

表 3-21　PPS 在不熔回收塑料中的改性实例

组分/组分	效果	基本配方	加工方法
PEEK/PPS	提高 PEEK 流动性	小粒 PEEK 70 份、PPS 30 份（PI 30 份）	直接或增容
PSF/PPS	提高 PSF 流动性	PSF 70 份、PPS 30 份（抗冲）	直接掺混
SMI/PPS	提高 PPS 流动性	SMI 5~10 份、PPS 95~90 份	直接掺混

续表

组分/组分	效果	基本配方	加工方法
PES-C/PPS	提高 PPS 流动性	PES-C 10 份、PPS 90 份	直接掺混
PI/PPS	提高 PI 流动性	PI 80 份、PPS 20~50 份	直接掺混
PPO/PPS	提高 PPO 流动性	PPO 70 份、PPS 30 份（阻燃）	直接掺混
PASS/PPS	提高 PPS 流动性	PASS 10 份、PPS 90 份（合金）	直接掺混

③在配方中防脆有利于消除 PPS 带来的脆性。例如，PI/PA、PC/SMI、PSF/ABS、SMI/PVC 都是抗脆的。此外，环氧树脂（EP）也可作为抗脆组分，如 ST-1000 对丙烯酸和聚酯的相容，EP1001 对 PI 的相容，3003-4F-1 和 3003-4F-2 作为降黏剂，EP37-3FLFAO 的高极性，都能有选择地用于不熔回收塑料的改性工艺中。

从一定意义上说，TLCP（V-3 型，聚酯酰胺共聚物）与低分子结构 PPS 是高性能回收塑料改善逆塑、加工性的两大万能树脂。这一技术的应用，解决了高性能不熔、不容回收塑料的加工问题。

（二）重要的促熔、助容偶联剂

作为偶联介质的偶联剂，以其特殊的多官能基团，为许多非活性填料在塑料体系中的应用创造了不可替代的增混作用。但追溯偶联剂的历史，它最初是用于改善热固性塑料的。那么偶联剂能否用于不熔、不容回收塑料的逆塑改性，可从以下几个方面来说明。

1. 偶联剂的基本作用

作为一种多官能的化合物，偶联剂可形成不同材料的串链，多为液相，当它插入不同材料之间，能使不黏合材料产生黏合。理论研究的表述是：它是一种在无机与有机材料或不相容材料之间，通过化学作用，产生亲和性的材料。这种亲和性，改善了不相容组分的相容性。与交联剂结构比较，偶联剂不发生分子基降解，只产生共混黏结；与增塑剂相比，它不分散分子密度，只产生边沿牵引；与润滑剂相比，它兼有润滑和增黏作用。

①偶联剂的化学键作用：偶联剂含有 2 种不同的基团，其中一种基团可作用于甲种材料，形成化学键；另一种基团与乙种材料作用，也形成化学键，从而使不相容的甲、乙材料受其牵引，形成相容。

②表面浸润作用：固态材料受液态偶联剂浸润，可大幅提高不同材料的物理吸附性能。而这种物理吸附一旦转化成氢键力，就会提高材料的极性，并且产生

了高流动和降低熔点的提前解聚作用。

③变层扩链作用：偶联剂对材料包覆，使不同组分之间出现了偶联网层。这种网层是长链结构，因此可形成定量分子链连续互串。这一网层在无机与有机材料中是一种柔软夹层，能松弛界面应力、阻止界面裂纹扩展。它对高熔点树脂能起到扩链作用。

④拘束层调节应力作用：偶联剂可以使高低不同组分的模量达到平衡，也能使不熔回收塑料模量得以提高。而提高回收塑料模量的关键是偶联剂形成的软化层，长分子链的取向使不熔塑料得以熔融。

⑤降低黏度分散分子密度作用：偶联剂对不熔塑料形成的光滑表面在回收塑料软化（弹性）阶段可表现为料体之间抗黏；到熔流阶段又以长链延伸形成大分子链分布，它与增塑剂的原理相似，因此最终使加工料相对分子质量分布由窄变宽，从而促进流动。

2. 偶联剂在不熔回收塑料中的应用

虽然偶联剂有偶联促混作用，但用于高熔点回收塑料则要求以提高流动性为主，因而并不是所有偶联剂都可使用。为达到提高流动性的目的，一般选用钛酸酯类偶联剂。使用大分子钛酸酯偶联剂，不仅有扩链作用，而且有价格上的优势。例如，二（油酰基）（二异辛氧）磷酰基酞酸酯（NDZ-101），可用于 UHWMPE、PPS 的扩链、增流动；三（N-B-氨乙基-B-氨乙基）钛酸异丙酯（TTEE-4）用于 PEI、PI 扩链与增流动；三［（二辛氧）焦磷酰基］钛酸异丙酯，可用于 PPS、PEEK、PPO、PI、EP 的扩链、促流动；而 KR-201、二油酰基钛酸乙二酯又对 UHMWPE、PI 有扩链、促流动作用。此外，乙基三叔丁基过氧化硅烷（MTPS）对 F_4、F_3、F_6、PPO、PPS、PSF、PEEK 都是扩链剂、促流动剂；DL-411、二聚磷酸二异辛酯酸镁几乎可用于各种回收塑料。

3. 偶联剂对于不熔回收塑料的使用方法

选择加工料偶联剂：①要注意它们的吸附性（按作用效果选择）；②要选液相物（便于浸润渗入体内）；③要进行吸湿（扩大分散度）；④要增加用量（回收塑料的 1% ~ 2%）；⑤要预先单独加工混合（不能与酯、烃、硅油、金属皂同步加入）。偶联剂既有润滑作用（抗黏降低熔点），又有分散分子均相密度作用（降低相对分子质量，提高熔解速度），还有扩充大分子主链作用（形成枝链牵引）、反凝胶作用（抑制交联再生）。因此它是兼增塑、抗黏、扩链、促流动为一体的综合性助剂。

（三）改善加工的稳定剂

通用聚合物回收塑料的氧化与熔融中的摩擦有关，处于粉态的不熔塑料的摩擦生热更高，因此改善加工料摩擦就成了更重要的问题。成熟的改善方法是加入稳定剂。例如，低分子聚乙烯蜡、酰胺类化合物、低分子缩合物、矿物油常作为稳定剂，而金属皂、酚与亚磷酸酯则更为常用。

1. 降解型热稳定剂

PP 对 UHMWPE、PPS，聚乙二醇（600）、二苯甲酸酯对 PF、EP，LMWPS 对 PPS、PPO、PSF、PEEK，低相对分子质量聚三氟氯乙烯对 PTFE、EP，聚酯类增塑剂对 PI、PAR，都是降低相对分子质量的助剂。在回收塑料加工中，加入这些助剂有增加热稳定性的作用。例如，UHMWPE 加入 5 份 CPP 可提高 MFR 10%~15%；PPS 加入 5 份 PP，断裂伸长率可达到 32.5%；PPS、PI 加入 1 份 PA-11，MFR 可提高 10%~15%；SMI 与 PPS 掺混，PPS 的熔点可下降 20% 以上。不熔回收塑料常用的热稳定剂见表 3-22。

表 3-22　不熔回收塑料常用的热稳定剂

不熔回收塑料	常用的热稳定剂（降低分子质量用）
F_4、F_5、F_6	低相对分子质量三氟氯乙烯、低相对分子质量 PA、氯化石蜡、二辛酯
PPS、PEEK、PSF	低相对分子质量聚酰亚胺、CPP、LMWPS、褐煤蜡、酰胺蜡
PSF	LMWPS、低相对分子质量聚酰亚胺、褐煤蜡、氯化石蜡
PAR	聚酯增塑剂、高流动 PC、褐煤蜡、硅树脂、白油
UHMWPE	CPP、AMS、MS、聚丁二烯、低相对分子质量蜡、EBS、石蜡
PI	低相对分子质量 PA、PPS、W-400、PA-3、氯化石蜡、磺胺增塑剂

2. 抗氧剂

加入抗氧剂有助于阻止大分子链断裂，保证复合组分发挥改性作用。抗氧剂的选用，如 UHMWPE 常用 1076/168、硬脂酸锌、氧化锌；PTFE 常用 1010/622、硬脂酸锌、氧化锌；PPS 常用 2246/亚磷三苯酯、硬脂酸钙；PI 常用 1096/168、氧化锌、硬脂酸钙；PAR 常用 245/774、亚磷酸三苯酯、十二烷醇；PSF 常用 245/含硫抗氧剂、硬脂酸钙。

3. 抗裂型稳定剂

高性能回收塑料常与金属、碳氢物、溶剂接触，其体系中的酸性氧化物更高。这些酸性物易造成熔体破裂，因此要加以改性。常用的抗裂型稳定剂有氟化物金属皂，它们可以减少熔体破裂：PPA 可用于 UHMWPE、PI、PEI；FA-1 可用于 PPS、PSF、PEEK；FW 可用于 PTFE。

三、不熔、不容回收塑料的加工实例

就地回收通常会影响产品质量，因而要善于共混加工工艺。不熔性回收塑料通过掺混，不仅可替代某些工程塑料，还能制备出高于通用塑料质量的合金塑料，且成本上是可行的。应该提示的是，回收塑料与所制产品必须求得外观、组成、加工上的一致，而且回收塑料在混合时必须单独预混。一般不熔、不容回收塑料可以通过加入其他单体进行掺混改性，如将 PI 加到 PA、PPS 体系中；也可以作为其他回收塑料的改性助剂。前者改性较为简单，后者则有一定的复杂性。

（一）UHMWPE 废旧塑料的自身改性

UHMWPE 回收塑料难以逆塑、改性后又会引起力学变化，因此作为自身改性，应当在可逆基础上尽量保证它的耐磨、自润滑特点。

①UHMWPE 回收塑料改性为阻燃板材的配方实例：该配方应选用 TLCP（回收塑料）、PPA、FX5911、15%的 CPE 和有机阻燃剂、氯化石蜡等助剂。

配方实例：

UHMWPE 回收塑料（粒径为 0.3 mm）——70 份	LicolubFA-1——3 份
南大 821 偶联剂——2 份	CPE——10 份
TLCP 回收塑料（粒径为 0.3 mm）——15 份	硬脂酸锌——1.5 份
乙二醇单丁醚油酸酯——5 份	阻燃剂——适量

该配方材料的 MFR 为 4 g 左右，阻燃性合格，可制作化工用隔板。

②UHMWPE 回收塑料改性管材的配方实例：该配方应选用 TLCP（回收塑料）、PPA（FX5911）、LicolubFAI 及烃类加工助剂。

配方实例：

UHMWPE（粒径为 0.3 mm）——85 份	FX5911——3 份
TLCP 回收塑料（粒径为 0.3 mm）——15 份	FA-1——2 份
乙二醇单丁醚油酸酯——4 份	PA-1（硅树脂）——1.5 份
抗氧剂 1076/168——适量	增白剂——适量

该复合料耐热 120 ℃，拉伸强度 60.3 MPa、MFR 6.7 g/10 min，可制备耐磨矿井风管和热水管，价格为 UHMWPE 原料的 70%。

③UHMWPE 耐磨产品改性配方：

UHMWPE（粒径为 0.3 mm）——80 份　　　　SMC 回收塑料——10 份

TLCP 回收塑料（粒径为 0.3 mm）——20 份　　聚硅氧烷——2 份

硅烷偶联剂 A-174——0.5 份　　　　　　　　EBS——1.5 份

该配方材料的 MFR 为 20.3 g/10 min，拉伸强度为 68 MPa，耐磨性符合要求，成本仅为原料的 55%。

（二）PTFE 回收塑料的自身改性

PTFE 同样无逆塑性，改性后也会影响原有质量，因此作为自身改性应保持其耐磨特征。PTFE 加工改性可选低分子聚酰胺、低分子三氟氯乙烯，氯化石蜡与磷酸三乙酯可作为加工稳定剂。

①PTFE 泡沫回收塑料改性为挤出料：

PTFE 回收塑料——85 份　　　　　　　　低相对分子质量酰亚胺——3 份

TLCP 回收塑料——15 份　　　　　　　　DBP/DOP（4∶1）——3 份

氯化石蜡——5 份　　　　　　　　　　　氧化聚乙烯蜡——3 份

该配方材料的 MFR 为 3.0 g/10 min，拉伸强度提高了 2 倍，耐磨性优于纯原料，价格仅为纯原料的 65%，可挤出成型。

②PTFE 回收塑料改性为耐磨材料：

F₄ 回收塑料（粒径为 0.3 mm）——80 份　　氯化石蜡——5 份

低相对分子质量三氟氯乙烯——10 份　　　钛酸酯——1 份

低相对分子质量 PI——5 份　　　　　　　MOS_2——1.5 份

白油 32#——5 份　　　　　　　　　　　二辛酯——2 份

该配方材料的 MFR 为 1.5 g/10 min，耐热性、耐磨性比纯原料低 10%~13%，可用于制作密封垫等材料。

③TPFE 润滑耐磨配方：

PTFE 回收塑料（粒径为 0.2 mm）——60 份

高流动性 PPS 回收塑料——40 份

LCP 回收塑料（粒径为 0.2 mm）——10 份

四氟/六氟丙烯树脂 FEP——5 份

DBP/DOP（4∶1）——5 份　　　　　　　聚硅氧烷——2 份

该配方料的 MFR 为 6 g/10 min，除增加了阻燃性，还有极佳的耐磨性。

④PTFE 再填充改性配方：

F₄ 回收塑料——65 份　　　　　　　　低分子三氟聚乙烯——10 份

LCP 回收塑料——6 份　　　　　　　　DBP/DOP（4∶1）——5 份

白石黑——5 份　　　　　　　　　　　偶联剂——2 份

青铜粉——10 份　　　　　　　　　　石英粉——10 份

该配方材料的 MFR 为 1.2 g/10 min 左右，可模压成型导热性、耐磨性产品。

⑤PTFE 改性为压延产品：

F₄ 回收塑料（粒径为 0.3 mm）——80 份　　二氯乙烯——10 份

白油/硅油——10 份　　　　　　　　　　低分子酰胺——2.5 份

该配方成型后应用丙酮或三氯乙烯萃取助剂，可用于挤压产品。

（三）PAR 废旧塑料的自身改性

PAR 并无逆塑性，加工时易开裂，但有一定的流动性，加入二元醇芳香类增塑剂、亚磷酸三苯酯，可以改善加工性。PAR 与其他聚合物相容性差，因此掺混面很小。

①PAR 与 PC 共混合金：

回收塑料 PAR（粒径为 0.3 mm）——90 份　　低黏度 PC——10 份

SMI 原料——5 份　　　　　　　　　　ESBS——5 份

氢基硅油——2 份　　　　　　　　　　增容剂——1 份

这种配方产品为高透明外观，可注塑透明包装产品。

②PAR 就地改性配方：

PAR（粒径为 0.3 mm）——90 份　　　　W-400——3 份

大分子氟基偶联剂——1 份　　　　　　氯化石蜡——2 份

TLCP 回收塑料——10 份　　　　　　　亚磷酸三苯酯——0.3 份

这种配方材料的拉伸强度比纯料高 25%，MFR 提高了 27%，成本降低 20%。

③PAR/PET 共混合金：

回收塑料 PAR（粒径为 0.2 mm）——85 份　增容剂——3 份

纤维级 PET（IV 6 mL/g）——15 份　　　聚酰亚胺——2 份

这种配方合金耐热性为 180 ℃以上，可用于制备透明产品。

（四）PEEK 回收塑料的改性配方

PEEK 回收塑料属低熔点，阻燃性很好，为改善加工性常加入 PPS 和聚酰亚胺。双酚 A 二缩水甘油醚可作 PEEK 的增塑剂，52 号氯化石蜡有助于 PEEK 提高流动性。

①PEEK/PPS 的共混改性：

PEEK 回收塑料——90 份   双酚 A 二缩水甘油醚——1.5 份

PS（超流动塑料）——10 份   低分子聚酰胺蜡——5 份

550 偶联剂——0.5 份   氯硅氧烷——1 份

该配方改善了 PEEK 的加工性，又提高了耐热性，可替代纯的 PEEK。

②PEEK/LCP 的共混改性：

PEEK 回收塑料（粒径为 0.2 mm）——85 份 TLCP 回收塑料——15 份

低分子质量聚酰亚胺——5 份   甘油醚——3 份

该配方材料的伸长率由 48%下降到 2.5%，拉伸强度下降了 18%，MFR 提高了 20%。

③PEEK/PI 的共混改性：

回收 PEEK——70 份   低分子质量聚酰亚胺——5 份

回收 PI——30 份   钛酸酯偶联剂——1 份

PPS（低分子结构）——5 份   2246/氯化蜡——适量

该配方改善了 PEEK 的加工性，保持了阻燃性，可替代 PEEK 的非增强原料；耐高热，有良好的冲击强度。

（五）PI 回收塑料的自身改性

同 PPS 一样，PI 可划分为不熔性、可熔性、改性型 3 种。PI 不仅可与自系 PI 改性，还可以与许多其他聚合物掺混改性。但这些改性是有选择性的。PI 掺混偶联剂；酸酰亚胺共聚物，环氧己烷常作为助剂。不同 PI 回收塑料共混改性的目的和方法见表 3-23。

表 3-23 不同 PI 回收塑料共混改性的目的和方法

类别	组成	改性的目的	方法
加工类	TLCP/不熔 PI	PI（不熔性）/TLCP（8∶2）加工改性	熔融掺混
	PPS/不熔 PI	PI（不熔性）/TLCP（9∶2）加工改性	熔融掺混
	可熔 PI/不熔 PI	可熔 PI/不可熔（4∶6）加工改性	熔融掺混
功能类	可熔 PI/PEEK	改善双方的加工性、耐高热、阻燃性	熔融掺混
	可熔 PI/PSF	改善 PSF 的加工性、阻燃性、耐磨性	熔融掺混
	可熔 PI/F₄	改善 PI 的耐磨性、耐热性	增容掺混
	可熔 PI/有机硅	改善 PI 的耐磨性、冲击性能	增容掺混
	可熔 PI/PF	改善 PI 的加工性、降低成本	熔融掺混

续表

类别	组成	改性的目的	方法
抗冲类	可熔 PI/PC	改善 PI 的外观和冲击强度	熔融掺混
	可熔 PI/EP	改善 PI 的加工性、冲击强度	增容掺混
	可熔 PI/PET	改善 PI 的加工性、冲击强度	增容掺混
	改性 PI/PA	改善 PI 的加工性、冲击强度	熔融掺混
	改性 PI/PS	改善 PI 的加工性、PS 的冲击强度	SP-b-PI 增容
	改性 PI/PBI	改善 PI 的加工性、PBI 的耐热性	SP-b-PI 增容

下述为 3 种有代表性的配方：

不熔性 PI 回收塑料——80 份　　　　　LCP 回收塑料——15 份

酰胺蜡——5 份　　　　　　　　　　PPA——3 份

磺酰胺增塑剂——6 份　　　　　　　钛酸酯偶联剂——2 份

这种配方可使不熔 PI 的 MFR 达到 6.8 g/10 min 以上，拉伸强度提高 30%。

PI 回收塑料——80 份　　　　　　　PPS 回收塑料——20 份

增塑剂——7 份　　　　　　　　　　PPA——3 份

低分子质量聚酰胺——10 份　　　　钛酸酯——1.0 份

这种配方材料的 MFR 由 0 提高到 1.0 g/10 min，可制得耐热、耐磨材料。

PI 回收塑料——70 份　　　　　　　PA 膜回收塑料——30 份

EBS——1.5 份　　　　　　　　　　环氧己烷——0.5 份

PPA——3 份　　　　　　　　　　　成核剂——0.5 份

这种配方材料的 MFR 为 4.7 g/10 min，可制作高强丝、耐热管材。

（六）PPS 回收塑料的自身改性

PPS 很难熔融，但是超流动 PPS 可改善不流动 PPS 的流动性。除此以外，SMI、MLWPS、AMS、PPO，低分子量 PS、AS、ABS 都可以改善 PPS 的流动性。与 LCP 相似，PPS 的相容性也很广泛。PPS 除了可与 PTFE、PI、PEEK、LCP、PSF 相容，还可以与 PA、PPO、PS、PET、PBT、PPE、PP、有机硅相容。PPS 回收塑料虽然可分热塑型、热固型，但都有软化点。PPS 自身改性，可用 PI、PEEK、LCP、PSF 直接掺混。PPS 回收塑料加工常用硅烷、钛酸酯偶联剂和乙烯-甲基丙烯酸缩水甘油酯共聚物（EGMA）及 2246、硅油作增混剂。其掺混配方见表 3-24。

表 3-24　PPS 回收塑料的掺混配方及改性的目的

类别	掺混组成	配方及改性的目的	加工方法
加工类	TLCP/PPS	PPS 95 份、TLCP 5 份，改善加工流动性	熔融掺混
	SMI/PPS	PPS 90 份、SMI 10 份，改善加工流动性	熔融掺混
	PS/PPS	PPS 70 份、PS 30 份，冲击强度提高约 1 倍	熔融掺混
	PA/PPS	PA 60 份、PPS 40 份，冲击强度提高 5 倍	熔融掺混
	ABS/PPS	ABS 10 份、PPS 90 份，冲击强度提高 3 倍	熔融掺混
	PC/PPS	PC 50 份、PPS 50 份，冲击强度提高 2 倍	熔融掺混
	PSF/PPS	PSF 20 份、PPS 80 份，抗冲击、加工性好	熔融掺混
	PPO/PPS	PPO 30 份、PPS 70 份，抗冲击、加工性好	熔融掺混
	PASS/PPS	PASS 20 份、PPS 80 份，抗冲击、加工性好	熔融掺混
	PI/PPS	改善 PI 的加工性、PPS 的冲击强度	熔融掺混
	PES-C/PPS	PES-C 30 份、PPS 70 份，改善加工性好	熔融掺混
	PPS/EGMA	PPS 70 份、EGMA 20 份、SI 10 份，改善加工性好	熔融掺混

除表 3-24 中的配方外，PE、PP、PET、PBT、F_4、PHSA、PEEK、PEE，也可以与 PPS 掺混，但这些掺混对增容剂有一定依赖性。

（七）PSF、PES 废旧塑料的自身改性

PSF 可分为 4 种结构，但它们的逆塑性也不佳。PSF、PES 也可以通过与 TLCP、PPS、PA、ABS、PC、PMMA 进行掺混改性。特别是 PPS 对 PSF、PES 降黏、促流动改性很有效。有资料表明 PSF、ABS、PA_{12} 按 35/65/5（份）掺混效果很好，而 PSF/ABS/烷基苯二苯磷酸盐三元掺混，经济实用，效果较好。

①PSF 的自身改性实例：

PSF 回收塑料（粉状）——80 份　　　　低分子 PPS——30 份

增塑剂——3 份　　　　褐煤蜡——1.2 份

偶联剂——2.0 份　　　　低分子 PA——5 份

这种配方材料的冲击强度比纯 PSF 高 28%，可以挤出成型。

PSF 回收塑料（粉状）——70 份　　　　PPS（低黏度）——10 份

低分子 PA——5 份　　　　ABS（高胶型）——15 份

偶联剂（硅烷）——0.5 份　　　　烷基苯二苯硫酸盐——0.5 份

增塑剂——3 份　　　　氯化石蜡——1.5 份

这种配方加入稳定剂，其配料的冲击强度高于 PSF 的 2 倍。

PSF 回收塑料（粉状）——85 份　　　PC 光盘回收塑料——15 份

EMAA——5 份　　　　　　　　　　氧化蜡——2 份

PA-12——3 份　　　　　　　　　　偶联剂——适量

这种配方流动性较为稳定，可注塑，其产品的冲击强度比纯料高 20%。

②PES 的自身改性：

PES 回收塑料——80 份　　　　　　PES-G——5 份

PPS 回收塑料——15 份　　　　　　钛酸酯——1 份

二辛酯/二丁酯——3 份　　　　　　褐煤蜡——1.5 份

这种配方可注塑，具备较好的流动性。

（八）不熔、不容回收塑料对其他塑料的改性实例

不熔、不容废旧塑料回收物，通过添加第二组分，虽然可以制备出卓越的工程塑料，但它很难达到专用产品的要求，如果进入市场就会碰到价格下降的问题，更何况工程塑料对产品的要求苛刻。但将这些回收量并不大的废旧料作为低价回收塑料或原料的改性添加剂，其供应量、性价比和产品都是高质量和高效益的。不熔塑料回收价与原生塑料价格相差都在 50% 以上，因此它在通用工程塑料改性中优势更大。

1. UHMWPE 回收塑料的改性作用

UHMWPE 的特点是高模量、高韧性、高耐磨性、自润性和耐腐蚀，但它不耐热、难加工。将 UHMWPE 与 PP、PA 掺混可以得到高耐磨、高力学性能的专用料。例如，矿用排风管、输送料管、化工容器、耐溶剂管道，可替代 F_4、纯 UHMWPE，而成本仅为纯原生料的 75% 左右。

UHMWPE 回收塑料对 PP 的改性：PP 可以分散 UHMWPE 的相对分子质量，而其又成为 UHMWPE 掺混体系的分子链。例如，PP 与 PE 以 5/95（份）掺混，复合 PP 的抗冲击性能提高了 80%、伸长率增加了 135% 就是最好的说明。UHMWPE 与回收塑料 PP 掺混遵循的就是这一原理。在掺混结构中，UHMWPE 不仅为 PP 提供了抗冲击性能，还提高了 PP 的柔韧性，特别是拉伸强度上升 2 倍，耐磨性、刚性、抗环境开裂性上升，这些是其他 PE 难以比拟的。而 UHMWPE 回收塑料的低价格又是极有竞争力的。

①回收塑料的选择：给 PP 中添加 UHMWPE 时，PP 可以是共聚原生塑料，也可以是共聚回收塑料，但 UHMWPE 必须是回收塑料。

②材料预处理：首先应将 UHMWPE 分选、净化，研磨成 0.5 mm 以下的粉

粒，然后与偶联剂、助剂掺混，最后再与 PP 按配方预混、造粒，在双螺杆挤出机中挤出或直接成型。

③UHMWPE 的预制配方：

回收塑料（粒径为 0.5 mm）——100 份　　　硬脂酸钠——1.5 份

FA-1——2 份　　　乙醇单丁醚油酸酯——2~3 份

低分子聚乙烯蜡——1.2 份　　　偶联剂 A-1120——0.5 份

含氢硅油——0.5 份　　　1096/770 抗氧剂——适量

将上述配方按先加偶联剂，停机 10 min，再加其他助剂，在 120 ℃ 条件下捏合后放出，冷至室温备用。

④掺混造粒：

PP（原生塑料、回收塑料不限，但粒径不大于 3 mm）——100 份

UHMWPE 预制料——15~30 份　　　白油——200 mL

南大 821——1 份

在高速捏合机中保持 80 ℃ 混合后即可造粒，造粒温度为 180~205 ℃。该料可用于制作化工输液和热水管、矿井通风管、送料管和耐磨板材。强度比 PP 高 1 倍，伸长率高 2 倍。

UHMWPE 对 PA 的添加改性：UHMWPF 首先克服了 PA 易水解性，其次提高了 PA 的拉伸强度，最后提高了 PA 的冲击强度（3 倍左右）。UHMWPE 与 PA6 的共混改性结果见表 3-25。

表 3-25　UHMWPE/PA6 的共混改性结果

项目	数值	比较	项目	数值	比较
拉伸强度/MPa	43.56	提高	弯曲强度/MPa	117.6	提高
冲击强度/kJ·m^{-2}	14.55	提高	维卡软化点/℃	210	提高
伸长率（%）	35	降低	硬度/D	117	提高

材料选择：PA 可以是原生塑料，也可以是回收塑料，但 UHMWPE 必须是回收塑料。在该配方中应加入增容剂（PUR-1、POES），偶联剂（氧化锌和酰胺蜡）及抗氧剂。硬脂酸酰胺是有效的抗黏剂。

配方设计：

PA-6（粒径<10 mm）——90 份　　　PUR-J——10 份

UHMWPE 回收塑料（粒径为 0.5 mm）——3 份　　POE8150——3 份

PPA——1.5 份　　　　　　　　　　氧化锌——1.2 份

偶联剂——0.5 份　　　　　　　　　酰胺蜡——1.5 份

白油——500 mL　　　　　　　　　抗氧剂——适量

该配方可将 PA/UHMWPE/POE 一次投料，加上偶联剂混合 20 min，停机 10 min，再加入其他助剂混合，最后造粒。

UHMWPE 对 LCP 的掺混改性：LCP 流速大，不能成胶态流体（液状出料），加入 UHMWPE 回收塑料 15 份后即可改变 LCP 的流动性，而且提高了 LCP 的伸长率和耐磨性。这一配方重要的改性是改善 LCP 流动态，因此应加入滑石粉。

材料的选择：无论是 LCP 为原生塑料还是回收塑料，UHMWPE 必须是回收塑料。为了促进掺混，应加入聚硅氧烷和丙烯酸改性剂，增加滑石粉有稠化 LCP 液相凝浆和成核的作用。

配方设计：

LCP 回收塑料（0.3 mm 粉粒）——70 份　　　EVA（VA 26%）——5 份

UHMWPE 回收塑料——20 份　　　　　　　偶联剂——0.5 份

5000 目滑石粉——5 份　　　　　　　　　抗氧剂——适量

加工方法：将配方按先偶联（LCP/UHMWPE/滑石粉/EVA 与 A-174）后添加其他助剂，在高速捏合机中恒温 100 ℃预混后，在 65 双螺杆造粒机中造粒。造粒温度：175 ℃—180 ℃—240 ℃—280 ℃—240 ℃—190 ℃—160 ℃。

2. PTFE 回收塑料的改性作用

PTFE 有耐热、耐磨、阻燃、自润性、耐腐蚀的五大特点，但也有低强度、低硬度、不抗蠕变和不溶、不熔的缺点。PTFE 可以与 LCP、PPS、PI、PSF 等掺混改性，可提高其他回收塑料的耐热、阻燃、耐磨性能。其中最值得一提的是 PTFE 与 PPS、PI、PSF 的改性。在改性中，PTFE 均相分散在其他塑料分子链之间，形成无规嵌段，并使其他塑料产生了特殊功能。但是 PTFE 与其他塑料的相容性不佳，常需要加入增容组分。其中 PFA、FEP、EPE 与钛酸酯偶联剂是常用的增容剂。低相对分子质量聚三氟氯乙烯与低相对分子质量聚酰胺都是 PTFE 的加工改性剂。

①PTFE 回收塑料对 PPS 的耐磨改性配方实例：

PPS 回收塑料（粒径为 0.3 mm）——80 份

PTFE 回收塑料（粉体）——20 份

EFA 四氟/全氟烷基共聚酯——10 份　　　　　钛酸酯—1.0 份

氯化石蜡——1.5 份　　　　　　　　　　　　FW-4——1.0 份

②PTFE 回收塑料改性用于滑轮的配方：

PTFE 回收塑料（粒径为 0.3 mm）——15 份

PPS 回收塑料（含纤维）——8 份

四全氟烷基乙酯物——5 份　　　　　　　　　硅烷 401——0.5 份

酰胺蜡——2 份　　　　　　　　　　　　　　褐煤蜡——0.8 份

该配方材料的膨胀系数小，可制作滑轮等产品。

③提高耐磨性的产品配方：

PTFE 回收塑料（粒径为 0.3 mm）——10 份　　聚苯硫醚——70 份

四全氟烷基乙酯物——4 份　　　　　　　　　磷酸钾——16 份

钛酸酯——1.0 份　　　　　　　　　　　　　酰胺蜡——2 份

该配方可用于制作轴承套，承受 250~270 ℃的温度不变形。

④PTFE 对 PI 的添加改性：

PTFE（粒径为 0.3 mm）——10 份　　　　　　可熔性 PI 回收塑料——70 份

LCP（粒径为 0.5 mm）——10 份　　　　　　硅烷偶联剂——0.5 份

硅油——0.5 份　　　　　　　　　　　　　　其他助剂——适量

该配方可用于制备阻燃、耐磨板材。

3. PPS 回收塑料对其他回收塑料的改性

PPS 有耐热、高强度、阻燃、导电、抗老化的五大特点，但也有脆化度高、韧性差的缺点。PPS 除了能使 F₄、PI、PEEK、PSF 增流动改性外，还能使 PS、ABS、PPO、PA、PE、PP、PET、PBT、PC 功能改性。

①PPS 对 PS、ABS、AS 的添加改性：PPS 添加到 PS、ABS、AS 中都能提高这些回收塑料的拉伸强度、冲击强度、耐热性，并使这些回收塑料的阻燃性提高。

PPS/PS 掺混（20/80），可耐热 85 ℃，冲击强度为 53.9 J/m²。

PPS/AS 掺混（60/40），可耐热 98 ℃，冲击强度为 20.6 J/m²。

PPS/ABS 掺混（20/80），可耐热 97 ℃，冲击强度为 218.5 J/m²。

在该配方中加入大分子钛酸酯和 SEBS，冲击强度更高。该配方为直接掺混配方，但粒径要小于 0.5 mm。

②PPS 对 PA6、PA66、PA612 的添加改性：PA 有强韧性，但刚性、耐热性、抗水解性、阻燃性不佳。如果给 PA 回收塑料中加入 10~20 份回收 PPS，则性能大有改变。如果加入 SEBS 或聚酸酰亚胺，力学性能会更好。

PPS 回收塑料——20 份　　　　　　PA66 回收塑料——80 份

酸酰亚胺——5 份　　　　　　　　　PPS-b-PA——1 份

该配方材料的缺口冲击强度为 14.2 kJ/m²，耐热性提高了 40%。

③PPS 回收塑料对 PC 的添加改性：PPS 加到 PC 中会产生较高的力学强度和耐热性、阻燃性。PC 对 PPS 的基质降解还改善了 PPS 的高黏度问题。

PPS 回收塑料——40 份　　　　　　PC 回收塑料——60 份

偶联剂——0.5 份　　　　　　　　　十八烷醇——0.5 份

该配方复合料的拉伸强度为 62 MPa，冲击强度为 52.9 J/m²，抗变形温度为 138 ℃。该配方也是直接掺混。

④PPS 对 PPO 的添加改性：PPO 独立加工，不仅容易出现气泡、粗皮，而且熔体易破裂。PPS 的加入可解决这些问题。PPO/PPS 掺混可在 240~280 ℃范围内成型，而且 PPO 的耐热性与阻燃性得到提高。

PPS 回收塑料——30 份　　　　　　PPO——70 份

偶联剂——0.5 份　　　　　　　　　褐煤蜡——1.0 份

该复合料的阻燃性提高了 30%，加工温度下降了 70℃，气泡消失。

⑤PPS 对 PSF 的改性：PPS 添加到 PSF 中，除了改善 PSF 的加工性外，还可以提高 PSF 的弯曲强度、拉伸弹性模量。

PPS 回收塑料——20 份　　　　　　PSF——80 份

热稳定剂——1.0 份　　　　　　　　LMWPS——3 份

钛酸酯——1.0 份　　　　　　　　　氯化石蜡——1.2 份

该配方材料有良好的阻燃性、耐热性、刚性，并且易加工。

⑥PPS 对 PP 的添加改性：

PPS 回收塑料——30~60 份　　　　玻璃纤维或碳纤维——10~40 份

回收 PP 塑料——5~15 份　　　　　偶联剂 401——1.0 份

CPP——5~15 份　　　　　　　　　金属皂等助剂——适量

该复合料可制成耐热用产品，如板条、托盘等。

⑦PPS 对硅酮橡胶的改性：

PPS 回收塑料——40~80 份　　　　硅酮橡胶——20~60 份

胺类抗氧剂——适量　　　　　　　　偶联剂——适量

该配方所制产品可耐热 210~240 ℃，耐磨性优良，可注塑成型，可制成汽车用塑料配件。

⑧PPS 对 PI 的添加改性：PPS 能改善 PI 的流动性，能保持 PI 的耐热、电气绝缘性，提高 PI 的耐磨性，可制轴套、轴承等产品，而且 PPS 与 PI 还可以直接混容。但当 PI 结构不同时，PPS 用量也不同。PPS 回收塑料与 PI 的共混效果见表 3-26。

表 3-26　PPS 回收塑料与 PI 的共混效果

PI 回收塑料类型	不熔 PI 100	可熔 PI 100	改性 PI 100
PPS（注塑物）	100 份	25 份	20 份
低分子 PA	5 份	3 份	5 份
效果	提高流动性	增加阻燃性	提高耐热性

4. PI 回收塑料对其他回收塑料的添加改性

PI 不仅有高耐热性、阻燃性、阻隔性、绝缘性、导电性好的特点，而且它可以与 LCP、PPS、PEEK、PTFE、PSF、SI、PF、EP、PA、PC、PA、PET 相容。它是在塑料回收中发现的仅次于 LCP、PPS 的第 3 种改性材料。PI 除了与 LCP、PPS、低分子酸酰亚胺能形成对自身的改性，还是 PEEK/PPS、PPS/PES、PSF 掺混的增容剂。而人们更看重的是 PI 对 PA、PC、PET 的改性。

①PI 回收塑料与 PA 的掺混改性：PA 虽有强韧性，但耐热、阻燃、阻隔、绝缘、导电性不及 PI。由于 PI 与 PA 有结构上的相容性，因而可以制备合金。PI 与 PA 掺混，可提高 PA 的综合性能，同时也改善了 PI 的加工性。为了优化混合加工性，可选硅烷、酰胺蜡、硅油作为助剂。N-乙基-邻对甲基苯磺酰胺、聚乙二醇、环氧己烷都有改善掺混加工性能的作用。

配方实例：

PI 可熔性回收塑料——20 份　　　　　　PA-6 或 PA612——80 份

偶联剂 KHT105——0.5 份　　　　　　　对甲基苯磺酰胺——3 份

PPA——3 份　　　　　　　　　　　　　EBS——1.5 份

氧化锌——1.0 份　　　　　　　　　　　其他助剂——适量

该配方可用于制备汽车刹汽管、高强尼龙丝，拉伸强度高于 PA18%，用于电缆护套时的阻燃性极好。

②PI 回收塑料与 PEEK 的掺混改性：PI 与 PEEK 掺混可提高 PEEK 的加工性，并有利于保持 PEEK 的力学强度和阻燃性。但主要目的是改善 PEEK 的加工性。

配方实例：

PI 回收塑料——20 份　　　　　　LMWPS——5 份

PEEK 回收塑料——75 份　　　　　硅油——0.5 份

MOS_2（金属硫化物）——3 份　　偶联剂——适量

该配方既改善了 PEEK 的加工性、抗磨性、阻燃性、耐热性又远高于 PEEK。这一配方同时适用于 PI/PES 掺混。

③PI 与 PPS 的掺混改性：PPS 有脆性弱点，加入 PI 与 PA 后可改性，在不影响 PPS 强度时，还有尺寸稳定、容易上染、强化阻隔的优点。

配方实例：

PI 回收塑料——5～10 份　　　　　PPS——90～95 份

PPE——5 份　　　　　　　　　　 PPS-b-PI——1～2 份

该配方主要用于汽车外用装饰材料，在建筑与电工方面也有应用。

④PI 与 PC 的掺混改性：PC 有表面硬度低、易老化、耐热不足的弱点，加入 PI 后则可得到改善。PC 与 PI 相容性差，因此要加入 EMAA。

配方实例：

可熔 PI（粉状）回收塑料——20 份　　PC（CD）回收塑料——75 份

EMAA 或 AT 助剂——3 份　　　　　　增塑成核剂——3 份

偶联剂——适量　　　　　　　　　　　酰胺蜡——1 份

该配方可提高 PC 的力学性能，克服表面发毛不足，延长老化寿命、增加耐热性，并得到高抗冲击的 PC 合金，是车船部件替代材料。

⑤PI 回收塑料与 PET 的掺混改性：PI 的耐热、强度有利于对 PET 进行改性，而且 PET 的不耐沸水性也有改善。PI 特别对 PET、PBT 复合料的改性，使其耐热性、耐磨性、阻燃性得到提高。PI 与 PET 相容性差，可用 LCP、EMA 等作为增容剂。

配方实例：

PI（可熔性回收塑料）——25～30 份　　PET/PBT 回收塑料——75 份

EMA 或 LCP——5 份　　　　　　　　　偶联剂——适量

该复合料可原位使用，比 PET/PBT 耐热高 15 ℃。

5. PES 回收塑料与其他废旧塑料的掺混改性

PES 有耐热、阻燃、化学稳定性、抗蠕变性、低收缩的特点。PES 回收塑料很少有纯品质量，含纤是它的结构特征。PES 可与 LCP、PPS、PI 相容改性。当它含纤后，可作为其他回收塑料的增强剂。

①PES 对 PPS 回收塑料的掺混改性：当含纤维的 PES 与 PPS 掺混时，对 PPS 实际是增强改性，但这一配方往往需要增容改性。其中 PI 是最好的增容助剂。

配方实例：

PES 回收塑料——15 份　　　　　低黏度 PI 原生塑料——5 份

PPS 回收塑料——75 份　　　　　LMWPS 助剂——10 份

偶联剂——1.0 份　　　　　　　增塑剂——3 份

该配方既改善了 PPS 的加工性，又改善了 PPS 的抗蠕变性。该配方同时适用于 PI 的应用市场。

②PES 的三元交联改性：将 PES/PI/PEEK 配混可得到 PEEK 的交联复合物。与纯 PEEK 比较，其耐热、阻燃、强度都得到提高。

配方实例：

PES 回收塑料——10 份　　　　　PI（低黏度）——5 份

PEEK 回收塑料——80 份　　　　　LMWPS（液状）——5 份

该配方可获得良好的流动性，又保持了强度、阻燃性。

③PSF 回收塑料与 PPS 的掺混改性：将 PSF 添加到 PPS 回收塑料中，可以提高 PPS 的弯曲强度、拉伸强度、模量，又有良好的加工性。测试表明 PSF 与 PPS 掺混，PPS 的冲击强度可提高 5 倍，弯曲强度提高 7 倍。

配方实例：

PSF 回收塑料——30 份　　　　　PPS 回收塑料——65 份

低分子 F_4 粉——5 份　　　　　其他助剂——适量

该配方可达到 PPS/GF 复混料的标准。

6. PEEK 料与其他回收塑料的掺混改性

PEEK 有耐热、耐蒸汽、阻燃、电性能好的优点。特别是含纤维的回收塑料耐热、阻燃性更好，但加工性能不好。LCP、PPS、PI 都可以改善 PEEK 的加工性，换而言之，PEEK 也能使这些回收塑料改性。有意义的是，PEEK 含纤维回收塑料不仅能改善 LCP、PPS、PI 的力学性能，还能改善 PSF、PES 的性能。其中，树脂回收塑料中的 GF 也能替代新的 GF，其多组分作用使 PEEK 有多功能的效果。

①PEEK 添加 LCP 的作用：PEEK 与 LCP 共混，可改善 LCP 成胶性，改善 LCP 挤出中的流淌问题，并使 LCP 力学强度、阻燃性得以提高，实现了 LCP 的熔融回收。

②PEEK 添加 PPS 的作用：PEEK 的高耐热、抗冲击性能可改善 PPS 的脆性与耐热性，并提高了 PPS 的介电能力。

③PEEK 回收塑料与 PES 的掺混改性：PEEK 与 PES 掺混，改善了 PES 的刚性、强度。实际上此过程中的 PEEK 还替代了玻璃纤维，但该配方仍然要用 PI。为增加 PES 的强度，还可以加入乙烯/甲基丙烯酸缩水甘油酯共聚物（EGMA）、高分子硅油。

四、易热降解废旧塑料的回收改性

与难容、难熔废旧塑料比较，易热降解废旧塑料的难逆塑与其相对分子质量高低没有直接关系，但与其化学结构有关系。这些废旧塑料极其类似 PVC，由于软化点与分解点很接近，因此表现出了易热降解的加工特点。

（一）易热降解回收塑料的自身改性

易热降解回收塑料可以通过细化粒径、添加增塑剂、偶联剂、抗黏剂进行改性，预混料可与原生料配方就地掺混。

1. PMMA 的自身改性

PMMA 是高透明聚合物，在掺混中，变色成了最棘手的问题，但是加入 SMI、MBS 可以提高透明度。PMMA 可用的增塑剂很多，如 DOP、DBP、DIOS、DIOA、610 酯。其中 DIOA、610 酯较好。PMMA 可用的偶联剂主要是硅烷，如 A-1100、A-174、甲基含氢硅油。抗氧剂主要是 PL-40 等。给 PMMA 加入透明剂可保持透明性不变；加入增塑剂、偶联剂能抗热分解；加入抗氧剂能防止热降解。

①PMMA 浇注回收塑料的就地掺混：

回收塑料（粒径为 0.2 mm）——100 份　偶联剂 A-1100——0.5 份

610 酯——3~5 份　　　　　　　　　硅油——0.5 份

该配方第一步是将片料在优氯净水液中沸煮 5 min 晾干再磨粉，这样可净化掉污色体；第二步是偶联活化表面；第三步是加入 610 酯及硅油捏合，预混料可与原生料掺混。

②PMMA 透明板回收塑料改性实例：

回收塑料（粒径为 0.2 mm）——100 份　偶联剂 A1100——0.5 份

DIOA 透明增塑剂——5 份　　　　　含氢硅油——1 份

甲基丙烯酸丁酯——0.5 份　　　　荧光增白剂——35 g

操作办法同上。

③PMMA 阻燃回收塑料改性实例：该回收塑料可用 610 酯、A-174、甲基硅油、亚磷酸三苯酯处理。并按表 3-27 所列配方配混后再与溶浆配混。

表 3-27 PMMA 阻燃回收塑料改性配方 　　　　　单位：份

配方特点	PMMA	SnCl$_4$	SbBr	610 酯
透明级	90	5	3	2.5
半透明级	100	3	2	1.52
一般透明	92	3	2	3

2. PAR 的自身改性

①PAR 回收塑料因软化点接近分解点故而熔体易破裂，因此要加入热稳定剂。PAR 所用的热稳定剂主要是马来酸二正丁酯（DBM）、偏苯三酸三异辛酯、氢化蓖麻油、高沸点石蜡、亚磷酸三苯酯。

②配方实例：

PAR 回收塑料（粒径为 0.3 mm）——100 份　　　　硅烷偶联剂 1120——0.5 份

DBM 增塑剂——3 份　　　　　　　　　　　　　亚磷酸三苯酯——0.3 份

PA-3 蜡——1.5 份　　　　　　　　　　　　　　硅油（氢基物）——0.3 份

先预处理回收塑料，再与原生料掺混。

3. PVDC 的自身加工改性

①与 PAR 相同，赛纶也属易分解塑料，但 PVDC 加偏氯乙烯共聚物、EVA/VDC 共聚物、EVC、二苯基乙基醚、乙-氧-5-氯二苯甲醇及环氧大豆油就可以改善热分解。PVDC 不能与 PE 掺混，使用时应严格分类。

②配方实例：

PVDC 回收塑料（粒径为 0.7 mm）——100 份　　　EVC——10 份

二苯基乙基醚乙-氧-5-氯二苯甲醇——3 份　　　　二苯乙基醚——6 份

环氧大豆油——1.0 份　　　　　　　　　　　　A-1100 偶联剂——0.5 份

预混料可与原生料配方掺混，具有阻隔性能和导电性。

（二）热降解回收塑料对其他回收塑料的添加改性

热降解塑料在相容与外观相似的基础上，只需简单细化、加入偶联剂后，就可以对其他废旧塑料进行改性。例如，PMMA 对 PVC、PC、PP、SMI 可以起外观改性的作用；PVDC 可对 PVC、PA、PP、PET 起导电改性作用；PAR 对 LCP 又能起软化透明改性作用。

1. PMMA 对其他回收塑料的改性

PMMA 可以与 PVC、PC 掺混；PMMA 还可以与 SMI、PS、PF、PP 掺混，除了改善外观，还可以提高耐候性、强度、尺寸稳定性。

PMMA 5 份/PVC 95 份、偶联剂 A-1100 0.3 份，可提高 PVC 表面光泽度、耐候性。

PMMA 10 份/PC 回收塑料 90 份、偶联剂 0.3 份、成核剂适量，可制成多彩工艺塑料。

PMMA 15 份/SMI 85 份、偶联剂 0.5 份，可制成高强度、透明专用料。

PMMA 10 份/PS 90 份、PS-b-PMMA 1.5 份，可制成透明、抗冲击 PS 专用料。

PMMA 10 份、PF 树脂 90 份、PMMA-y-PF 3 份，制成可塑 PF 料。

PMMA 10 份、EPDM/PP 90 份、PMMA-γ EPDM 3 份，制成抗冲击、高光泽 PP。

2. PVDC 对其他回收塑料的改性

PVDC 作为导电、阻隔功能料与 PVC、PA、PP、PET 掺混，可制成功能专用塑料。制成的导电膜可用于防尘包装，是有前景的合金料。

PVDC 60 份、导电助剂 20 份、SPVC 50 份，可制成导电膜。

PVDC 40 份、导电助剂 10 份、MPP 70 份，可制成导电丝。

PVDC 30 份、PA 70 份，可制成阻隔容器专用料，用于化工包装。

PVDC 15 份、PET 85 份，可制成高强、防尘丝专用料。

PVDC 50 份、聚偏氯乙烯 50 份、EVC 10 份，可制成防尘膜。

（三）其他废旧塑料回收物的改性

其他废旧塑料多为高填充专用型结构，因此只能按其专用功能利用。而这些回收塑料也应细化粒径。

①聚吡咯回收塑料的利用（PPY）：聚吡咯常以复合物提供，它是高导电材料。

PPY 很难自身逆塑，因此要加入弹性体，这样就可以保持导电性能。PPY 的二次再生如何设计配方与它的原料初配方有关。

PPY/PVC 回收塑料的二次加工配方：回收塑料 60 份、五氟化硼 10 份、TPVC 30 份、EVC 10 份，复合造粒。

PPY/PI 回收塑料的二次加工配方：回收塑料 60 份、可容 PI 40 份、EMA

5份，复合造粒。

PPY/PVA回收塑料的二次加工改性：回收塑料50份、EVA（VA 40%）40份、五氟化硼10份，复合造粒。

PPY/PP回收塑料的二次加工改性：回收塑料60份、CPP 10份、MPP 50份、导电剂5份，复合造粒。

②聚苯胺回收塑料的改性（PAN）：聚苯胺有极好的导电性，回收塑料不需要繁杂的凝胶工艺，导电性非常高，并能与通用热塑性塑料复合成专用料。

PAN回收塑料50份、SPVC 30份、偏氯乙烯20份，可制成导电膜。

PAN回收塑料40份、PC 60份、EMAA 10份，可制成导电管材。

PAN回收塑料50份、PI 20份、PA 30份，可制成导电丝。

PAN回收塑料60份、ABS 40份、CPE 10份，可制成导电板材。

③形状记忆塑料回收物的改性（SMR）：形状记忆塑料（SMR）回收物主要有TPU、EP、反式1,4-聚异戊二烯（TRI）、丁苯共聚物。它们是热固、交联回收塑料重要的逆塑改性剂。除此之外还有弹性聚氨酯。

热固性回收塑料加入SMR可以提高掺混黏度。例如，TPU对SMC、AFPF就有这种作用。EP中加入少量SMC、PF、AF也有增黏作用。

交联回收塑料加入SMR可以提高流动性。例如，TRI对PVC、PO，丁苯共聚物对PS、ABS、PPO、PPS就有解交联作用。

总体上看，任何聚合物只要它们有聚合性能就可以采用细化粒径与增容扩链方法对其回收利用。在高性能回收塑料改性中，除了TKP、PPS、PI之外，SMI、聚丁二烯、SMR都是有可逆改性的改善加工助剂；另外，氯乙烯与偏氯乙烯共聚物（VDC/VC）也能用于PPO、PPS、PMMA、SMC掺混；而EMA、EEA、EBA又可以作为PMMA、PI、PPO、PPS与PC、PE、PP、PS、PA、PET、ABS掺混的扩链剂。其中EBA在交联PE、PP、PS、PA、PET中占有重要的地位。但应注意的是，细化粒径与降熔、增塑是高性能废旧塑料、热固性废旧塑料和交联型回收塑料二次回收的必然需要。

第四章 废旧塑料的裂解转化利用技术

第一节 废旧塑料裂解产油技术

燃料油是相对分子质量在 100~500 的混合烃，塑料是相对分子质量在 10^4~10^7 的聚合物。两者的最基本的元素皆为 C、H。以废旧塑料为原料，通过热裂解、催化裂解等手段生产车用汽油及柴油是废旧塑料回收利用的重要途径之一。比较典型的有德国的 Veba 法、英国的 BP 法和日本的富士回收法等，规模都较大并已进入了商业化阶段。我国对此技术的研究推广已有 10 余年的历史，目前在工业生产中主要存在油品收率偏低、油品质量个别指标不合格、工业化连续进出料系统不完善及用废旧塑料制取汽油、柴油方面对催化剂研究较为缺乏等问题。

一、废旧塑料裂解油化工艺的分类

废旧塑料裂解油化工艺因设备形式不同主要可分为 4 类：槽式法、管式炉法、流化床法、催化法。此外，还有螺杆式、熔盐法和加氢法。不同的方法可用于不同塑料品种的热裂解回收，所得的裂解产物以油类为主，其次是部分可以利用的燃料气、残渣、废气等。各种热分解工艺根据各自的处理需要有粉碎、筛选、干燥、溶解（熔融）、分解、回收、气体净化、水处理及焚烧等工序。废旧塑料油化工艺中各方法的比较见表 4-1。

表 4-1 废旧塑料油化工艺中各方法的比较

方法	原料种类	反应温度/℃	特点		优点	缺点	催化剂	产物特征
			熔融	分解				
槽式法	PE、PP、PS	310	外部加热或不加热	外部加热	技术较简单	加热设备和分解炉大；传热面易结焦；因废旧塑料熔融量大，紧急停车困难	ZSM-5 等	轻质油、气（残渣）

方法	原料种类	反应温度/℃	特点		优点	缺点	催化剂	产物特征
			熔融	分解				
管式炉法	PE、PP、PS、PU、PVC、PMMA	400~500	用重质油溶解或分散	外部加热	加热均匀；油回收率高；分解条件易调节	易在管内结焦；需均质原料	AlCl₃、ZrCl₄ 等	油、废气
流化床法	聚烯烃、PS、PET	400~600	不需要	内部加热（部分燃烧）	不需熔融；分解速度快；热效率高；容易大型化	分解生成物中含有机氧化物，但可回收其中馏分	无	油、废气
催化法	PE、PP、PS、PVC 等	300~450	外部加热	外部加热（用催化剂）	分解温度低，结焦少；气体生成率低	炉与加热设备大；难以处理PVC塑料；应控制异物混入	各种类型催化剂	汽油、燃料油

（一）槽式法油化工艺

目前，槽式法油化工艺有聚合浴法（川崎重工）和分解槽法（三菱重工）2 种，它们的设计原理完全相同。槽式法的热分解与蒸馏工艺比较相似，加入槽内的废旧塑料在开始阶段受到急剧分解，但在蒸发温度达到一定的蒸气压以前，生成物不能从槽内馏出。因此，在达到可以馏出的低分子油分以前先在槽内回流，在馏出口充满挥发组分，待以后排出槽外。然后经冷却、分离工序，将回收的油分放入储槽，气体则供作燃料用。槽式法的油回收率为 57%~78%。槽式法中应注意部分可燃馏分不得混入空气，严防爆炸。另外，因采用外部加热，加热管表面有炭析出，需定时清除，以免降低导热性能。

在此，以三菱重工的分解槽油化工艺为例分析其工艺流程。先将废旧塑料破碎成一定尺寸的小块，干燥后由料斗送入熔融槽（300~350 ℃）熔融，再送入400~500 ℃的分解槽进行缓慢热分解。各槽均靠热风加热。焦油状或蜡状高沸点物质在冷凝器冷凝分离后需返回分解槽内，再经加热分解成低分子物质。低沸点成分的蒸气在冷凝器中分离成冷凝液和不凝性气体，冷凝液再经过油水分离器分离可回收油类。这种油黏度低，发热量高，凝固点在 0 ℃以下，但沸点范围广，着火点极低，是一种优质燃烧油，使用时最好能去除低沸点成分。不凝性气态化合物经吸收塔除去氯化氢后可作燃料气使用。所回收油和气的一部分可用作各槽热风加热的能源。

该系统中的分解槽如图 4-1 所示。槽的上部设有回流区，此处温度为 200 ℃左右，备有热分解产物的内回流装置。废料从料斗进入热分解室，热分解产物在类似于蒸馏塔盘的托盘式容器中形成气液接触，然后经过冷却区，靠气体冷却管使其保持在所需温度。重质产物冷凝后落到托盘上，与上升的气体接触后经过分解区。部分生成物燃烧产生高温气体，可用于分解槽加热，而分解槽排出的废气则可在熔融和干燥过程中加以利用。一般情况下，槽式法油化工艺适用于聚乙烯、无规聚丙烯、聚丙烯、聚苯乙烯。

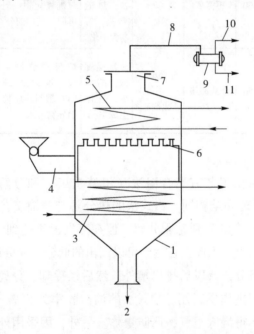

1—热分解室；2—残渣排出口；3—加热器；4—料斗；5—冷却管；6—托盘式容器；
7—油气出口；8—油气管；9—冷凝管；10—分解气；11—分解油

图 4-1　槽式法油化工艺的热解反应器

（二）管式炉法油化工艺

管式炉法也可称为管式法，所用的反应器有管式蒸馏器、螺旋式炉、空管式炉、填料管式炉等。与槽式反应器一样，都属于外热式，需要大量加热用燃料。管式法中螺旋式工艺所得油的回收率为 51%～66%。管式法油化工艺要求原料均匀单一，易于制成液状单体的聚苯乙烯、无规聚丙烯（APP）和聚甲基丙烯酸甲酯。可以说它比槽式法的操作工艺范围宽，收率较高。在管式法工艺操作中，如果在高温下缩短废旧塑料在反应管内的停留时间，以提高处理量，则塑料的汽化和炭化比例将增加，油的收率将降低。在500~550 ℃分解，以聚烯烃为原料，可得到15%（体积分数）左右的气体；以PS为原料，则可得到1.2%（质量分数）的挥发组分，但残渣多达14%（质量分数），这是由物料在反应管内停留时间短，热分解反应不充分造成的。

（三）流化床法油化工艺

利用流化床法反应器进行废旧塑料油化的有住友重机和德国汉堡大学等单位。在此，对汉堡大学的流化床热分解工艺流程进行具体分析。将废旧塑料破碎成5~20 mm的小块加入流化床分解炉，同时使用0.3 mm沙子等固体物质作热载体，当温度升到450 ℃时热沙使废旧塑料熔化为液态，附着于沙子颗粒表面，接触加热面的部分塑料生成炭化物，与流化床下部进入的气体接触，燃烧发热，载体表面的塑料便分解，与上升的气体一起导出反应器，经冷却和精制，得到优质油品。在燃烧中生成的水和二氧化碳需要进行油水分离，生成的气体和残渣等在焚烧炉中燃烧，余热制水蒸气或热水。

采用这种方法，油的收率较高，燃料消耗少。例如，将废旧PS进行热分解时，因以空气为流化载体而产生部分氧化反应使内部加热，故可不用或少用燃料，油的回收率可达76%；在热分解APP时，油的回收率高达80%，比槽式法或管式法提高30%左右。流化床法的热分解温度较低，如将废旧PS、APP、PMMA在400~500 ℃进行热分解即可获得较高收率的轻质油。流化床法用途较广，且对废旧塑料混合料进行热分解时可得到高黏度油质或蜡状物，再经蒸馏即可分出重质油与轻质油。但以流化床法处理废旧塑料时往往需要添加热导载体，以改善高熔体黏度物料的输送效果。

聚乙烯热解的主要产物为乙烯单体，苯的产量取决于流化介质（是使用裂化气还是氯气）；聚苯乙烯热解的主要产物为苯乙烯单体；聚氯乙烯热解时产生约50%（体积分数）的氯化氢气体和大量的炭；各种废料的收率均可在97%以上。热解产物的成分如表4-2所示。

表 4-2　实验室流化床反应器中的热解产物含量　　单位:%（质量分数）

产物	PE	PE	PE	PS	PVC	混合物
流化介质	N_2	裂解气	CO	沸石裂解气	裂解气	裂解气
温度/℃	1013	1013	1063	1013	1013	1063
H_2	0.3	0.5	1.9	0.03	0.7	0.7
甲烷	7.0	16.2	16.7	0.3	2.8	13.2
乙烯	35.1	25.5	10.3	0.5	2.1	13.2
乙烷	3.6	5.4	4.1	0.04	0.4	2.0
丙烯	22.6	9.4	6.4	0.02	0	0.1
异丁烯	8.7	1.1	2.3	0	0	0.1
1, 3-丁二烯	10.3	2.8	2.5	0	0	0.7
戊烯和己烯	0.01	2.0	6.1	0.01	0	0.6
苯	0.01	12.2	7.4	2.1	3.5	14.7
甲苯	0.05	3.6	51	4.5	1.1	45
二甲苯和乙烯	0	1.1	3.3	1.2	0.2	0.9
苯乙烯	0	1.1	0.6	71.6	0	10.5
萘	0	0.3	0.8	0.8	3.1	2.5
高级脂肪族和芳香族	10.53	17.3	12.1	15.2	19.3	19.2
碳	0.4	0.9	18.1	0.3	8.8	2.9
氯化烃	0	0	0	56.3	8.1	

（四）催化法油化工艺

与上述 3 种工艺相比较，催化裂解法的独特之处在于，因使用固体催化剂，致使废旧塑料的热分解温度降低，优质油的收率增高，而汽化率低。它是以固体催化剂为固定床，用泵送入较洁净的单一品种的废旧塑料（如 PE 或 PP），在较低温度下进行热分解。此法对废旧塑料的预处理要求较严格，应尽量除去杂质、水分等。催化裂解法一般用于单一品种塑料的油化，适用的塑料有聚乙烯、聚丙烯、聚氯乙烯等。日本富士再生塑料公司采用 ZSM-5 沸石作催化剂，通过 2 台反应器进行转化反应工艺流程如图 4-2 所示。

首先将废旧聚烯烃塑料（如聚乙烯、聚丙烯、聚氯乙烯、聚苯乙烯）经粉碎等预处理，然后送入热分解工序。进入挤出机的塑料碎块加热到 230~270 ℃，使其变成柔软团料并挤入原料混合槽中。聚氯乙烯中的氯在较低的温度（170 ℃）下会游离出来（达 90%以上）。回收的氯通过碱中和或回收盐酸等方法进行处理。

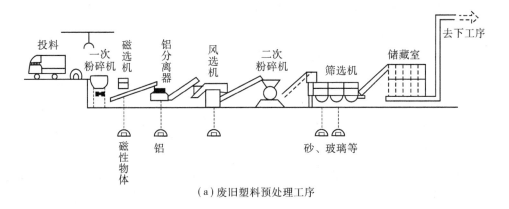

（a）废旧塑料预处理工序

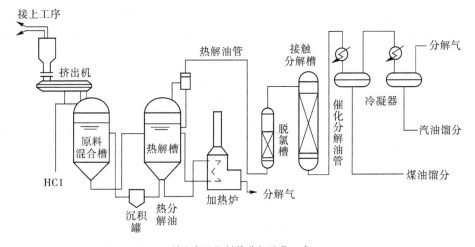

（b）废旧塑料热分解油化工序

图4-2 日本富士再生塑料公司废旧塑料热分解油化工艺流程

　　通常液态的热分解物从热分解槽（热解槽）循环返回到原料混合槽中，而由挤出机挤入的熔融料便在此处混入热分解物内。当温度进一步升到280~300 ℃后，混合物料又由泵送入热分解槽中。另外，在原料混合槽的升温阶段，残留的氯也大多被汽化除去。送入热分解槽内的熔融料，当被进一步加热到350~400 ℃时，便发生热分解、汽化。汽化状态的热分解物（通常含有大量烷烃）被再次返回原料混合槽。这样，在反复循环过程中，物料便慢慢发生热分解，最后以气态烃形态送往接触分解槽中。

　　从热分解槽到原料混合槽的循环管线途中，装置有一个沉积罐。循环流动着的液态热分解物在此处流速降低，物料流中所含的炭和杂物便沉淀下来。将这些沉积物定期排出系统之外，以防结焦。在物料快要进入接触分解槽之前，为除去在挤出机和原料混合槽阶段残余微量的氯而设置了脱氯槽。在这里，物料中的氯几乎被除尽。接触分解槽中填充了 ZSM-5 催化剂。由热分解槽送来的气态烃，由于催化剂的作用而催化分解，然后被送入冷凝器。所生成的油，进入分馏塔进行简易分馏，得到汽油、煤油和气体等。所得到的油储存于产品储罐中，而气体被送去作油化装置的热源。

采用该工艺应当预先除去聚氯乙烯，如果仍混有少量的聚氯乙烯，挤出机、熔融炉可将游离的氯回收，方法是将这种混合废塑料加入加热型异向旋转双螺杆挤出机中，加热至 250~300 ℃，聚氯乙烯分解，产生的氯化氢可在水中捕集。未除去的微量氯还可在脱氯槽中除去。聚氯乙烯高温热分解产生的氯化氢可用于合成氯乙烯单体。

（五）熔盐法油化工艺

废旧塑料熔盐法油化工艺过程如下：废料由料斗加入，通过螺杆送料器，进入熔融盐加热器，热分解后的蒸气通过静电沉淀器，其中石蜡的汽化物冷凝形成较纯净的石蜡，而液态馏分在深度冷却器中从烃类气体中分离出来。在聚乙烯的热解中，乙烯、甲烷的收率随温度升高而增加，丙烯则减少；在 850 ℃时，乙烯和丙烯为主要产物，仅有少量氧、乙烷、丙烷、异丁烷和丁二烯；芳香化合物的收率随温度升高而增加，炭的形成也是如此。若是聚苯乙烯，在 550~700 ℃下热分解时产生大量的苯乙烯，当温度升高超过 700 ℃时，苯、甲烷和乙烯大大减少，而炭的形成增加。在聚氯乙烯热分解时会产生大量的氯化氢和烃类混合物。

（六）加氢油化工艺

德国联合燃料公司开发了废聚烯烃加氢油化还原装置。加氢条件为 500 ℃，40 MPa，可得到汽油、燃料油。采用家庭垃圾中的废旧塑料为原料，其收率为65%；采用聚烯烃工业废料为原料，收率可达 90%以上。

（七）螺杆式油化工艺

螺杆式废旧塑料连续油化装置由挤出机、热解筒、热交换器和产品回收设备组成，如图 4-3 所示为联合炭化（Union carbide）的螺杆式废旧塑料连续油化装置。此类装置的关键部分是螺杆式热分解反应器。一般采用外部电加热，温度达500~550 ℃。废旧塑料由料斗投入，经挤出机压缩、熔融，进入环状热解筒进行热分解。热分解产物经过热交换器冷却后送入回收设备。螺杆式热分解法可用于

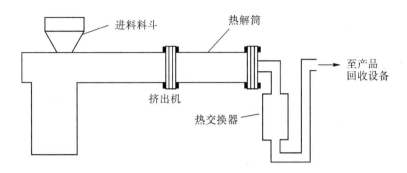

图4-3　螺杆式废旧塑料连续油化装置

聚乙烯、聚丙烯、聚苯乙烯、聚甲基丙烯酸甲酯的回收。

二、废旧塑料裂解油化的主要影响因素

（一）预处理系统

尽管预处理系统属于辅助装置，但其作用十分重要，如果筛选不干净，原料中含有大块的金属或石块会造成提升机和挤塑机卡死抱轴，而且由于破碎机的刀头磨损较快，无法按时提供足够的原料，造成后续装置停车待料。所以，预处理系统的运行好坏直接影响到主体装置运行的稳定性和连续性。

（二）温度

温度是影响裂解反应的另一个因素，通常情况下，随着反应温度的提高，C—C键断裂速度加快，重油转化率也将提高，汽油的产率随着温度的升高而提高，当温度升高到某一范围之后，转化率的变化已不大。温度进一步升高，汽油的产率降低，可能会产生大量的气体产物和焦炭。烃类高聚物塑料的催化裂解最佳反应温度不同，一般支链取代基越大，则越易分解。在常见的烃类塑料中，裂解反应温度为PS<PP<PVC。7种塑料的热分解特性如图4-4所示，从图4-4中可见，PE、PS在300 ℃左右开始分解，在400 ℃可以完成分解反应；PVC在200 ℃脱HCl，在400 ℃发生烃类分解反应。表4-3列出了各种废旧塑料裂解的工艺条件和产物。

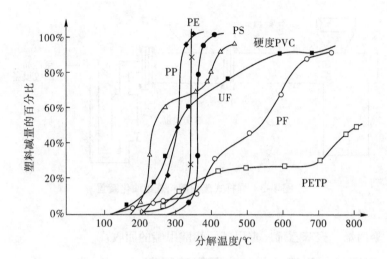

UF—脲醛树脂；PF—酚醛树脂；PETP—聚酯；PS—聚苯乙烯；

PE—聚乙烯；PP—聚丙烯；PVC—聚氯乙烯

图4-4　7种塑料的热分解特性（升温速度：250 q℃/h）

表4-3　各种废塑料裂解的工艺条件和产物

塑料种类	适宜温度/℃	催化剂	产物
聚乙烯	120~140 350~500 350~450	O_2 H_2、$ZnCl_2$ Al_2O_3、SiO_2	氧化石蜡 高辛烷值汽油 燃料油
聚丙烯	400~650 320~380	硅酸铝 Y型分子筛等	异丁烯 汽油、柴油等
聚氯乙烯	200 350 400~500	Cu 磷酸、硅酸钠 $AlCl_3$、$ZrCl_4$ 等	二氯乙烷 芳香族化合物 汽油、煤油
聚苯乙烯	400~450	固体酸、固体碱、 过渡金属氧化物	苯乙烯

（三）压力

从理论上可知，单纯的裂解反应深度与压力无关，热解一般在常压高温下进行。一般的固体废物在加压低温热解时，可以增加油的转化率，如烯烃主要发生迭合反应，小分子烯烃相互结合成较大分子，原来是小分子的气体烃，经迭合反应转变为液态烃：$C_3H_6+C_3H_6\rightarrow C_6H_{12}$。可见，在高压下会有大量焦油状物质生成。对于废旧塑料的裂解反应，从目前国外开发的减压分解流程来看，适当降低压力可以使裂解液的收率有所提高，且结焦量降低。图4-5所示为聚苯乙烯在以BaO为催化剂时，当温度、催化剂用量及裂解时间相同时，裂解液及苯乙烯收率随压力的变化关系，适当降压可使裂解液和苯乙烯的收率有所提高。由于降压对设备和技术要求比较严格，所以目前的裂解反应主要还在高温常压下进行。

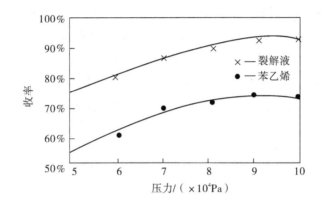

图4-5 裂解液、苯乙烯的收率与压力的变化关系

（四）催化剂及其用量

废旧塑料的裂解技术可分为高温裂解和催化低温裂解（一段法），前者一般在600~900℃高温下进行，而后者在低于450℃甚至在比300℃更低的温度下进行。使用催化剂既可以降低塑料裂解所需的活化能，又可以极大地提高目的产物的选择性。表4-4为热裂解与催化裂解产物的比较。在无催化剂条件下，废旧塑料的热裂解产生大量的石蜡和重油，油品中大多为直链烷烃，在催化反应的条件下，主要产物为油相，也会产生气相产物。

表4-4 热裂解与催化裂解产物的比较

产物	热裂解	催化裂解
链烃	C_1、C_2 气体多	C_3、C_6 脂肪族多
芳烃	芳烃少	芳烃多
烯烃	乙烯多、二烯烃较多	很少
炭与焦油	炭与焦油多	炭析出少、石蜡多

　　从现有技术来看，部分裂解过程也可采用二段法，即在裂解反应后对气体产物进行催化改质，以使产物的碳数分布明显轻质化，并集中于汽油和煤油馏分内。二段催化改质大多采用分子筛催化剂，也可使用 Co-Mo 或 Ni-Mo 加氢催化剂。废旧塑料催化裂解制燃料油所用的催化剂应当是粒径小，比表面积大，而且内部空隙尺寸适宜的多孔状物质，以充分发挥催化剂表面和内部活性点的催化作用。在裂解催化剂中，质子型及多价阳离子交换沸石、硅-铝、硅-镁、铝硼、活性白土、磷酸钡、钼-铝、氯化铝等固体催化剂具有较高的活性，这些催化剂都是酸催化剂，其催化裂化是按阳碳离子的机制进行的，催化剂表面的强酸位是反应的活性中心。反应中伴有许多副反应（如双键位移、骨架异构、环化、脱氢、芳族化、氢转位重排和聚合等）。图 4-6 所示为在重油的催化裂解中，稀土离子交换的Y 型沸石（REY）催化剂上强酸位数量对产物分布的影响。

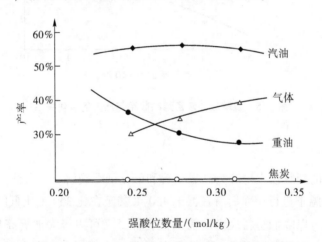

图 4-6　催化剂上强酸位数量对产物分布的影响

注：沸石晶粒粒径为 0.1 μm；反应温度为 673 K；催化剂质量（kg）/重油质量流速（kg/h）= 0.75 h。

　　从图 4-6 可以看出，随着催化剂强酸数量的增加，重油的转化率、气体和汽油产率均提高，但产率提高到一定值后又随着强酸数量的继续增多而下降，故控制催化剂表面的强酸位数量是重要的。要获得大量高品位燃料油，所用催化剂表面的强酸位数量以 0.28 mol/kg 为最佳。表 4-5 列出了一段法、二段法混合塑料裂解用催化剂，表 4-6 列出了二段法工艺催化改质常用催化剂。

表4-5　一段法、二段法混合塑料裂解常用催化剂

裂解工艺	温度/℃	催化剂	主要产品
Kurata 法	200~450	Ni、Cu、Al 等5种金属	汽油、煤油等
催化裂解	400~500	Fe、Al、Zn、Sn、Zr、Ga 的氯化物	汽油、煤油等
催化裂解	400 左右	10%（质量分数）高岭土、5%（质量分散）铁屑	液体燃料
催化裂解	300~500	沸石、铝土矿	液体燃料
催化裂解	160~500	硅酸铝	汽油、柴油

表4-6　二段法工艺催化改质常用催化剂

催化剂	特点	产品
ZSM-5 泡沸石	孔径小（约 0.55 nm），结晶内扩散速度慢，反应在催化剂的外表面及附近进行	汽油的选择性较低，燃气收率为 60%~70%
HY 泡沸石	孔径大（0.74 nm），重质油分子在细孔内扩散，进行催化裂解反应	活性高，但容易结焦失活
REY	有稀土金属离子存在，酸强度中等，孔径大	汽油产率高，结焦失活率下降，汽油辛烷值大
改性 Y 型分子筛	平均孔径 2.5~4 nm，以中强酸位、弱酸位为主	主要产品为汽油、柴油，液体收率高

　　裂解液的收率既会受到催化的品种、结构特点的影响，也与催化剂的用量相关联。图4-7所示为聚苯乙烯裂解时，采用 BaO 催化剂，当温度、压力及催化裂解时间完全相同时，裂解液及苯乙烯产率随催化剂用量的变化关系。从图4-7可见，裂解液和苯乙烯的收率随催化剂用量的增加而增大，但当催化剂的用量增加到2%左右时，裂解液和苯乙烯的收率虽仍随催化剂用量增加而有所增加，但增加缓慢，故催化剂的适宜用量为2%（质量分数）。

　　要提高分解油的收率，可使用高压釜，在二氧化碳、一氧化碳、氨及氢的气氛中使聚乙烯热分解，反应温度在340℃左右，油化率可达到87%~93%；如再添加水来控制分解时的局部过热，也可提高油化率。使用漆原镍或 Pt-C 作催化剂，使聚乙烯加氢分解，则油化率可达到85%~90%。聚丙烯在400℃左右进行热分解，回收的分解油可达95%（质量分数，下同）。若以氯化锌为催化剂，在高压

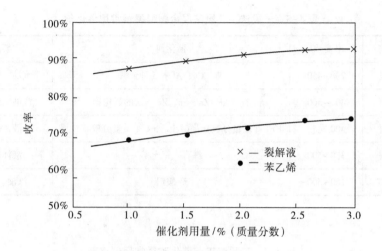

图 4-7　催化剂用量的影响

釜中对聚丙烯进行加氢分解,可以得辛烷值为 83 的分解油 64%。这种油质量上完全可以用作汽油;如添加水进行加氢分解,可得到辛烷值为 86 的分解油,但其中烯烃含量为 40%。分解气中甲烷最多,乙烷和丙烷次之。

三、废旧塑料裂解油化工艺存在的问题及其对策

（一）原料的分拣

在进行原料分拣时通常采用以下 2 种方法：①人工分选。根据废旧塑料的外观、色泽、透明度、硬度、手感等对其进行人工分选。这种分选方法效率低、劳动强度大,使废旧塑料的油化成本升高。我国的废旧塑料裂解工厂多采用此法,限制了工厂的规模。②自动分选,采用 X 射线或红外线对废塑料制品进行分选,对粉碎的废旧塑料可以采用干式比重法（风力或液态化分离）、湿式比重法（浮选分离或离心分离）、电磁分离法、涡流分离法、静电分离法、溶剂溶解分离法等进行自动分选,自动分选有利于大规模生产。对废聚乙烯热解法油化工艺,建议采用 X 射线或红外线对原料进行自动分选。

（二）原料的输送与出渣

常用的废旧塑料进料装置有活塞式进料器、螺旋挤出机、星型加料器及两段式重锤进料器。使用星型加料器、两段式重锤进料器时,原料不用粉碎,进料方便,进料过程节省动力,进料器器壁不易结焦,但密封较为困难;使用活塞式进料器、螺旋挤出机时,密封性能好,但原料需粉碎,进料过程中易出现"气阻"

现象，进料过程动力耗费较大；使用螺旋挤出机进料时，塑料处于熔融状态，易因物料传热不均匀而产生结焦；出渣多采用刮刀和螺旋输送器，连续出渣。

（三）传热和结焦

废聚乙烯熔融物黏度大、传热性差，热解反应器内易因物料温度不均导致结焦，物料易于粘壁形成积炭，可采取以下改良措施：①将炭黑、褐煤、金属（铜粉、铁粉）、合金球或金属盐、沙子等与废塑料混合，以改善传热条件。②使用特殊的环状填料悬浮在混合废塑料中，或使用特定的分成块状的反应釜。③采用搅拌装置改善传热并清除反应器内壁积炭。④采用减压瓦斯油将废聚乙烯溶解，或用部分产物油作溶剂，降低黏度，使传热均匀。⑤将进料螺旋挤出机的机轴改为内通热油的中空轴，或在进料机外围加热，使塑料熔化，便于流动，或采用聚四氟乙烯衬里，使内壁及出口光滑。⑥通入 CO_2、N_2 或过热水蒸气。⑦采用熔盐为裂解热源，或在裂解炉底部铺一层沙子。⑧加循环系统，将反应器内物料用泵抽出，加热后再返回，形成循环流动，使反应器内物料温度均匀，防止结焦。⑨采用沙子流化床，改善传热，以免结焦。

（四）环境污染问题

废旧塑料油化技术旨在消除污染，但由于设计不合理或管理不完善，此类工厂在运行过程中容易产生二次污染，具体有以下几种：①粉尘污染。由于包装不善、密封不好，在废塑料运输及震荡除尘过程中，使得粉尘扩散，造成污染。②废气污染。废塑料高温裂解产生烃类气体泄漏，这部分气体遇明火极易发生爆炸。利用煤等燃料燃烧时，由于煤中含硫，容易造成二氧化硫污染环境。③废液污染。冷却水中含有油形成的污水；清洗废旧塑料时产生的废水。④废渣污染。燃烧产生的残余物质，其中主要成分为灰粉，有少量的金属等；废旧塑料裂解产生的固体物质，其中主要含有泥沙、炭渣等物质；催化改质或催化裂解过程中产生的废催化剂。

针对以上不同类型的污染，应该采取相应的控制措施。

①粉尘污染控制。对运输过程中的粉尘污染，可以采取密闭运输体系，防止粉尘扩散，也可以将废旧塑料压实，成为类似棉花包之类的包装进行运输。废旧塑料的震荡除尘过程要在密封状态进行，以免粉尘扩散。

②废气污染控制。应加强密封，严格控制裂解产生的气体泄漏；尽可能采取低硫矿物燃料，减少二氧化硫污染；裂解气体燃烧后，在排放之前，要经过催化转化或碱液、酸液吸收，防止二氧化硫及氯化氢、氮氧化物、磷化合物污染环境。

③废液污染控制。含油的废水，要对其进行净化处理；含有酸液或碱液的废水，在排放之前要经过中和处理。

④废渣污染控制。燃料燃烧产生的残渣、废催化剂、泥沙等，可以添加部分水泥，制成空心砖等建筑材料，或使其固定下来，防止随风飘散，污染环境。对废旧塑料裂解产生的泥沙、炭渣，可以先经过燃烧处理，然后用作肥料或做建筑原料。

总体上看，废旧塑料裂解油化技术是解决废塑料回收的一种有效手段，兼具社会效益和经济效益，对社会可持续发展意义重大。因此，要积极获取全社会的支持，科学建立废旧塑料定点投放、强制回收等收集体系，加强基础理论与工艺研究，提升工艺流程的科学化水平，促进废旧塑料的资源转化。

第二节　废旧塑料裂解产蜡技术

废旧塑料油化技术用于生产汽油、柴油，但因聚乙烯支链化程度较低，制得的汽油辛烷值只能达到 88，制得的柴油含蜡量较高，凝点较低。调查发现，废旧塑料中各品种的（质量比）约为 LDPE（低密度聚乙烯）：HDPE（高密度聚乙烯）：PP（聚丙烯）：PS（聚苯乙烯）：PVC（聚氯乙烯）：其他为 27∶21∶18∶16∶7∶11，其中聚乙烯的用量几乎占到一半。废聚乙烯量大，然而不适合于生产汽油、柴油，然而在一定操作条件下，由废聚乙烯热解可生产聚乙烯蜡。

一、聚乙烯蜡的性能和市场应用

聚乙烯蜡也称为低相对分子质量聚乙烯，因制造方法不同可分为聚合型聚乙烯蜡和裂解型聚乙烯蜡 2 种。前者是聚乙烯聚合时的副产物，后者由聚乙烯树脂加热裂解而成。目前市场上的裂解型聚乙烯蜡都是用纯净的聚乙烯树脂裂解而成，其成本较高。聚合型聚乙烯蜡和裂解型聚乙烯蜡在相对分子质量分布和分子结构等方面存在着一定的差异，所以其应用场合有所不同。相对分子质量分布影响聚乙烯蜡的力学性能，分子结构影响聚乙烯蜡的结晶情况。

聚乙烯蜡的颜色多为白色或淡黄色，形状可根据不同需要制成块状、片状或粉末状，相对分子质量为 1000~4000，滴熔点高于 95 ℃。聚乙烯蜡具有无毒、无腐蚀性、硬度较大、软化点高、熔融黏度低的特点，在常温下具有良好的抗湿性、耐化学品性、电气性能和耐磨耐热性能，且润滑性、分散性、流动性好，可以与涂料、油漆、油墨等配合使用，能产生消光、分散光和光滑的效果，与其他种类的蜡及其聚烯烃树脂有良好的相容性。

聚乙烯蜡市场应用广泛，可用于油墨制造擦亮蜡、高档地板漆、高档轿车上光蜡、纺织加工用柔软剂、橡胶脱模防老化剂、润滑剂、聚氯乙烯制品光亮润滑剂、脱模剂、热熔胶黏剂、电缆色母料添加剂、电缆填充剂、纸板涂料、热融黏合剂、玻璃瓶涂料、特种工艺蜡烛，用于提高纸张涂料光泽度和持久度等。质量好的聚乙烯微粉蜡还可用于化妆品和个人护理品。在色母粒加工生产中添加聚乙烯蜡可以提高生产效率，增加产量，并能允许使用更高的颜料浓度。此外，聚乙烯蜡还可用作柴油流动性改进剂。

二、聚乙烯类废旧塑料制备聚乙烯蜡的可行性

（一）理论上的可行性

高聚物分子链在热能作用下发生断裂，得到低相对分子质量的化合物。聚乙烯中 C—C 键的断裂遵循无规降解机制，断裂发生在主链的任何部位，产生的 2 个分子可以继续降解，其断裂位置与上一次断裂位置无关，反应方式主要是自由基转移（"~"代表多个重复单元）。

$$\sim CH_2—CH_2—CH_2—CH_2\sim \rightarrow \sim CH_2—\overset{\cdot}{C}H_2+\overset{\cdot}{C}H_2—CH_2\sim \rightarrow \sim CH_2—CH_2+$$
$$CH_2=CH\sim$$

$$\sim CH_2—\overset{\cdot}{C}H_2+\sim CH_2—CH_2—CH_2—CH_2\sim \rightarrow \sim CH_2—CH_2+\sim CH_2—CH_2—$$
$$\overset{\cdot}{C}H—CH_2\sim$$

$$\sim CH_2—CH_2—\overset{\cdot}{C}H—CH_2\sim \rightarrow \sim CH=CH_2+\overset{\cdot}{C}H_2—CH_2\sim$$

无规降解过程中会生成一系列的中间产品，直至全部变成单体为止。在这个过程中采用一些技术手段以阻止生成的聚乙烯蜡进一步向轻烃转化，由此得到合格的聚乙烯蜡产品。

（二）经济上的可行性

聚乙烯类废旧塑料热解制蜡技术在经济上具有可行性，这主要表现在以下几个方面：①原料来源丰富。聚乙烯在人们的生产和生活中应用广泛，如农业上用的地膜，生活中用的食品袋及一些容器，都属于聚乙烯类的塑料。PE 的消耗量几乎占到塑料总消耗量的一半左右。②原料廉价。废塑料的收购价仅为 300 ~ 500 元/t。③工艺比较简单，操作成本低。制蜡技术只需要对 PE 进行热解，而不

需要进行催化处理，能减少操作成本。④产品经济价值高。无论是石蜡、地蜡还是特种蜡，在各个行业均有着广泛的用途，特别是地蜡和特种蜡，具有较高的经济价值，因而在市场上很受欢迎。

三、废旧聚乙烯裂解制蜡技术的研究进展

（一）日本专利的方法

将废 PE 在外热釜中加热，引入过热水蒸气，反应温度为 450 ℃，其间放出挥发性组分，10 h 后，剩余物为蜡，收率为 88%。经测定，蜡产品软化点为 101 ℃，针入度为 4。

（二）法国专利的方法

方法一：将废 PE 熔融后注射入加热的钢管，并加入过热水蒸气，钢管内物质被加热到 450~500 ℃。钢管末端连续地放出产物，冷凝后制得石蜡。

方法二：把废 PE 压入一个耐热金属板的网格内，在耐热金属板的一面几厘米处有一层耐火材料，此耐火材料的另一面被气体燃烧加热至高温，产生的热辐射至金属板网格内的废 PE，使其热分解，在热分解过程中加入过热水蒸气，导出热解产物。耐热金属板和耐火材料板也可制成圆桶形，后者直径稍大，两者套成同心圆，后者被加热到 1000 ℃，通入 400 ℃过热水蒸气。废 PE 被加热而分解，生成蜡及烃类。辐射加热也包含了红外线辐射。蜡产品可用于制取聚氯乙烯时的润滑剂、胶黏剂、绝缘剂。

（三）英国专利的方法

方法一：将固体有机废弃物点燃，开始裂解反应，并使裂解产物进一步分解为石蜡及蜡状物质，可作为燃料。如果对该蜡状物进行处理，可用作添加剂、填料或抛光剂。其产品质量较好，具有经济可行性。

方法二：将废 PE 在外热式加热瓶中加热至 400 ℃，通入水蒸气，软油脂随气体带出，进入冷凝器得到的物质可作为原油替代品使用。反应器中残留的无色无味的物质就是蜡，熔点为 90~100 ℃。产品可作为抛光剂或蜡纸用蜡，还可与石蜡混合用于包装纸材料。另外，该专利还对实验条件的选择进行了分析，指出裂解温度应取决于原料的等级和所需产品的性质。合适的温度为 350~500 ℃，而且最好超过 375 ℃，反应时间为 10~30 min。

（四）欧洲专利的方法

用流化床热解废 PE，加入水蒸气，温度为 300~690 ℃，产物有烯烃及其低聚

物和蜡，该产物可用于高温裂解制乙烯的原料。

（五）中国专利的方法

将废 PE 放入带有冷却回收装置的反应釜中，升温至 430 ℃，410~440 ℃下保温。待到馏出液达 5%（体积分数）时，停止加热，冷却。待产物温度低于 200 ℃后放出产物即为蜡，产率达 93%~95%。

第三节　废旧塑料裂解产气技术

废旧塑料裂解汽化技术是一种新兴的废旧塑料回收利用技术，它利用汽化介质（空气、氧气或水蒸气）在高温下将废旧塑料中的碳部分氧化和汽化，得到燃料气，主要产物为 H_2、CO、CO_2 和 CH_4 等，分解以获得合成气，这些气体可作为生产其他化工产品（甲醇、合成氨等）的原料，也可作为燃料用于高效、低污染的燃气—蒸气联合循环电站发电和供热，以提高资源回收利用价值。废旧塑料汽化技术与前面的油化技术相比，主要区别在于油化技术是通过加热或加入一定的催化剂使废旧塑料分解，以获得聚合单体、汽油、柴油等价值更高的产品。而废旧塑料的汽化则以获得合成气为目的，其工艺特点是不需要对废塑料进行预处理，可以裂解不同塑料混杂，甚至与城市垃圾混杂的废旧塑料制品，存在不容易结焦的显著优势。目前，废旧塑料汽化技术的研究主要集中在汽化装置和汽化工艺 2 个方面。废旧塑料汽化装置的设计要突出 2 个关键点：一是使废旧塑料充分汽化；二是尽可能少地产生有害物质。

一、裂解汽化装置

（一）圆柱形反应器

圆柱形反应器最为简单，它有立式和卧式之分。

①立式圆柱形反应器。立式圆柱形反应器又称移动床，在立式反应器中，废弃物是从上部送入，残渣则靠自重落到底部排出。氧气、空气或热交换介质从底部送入，气体向上运动，从顶部排出。此种反应器备有一个输送装置，供进料用。该装置的特点是移动方向和炉壁方向的温度分布差异很大。若是外加热式，则温度的分布范围更宽，易产生"搭棚现象"（即料仓和料斗在储存粉体料时易形成架桥，使粉体不能落下），需要有防止搭棚的装置。

图 4-8 所示为 URDC（西方石油）热分解汽化工艺流程。固体废料从立式反

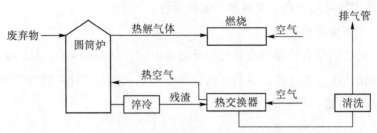

图 4-8　URDC 热分解汽化工艺流程

应器的上部投入，向下运动，同时被干燥，其中有机物在高温下分解，碳和无机物落到底部燃烧区，热解产生的气体用来预热起助燃作用的空气，而它们又在预热空气中燃烧，产生的热量供废料的热分解之用。

联合炭化（Union Carbide）系统的热解反应器由干燥区、反应区和燃烧区3个区段组成（图4-9）。固体废料经研磨后除去金属等磁性材料，从圆柱形反应器顶部投入，经干燥处理，有机物在反应区热分解，产生可燃的气体和碳，气体经分离净化后供用户使用，碳在燃烧区与纯氧反应，产生的一氧化碳送回反应区；而无机物便形成残渣。

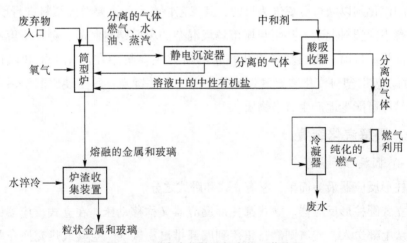

图 4-9　联合炭化热分解汽化工艺流程

②卧式圆柱形反应器的汽化装置。图4-10所示为 Barber Colman 系统的热分解汽化工艺流程。该系统以熔铅床为热传递介质。首先除去废料中的大块金属，再经粉碎后进入反应器。熔铅由辐射状的管式燃烧器加热，物料浮于熔铅表面，其中的不活泼材料可用机械式炉耙使之分离。在 650 ℃下物料分解，产生的燃气热值为

$18\ 600\sim26\ 000\ \text{kJ/m}^3$，其中25%的燃气用于汽化工艺，其余75%的燃气可出售。

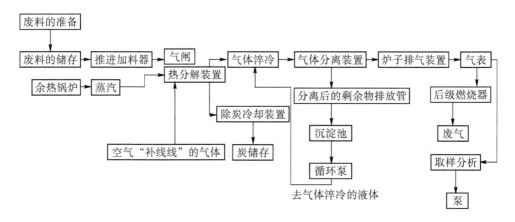

图4-10　Barber Colman 系统的热分解汽化工艺流程

（二）转炉反应器的汽化装置

同圆柱形反应器相比，转炉型反应器的结构更为复杂。其长径比为4∶1或10∶1的圆筒体，可在支撑轴上旋转和倾斜，因此物料在炉内分布均匀，反应充分。转炉配有进料和排渣装置。图4-11所示为Monsanto Landgard系统的热分解汽化工艺流程。将废旧塑料用翻板输送机送入叶轮式破碎机破碎至150 mm以下，然后存入储料仓，经破碎的废料再由滑板式加料器连续不断地从尾部送入转炉。在转炉顶有煤或重油燃烧，将废旧塑料加热，废旧塑料与热气流相对运动，进行干燥和分解，同时到达炉顶，残渣从炉内排出，送入一个分离室，将铁类金属、玻璃和炭分离。热解过程中产生的热气流经热交换器生成水蒸气，可用于加热和室内取暖。干馏气体通过冷却塔冷却，经除尘器除尘，再在吸收塔和冷凝塔中用碱液清洗，生成的气体除雾后即可用作燃料，或者与油、煤或天然气一起作工业锅炉等的燃料。

（三）流化床反应器的汽化装置

流化床反应器（图4-12）对固体废弃物的要求较高，一要物料均匀，二要预先粉碎。它的工作温度较低（760～980 ℃），此温度甚至低于炉渣形成所需要的温度。因此，流化床反应器内进行的热分解需要充分利用废料氧化物或固体废料预热流化所产生的热量。流化床反应器对油化、汽化、炭化等所有工艺都适用。

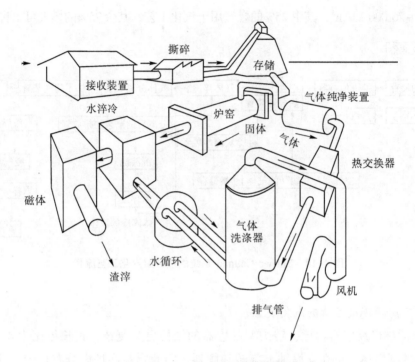

图 4-11　Monsanto Landgard 系统的热分解汽化工艺流程

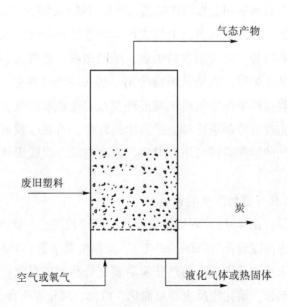

图 4-12　液化床热分解反应器的原理

中国科学院山西煤炭化学研究所发明的汽化炉是将废旧塑料从汽化炉下部加入，在720~850℃时热解汽化，生成含有焦油的煤气。该煤气经过汽化炉上部850~920℃的高温区，焦油裂解，即成为不含焦油的煤气。该气体不含高分子烃类物质，水洗后可直接燃烧使用。

二、废旧塑料裂解汽化工艺

废旧塑料汽化与煤或焦炭汽化的不同之处在于废塑料种类和成分比较复杂，而进料的组成对汽化效果有非常大的影响，因此在汽化处理前必须先进行适当预处理。

美国 Texaco 公司对汽化工艺研究较早，其废旧塑料的炭化率可达91%，产品主要成分为 CO 和 H_2。汽化温度是影响气相组成的重要因素，提高汽化温度可促进烃类的降解，从而增加混合气中 H_2 的含量。由60%（质量分数）煤、20%（质量分数）松木和20%（质量分数）PE 组成的混合物，当汽化温度由750℃提高到890℃后，甲烷和其他烃的含量约分别减少30%（体积分数）和63%（体积分数），而 H_2 的含量约增加70%（体积分数）。以空气为汽化介质同样可减少烃的含量，但空气中 N_2 的稀释作用会降低汽化气的热值。在固定床汽化反应装置中，当汽化温度为1100~1450℃时，组分中 H_2 占30%~40%（体积分数），CO 占15%~30%（体积分数），汽化率约为61%。

德国 Hoechst 公司通过汽化等途径将废旧塑料变成水煤气，作为合成醇类的原料。该工艺采用流化床反应器在0.1 MPa、800℃下反应，每处理1 t 废旧塑料（聚烯烃质量分数为57%），可以得到0.8 t 甲醇。德国 Rule 公司通过隔绝空气、加热分解等途径将废旧塑料变成液体和气体，液体是生产汽油的原料，气体是生产水煤气的原料。

采用熔化炉将聚乙烯连续导入反应系统，在590~800℃下进行热分解，汽化率为75%，在700℃左右时即可得到32%（质量分数）的乙烯，加上丙烯和丁烯等合计达58%（质量分数）。若使用熔融盐热分解炉，分解温度提高到850℃，则可得乙烯30%（质量分数），丙烯为17%（质量分数），烯烃合计可得60%（质量分数）；在催化剂的作用下，比不用催化剂的热分解快2~7倍。在480℃时，催化剂活性对汽化率大小的顺序依次是（由大到小）：SiO_2、Al_2O_3、CaX、NaX、NaY、CaA、NaA。

聚丙烯在500~600℃下进行分解，汽化率随反应温度上升而增大，在600℃

时可得丙烯 26%，其次是乙烯和甲烷。使用熔融盐热分解炉时，分解温度达900 ℃左右，从中可得 20%（体积分数）的乙烯、20%（体积分数）的甲烷和只有 10%（体积分数）的丙烯。同样，可用固体酸性催化剂对聚丙烯进行催化分解，即以二氧化硅和氧化铝为催化剂，使用流化床型常压反应装置，在 450 ℃时主要生成甲烷，其次为丙烯和乙烷等。液态石蜡的生成量比无催化剂时增多。

第四节　废旧塑料裂解炭化技术

废旧塑料在一定热分解条件下炭化，并经相应处理即可制得活性炭或离子交换树脂等吸附剂，当炭化物质排出系统外用作固体燃料时，应采用高效率且无污染的燃烧工艺。

一、聚氯乙烯废旧塑料的炭化工艺

聚氯乙烯经加热分解，脱出氯化氢后即可生成炭化物，它可用于生产活性炭或离子交换树脂等吸附剂。将 PVC 先进行热分解使其炭化，并采取适当措施使炭化物形成具有牢固键能的立体结构，即得高性能活性炭。在所采取的措施中，要注意调节升温速度、引入交联结构和使用添加剂等。其具体过程是将 PVC 在350 ℃脱氯化氢后的生成物以 10~30 ℃/min 的速度升温，加热到 600~700 ℃获得炭化物，然后在转炉中用水蒸气于 900 ℃活化，即得到比表面积为 400 m²/g、亚甲基蓝脱色能力为 120 mL/g 左右的活性炭。工艺调控十分重要，升温速度过快，将降低炭化物的力学强度，而炭化过程温度超过 750 ℃，将阻碍孔隙结构更好地形成。如果活化时的水蒸气温度低于 800 ℃，活化反应缓慢，活化效率低；而高于 900 ℃时，则活性炭微孔不再发展，表面积不会增大。在活化过程中，除用水蒸气等气体活化外，还可用脱水性物质（氯化锌和氯化钙等）或氧化性物质（如重铬酸钾和高锰酸钾等）与废旧 PVC 一起加热，使炭化和活化同时进行，活化湿度一般比用水蒸气低。在加速形成交联结构的研究中，通过在空气中脱除氯化氢，或在氨水中加压加热，以促进交联作用，对提高活性炭的活性具有明显作用。

回收的 PVC 废弃物中，因含有各种不同的助剂，所以制得的活性炭的收率和活性都不尽相同。废旧 PVC 中的增塑剂（邻苯二甲酸酯类）、碱式硫酸铅盐稳定剂和碳酸钙添加剂等对炭化均有一定影响。废旧 PVC 来源不同，所产活性炭的质量也有较大差异。表 4-7 中列出了用聚氯乙烯生产活性炭工艺。

表 4-7　用聚氯乙烯生产活性炭工艺

原料	生产方法	比表面积/（m²/g）	炭利用率/%
PVC 废料	①脱 Cl：350 ℃ ②炭化：700 ℃ ③活化：转炉，水蒸气 800~900 ℃	400	7.5
纯 PVC 粉末 （平均聚合度 1000）	①脱 Cl：高压釜中加碱，200~280 ℃ ②炭化：石英蒸馏瓶，180~800 ℃ ③活化：转炉，水蒸气 800~900 ℃	500 1000	47 11

　　混合 PVC 废弃物炭化的工艺条件为：脱氯温度 350 ℃，炭化温度 700 ℃，用水蒸气于 800~900 ℃在转炉内炭化，即可得到比表面积 400 m²/g、收率为 7.5%的活性炭；用作电缆护套的 PVC 回收料可制得比表面积为 650 m²/g、收率为 14%的活化炭；用回收的硬质 PVC 管材，炭化温度为 600 ℃，用水蒸气于 750~1000 ℃活化，可得到比表面积为 550 m²/g、收率为 16%的活性炭。

　　用废旧通用塑料制取活性炭时，应综合考虑产量和排放量等问题，废旧 PVC 则是最主要的回收利用对象。在一般气氛中热分解 PE 和 PS 等热塑性树脂时，低分子化以后得不到其炭化物；而在氯气中使之炭化，则可以制得较好收率的活性炭。这说明在炭化过程中，氯对高分子碳链反复进行加成和脱氯化氢反应，从机制上解释了氯可促进缩合和环化反应的发生，因而有利于形成牢固的碳骨架结构。废旧 PVC 还可用以制备离子交换体。其过程是先炭化后用硫酸进行磺化反应，或者直接在浓硫酸中先磺化、后脱氯化氢即得。具体做法是将废旧 PVC 投入约 10 倍质量计的浓硫酸中，缓缓提高温度，最后在 180 ℃完成脱氯化氢反应，即可制得活性炭状的离子交换体，其离子交换容量为 4.2 mmol/g。另外，具有一定规模的废旧 PVC 热分解装置中，将含有稳定剂的 PVC 进行炭化，再用 20%（质量分数）的硫酸（发烟品级）在 70 ℃经 20 h 进行磺化，结果表明，含锡类稳定剂 2%（质量分数）的 PVC 可制得最大离子交换容量的离子交换体。所制得离子交换体的性能会受到炭化温度的影响，如在 275~325 ℃下进行炭化，所得炭化物的磺化及羧基化反应率均较低；达到 350 ℃以上时，则炭化物易形成多孔质，提高了磺化率，从而增大了离子交换体的交换容量。

二、其他几种废塑料的炭化工艺

　　除聚氯乙烯和废旧轮胎外，还有其他塑料和一些热固性树脂也可以进行热解炭化，并进一步制取活性炭。例如，将酚醛树脂废制品在 600 ℃下炭化，用盐酸处理后灰分被溶出，再在 850 ℃时经水蒸气活化，制得比表面积大的高性能活性炭。此外，将聚丙烯腈在空气中加热，270 ℃下 4 h 缩合，得到耐热、耐火性强的碳纤维，再将此纤维在 600~900 ℃用水蒸气活化，即可制取活性炭。它加工后可制成纤维状、毡状、薄膜状或颗粒状产品。表 4-8 中列出了几种塑料制取活性炭的方法。

表 4-8　几种塑料制取活性炭的方法

原料	生产方法	收率/%	比表面积/（m²/g）
聚偏二氯乙烯	石英管中 800 ℃急剧炭化	24	751
酚醛树脂	①炭化：600 ℃，30 min ②活化：水蒸气 1000 ℃	12	1900
脲醛树脂	同酚醛树脂	5.2	1300
蜜胺树脂	同酚醛树脂	2.6	750
聚碳酸酯	①炭化：Cl₂ 气流中 500 ℃ ②活化：水蒸气 900 ℃	19	950
聚酯	同聚碳酸酯	20	700
聚苯乙烯	同聚碳酸酯	18	2050
聚乙烯	同聚碳酸酯	0.1	840
聚丙烯腈	①炭化：270 ℃，4 h ②活化：水蒸气 600~900 ℃	—	1150

第五章 废旧塑料再生利用实例

第一节 废旧塑料制备燃料

一、废旧塑料生产石油产品的工艺

废旧塑料生产石油产品所需的催化剂便宜易得、成本低，工艺流程短。

（一）废旧塑料生产石油产品的配方

催化剂中的 Al_2O_3 为 γ 型 Al_2O_3（市售的用作电解铝原料的铝矿石粉）。铝矾土的成分：85% 为 Al_2O_3，其余 15% 为 SiO_2、Fe_2O_3 及 TiO_2 等。粗石英砂的成分：SiO_2 64.55%，Al_2O_3 14.54%，$CaCO_3$ 5.33%，$MgCO_3$ 2.42%，Fe_2O_3 9.78%。该催化剂的粒度在 0.30 mm 以下。塑料为聚乙烯、聚丙烯和聚苯乙烯。

（二）废旧塑料生产石油产品的操作步骤

①将废旧塑料除尘并用水清洗，然后将水挤干备用。

②将预处理后的废旧塑料填压在圆柱形的卧式熔蒸釜中，一层塑料，一层助熔催化剂（氢氧化铝与鸳鸯砂各半），二者的质量比约为（500~800）：1 熔蒸釜外用煤火炉直接加热，使釜内温度达 450~500 ℃，塑料熔化、裂化、蒸发；油蒸气经蛇管式间接水冷器冷凝冷却后，流入催化裂化釜中；3 个熔蒸釜间歇操作。互相切换，釜中少量裂解气一同进入催化裂化釜。

③在卧式圆柱形催化裂化釜中，加入催化剂（γ-Al_2O_3 25%，石英砂 25%，铝矾土 50%），其质量约为冷凝器液态烃的 1/250~1/200；在釜外，由煤炉火加热，使釜内温度达 300~350 ℃，进一步裂化为碳数不等的烃类，经蛇管式间接水冷器冷凝冷却后，在气液分离罐中将常温常压下冷凝的 C_5 以下的烃类与冷凝后的液态烃类分开。

④C_5 以下的烃类再次冷却冷凝后，分离出少量凝液，气体进入缓冲罐，经烃类压缩机加压升温后冷却，再节流膨胀降温，使液化石油气与不凝气分离后送入

各自的贮罐中备用。

⑤液态烃类采取通用的分流装置，塔釜底加 1/300 的催化剂（γ-Al_2O_3 50%，石英砂 50%），在分馏塔不同的支线得到汽油、煤油和柴油等。

（三）废旧塑料生产石油产品的实例

实例 1：取干净的废聚乙烯 2000 kg，分层加入总比例为 1/800 的催化剂（Al_2O_3 和石英砂），加热熔蒸釜至 450 ℃，使之裂化、蒸发、冷却、冷凝，在催化裂化釜中得到 1680 kg 液态烃，其余为残渣。再在其中加入 1/250 的催化剂（γ-Al_2O_3 25%，粗石英砂 25%，铝矾土 50%），加热至 300 ℃，使之催化裂化，经冷却、冷凝、油气分离后得裂解气 200 kg，混合油 1480 kg，在分馏塔的釜底内，加入 1/300 的催化剂（γ-Al_2O_3 50% 和 SiO_2 50%），分馏后得到汽油 45%，煤油 20%，柴油 35%，三种油的总和为 1480 kg。

实例 2：废旧塑料为聚丙烯，熔蒸釜中的量为聚丙烯的 1/700，熔蒸温度为 500 ℃，催化裂化催化剂为原料的 1/200，催化裂化温度为 335 ℃，其他工艺条件及工艺流程同实例 1。

实例 3：废旧塑料为聚苯乙烯，熔蒸釜中的量为聚丙烯的 1/500，熔蒸温度为 500 ℃，催化裂化催化剂为原料的 1/200，催化裂化温度为 350 ℃，其他工艺条件及工艺流程同实例 1。

二、废旧塑料制取气体燃料的工艺

（一）废旧塑料制取气体燃料的技术背景

到目前为止，曾有人利用废旧塑料再生造粒，也曾有人利用废旧塑料制取液态燃料，但大多因技术复杂、成本高，无经济效益可言。广大业内人士很希望研究出一种充分有效、无污染的处理和利用废旧塑料的方法，使之转变成为可用资源。

（二）废旧塑料制取气体燃料的操作步骤

①备料。收集废弃的塑料，包括废旧聚乙烯、聚丙烯、聚苯乙烯及各种农用、工业用、生活用的塑料薄膜或编织袋等。

②去杂。将废旧塑料中的金属丝和其他非塑料硬块除去，不需清洗，也不需区分颜色。

③装料。将去杂后的各种废旧塑料和相当于废旧塑料质量 1% ~ 10% 的催化剂，混合放入密闭的裂解反应釜中。

④加热。对放有废旧塑料和催化剂的反应釜加热，使温度升至 150~350 ℃，并保持 20~90 min，使其充分裂解成气体。

⑤净化、过滤。用 39~78 网孔数/cm（100~200 目）的网筛过滤，得到净化后的气体燃料。

⑥成品贮存。用管道将净化后的燃气输入贮存罐或直接输送至工业燃烧炉。

（三）废旧塑料制取气体燃料的实例

实例 1：

①备料。同上述（二）操作步骤。

②去杂。同上述（二）操作步骤。

③装料。将去杂后的干燥废旧塑料和 1% 的催化剂混合放入密闭的裂解反应釜中。

④加热。在装有废旧塑料和催化剂的反应釜中，对裂解反应釜加热，使温度升至 250~350 ℃，并保持 20~40 min。在催化剂的作用下，使全部塑料裂解完毕，使之变成气体燃料。

⑤净化、过滤。在裂解反应釜出口处安装 39 网孔数/cm（100 目）的过滤网，让产生的气体燃料通过过滤网后输出。

⑥成品贮存。

实例 2：

①备料。同上述（二）操作步骤。

②去杂。同上述（二）操作步骤。

③装料。将去杂后的干燥废旧塑料和 10% 的催化剂混合放入密闭的裂解反应釜中。

④加热。在装有废旧塑料和催化剂的反应釜中，使温度升至 150~200 ℃，并保持 40~60 min，使全部塑料裂解完毕，充分反应后变成气体燃料。

⑤净化、过滤。在裂解反应釜出口处安装 58.5 网孔数/cm（150 目）的过滤网，让产生的气体燃料通过过滤网后输出。

⑥成品贮存。

实例 3：

①备料。同上述（二）操作步骤。

②去杂。同上述（二）操作步骤。

③装料。将去杂后的干燥废旧塑料和 5% 的催化剂混合放入密闭的裂解反应

釜中。

④加热。对反应釜加热，使温度升至 200~250 ℃，并保持 20~40 min，使塑料充分反应成气体燃料。

⑤净化、过滤。在裂解反应釜出口处安装 78 网孔数/cm（200 目）的过滤网，让产生的气体燃料通过过滤网后输出。

⑥成品贮存。

（四）废旧塑料制取气体燃料的特性

①该技术的原料是各种废旧塑料。处理过程中不排放有害气体，不污染环境。通过本技术所述的方法处理后，制取出可取代天然气的气体燃料，既可避免废旧塑料污染环境，又得到了一种宝贵的气体能源，解决了人们长期渴望解决的技术难题。

②节约能源。该技术在催化剂的参与下，反应的温度只需 150~350 ℃，比现有技术的反应温度低 200~250 ℃，反应速度比现有技术快 3~4 倍，且反应彻底。因此本技术与现有技术相比可节约能源 80% 以上。

③该技术工艺简单，设备投资少，只需现有技术设备价格的 1/20~1/10。

三、废旧塑料制造清洁固体燃料的工艺

（一）废旧塑料制造清洁固体燃料的技术背景

塑料是以石油为原料的制品，具有较高的能源利用价值。但在废旧塑料回收能源方面，无论是燃烧利用热能，还是热解、汽化等方面，都存在着直接利用废旧塑料利用率不高和产生大量污染物的问题。

（二）废旧塑料制造清洁固体燃料的操作步骤

将废旧塑料粉碎至平均直径为 10~30 mm 的颗粒，然后向其添加（以废旧塑料的质量分数计）10%~20% 的水、10%~20% 的煤灰、3%~5% 的生石灰和 5%~10% 的羧甲基纤维素钠，在 250~300 ℃下搅拌加热 1~3 h，然后将上述混合物以 10~30 ℃/min 的降温速率冷却，最后固化成固体燃料。

（三）废旧塑料制造清洁固体燃料的实例

实例 1：将废旧塑料粉碎至平均直径为 20 mm 的颗粒，然后向其添加（以废旧塑料质量分数计）10% 的水、15% 的煤灰、5% 的生石灰和 10% 的羧甲基纤维素钠，在 250 ℃下搅拌加热 2 h，再将混合物以 20 ℃/min 的降温速率冷却，最后固化制成固体燃料。

实例 2：将废旧塑料粉碎至平均直径为 30 mm 的颗粒，然后添加（以废旧塑料质量分数计）20% 的水、20% 的煤灰、5% 的生石灰和 5% 的羧甲基纤维素钠，在 250 ℃下搅拌加热 3 h，再将混合物以 30 ℃/min 的降温速率冷却，最后固化制成固体燃料。

实例 3：将废旧塑料粉碎至平均直径为 10 mm 的颗粒，然后添加（以废旧塑料质量分数计）20% 的水、10% 的煤灰、3% 的生石灰和 10% 的羧甲基纤维素钠，在 300 ℃下搅拌加热 1 h，再将混合物以 10 ℃/min 的降温速率冷却，最后固化制成固体燃料。

（四）废旧塑料制造清洁固体燃料的特性

①该技术充分利用了塑料和煤粉的互补特性，通过 250～300 ℃ 的熔融、水解、裂解等复杂物理、化学过程，制造成性能优越的固体燃料。

②在塑料颗粒中添加生石灰，在防止污染物的同时，也起到了催化作用。

③羧甲基纤维素钠在该技术中为有机黏结剂，起结构融合导向作用。

④将大块废旧塑料大幅降低粒度通常是塑料回收利用中成本较高的步骤。而本技术只需要对废旧塑料进行较小的降低粒度处理，粒度减少至平均粒度为 10～30 mm 即可。

⑤本技术无须对废旧塑料进行分选，工艺方法简单，不涉及复杂的设备和工序，成本低。

四、废旧塑料生产燃料油的工艺

（一）废旧塑料生产燃料油的技术背景

现有的用废旧塑料炼油的方法基本套用了石油炼制中的热裂化和催化裂化两种技术方案。从理论上讲，将这两种技术移植到用废旧塑料炼油工艺上似乎有些道理，但实践证明，在缺少一定条件下硬性移植这两种技术，将会使塑料炼油步入误区。

（二）废旧塑料生产燃料油的装置结构

装置结构如图 5-1 所示。

（三）废旧塑料生产燃料油的操作步骤

①将脱水后的矿物油做液化废旧塑料的介质投入反应釜中。

②对反应釜中做液化废旧塑料的矿物油预热。

③将废旧塑料投入反应釜中。

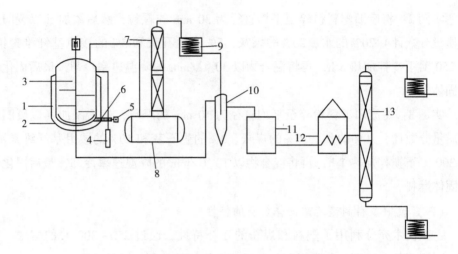

1—反应釜；2—熔盐夹套；3—往复式联运搅拌器；4—沉降缸；5—电动机；

6—螺杆泵；7—闪蒸塔；8—塔釜；9—冷凝器；10—汽、油、水分离器；

11—混合油缸；12—加热炉；13—常压分馏塔

图5-1 废弃塑料生产燃料油的装置结构

④对反应釜中废旧塑料稳定加热，延时裂化，反应生成的气态烃送进闪蒸塔。

⑤将闪蒸塔生产出的轻馏分油进行常压蒸馏。

（四）废旧塑料生产燃料油的实例

①选用脱水后的废弃矿物油（车用齿轮油、机油或生产后的本装置闪蒸塔釜油）做液化废弃塑料介质投入到内有往复式联运搅拌器，外装熔盐做导热介质的熔盐夹套的反应釜中。废弃矿物油投入量是反应釜的液相段釜容的3/5。往复式联运搅拌器的功能主要是搅拌和清除内壁生焦。

②对投入到反应釜中的废弃矿物油升温预热。熔盐夹套内的熔盐温度为350~400℃，反应釜内的废弃矿物油温度为250~300℃。

③将废弃塑料PE、PP、PS混合料，用挤压机投入到反应釜中，投入量是反应釜液相段釜容的2/5。然后启动往复式联运搅拌器，废弃塑料与含热的废弃矿物油混合渐次熔融液化。

④在完成步骤①~③后，正式启动用塑料生产燃料油生产装置。以生产1#、2#燃料油为例（SH），熔盐夹套内的熔盐温度为500℃，反应釜内的液相温度为370℃，反应生成的气态烃进入闪蒸塔，塔釜温度为320℃。该塔不出产品只出轻质馏分油做常压分馏塔的基础原料。同时反应釜的进料量依据反应釜气态烃的采

出量，将废旧塑料定量送入反应釜内。

⑤启动排渣系统。该系统是由电动机、螺杆泵、沉降缸组成。沉降缸和反应釜的排渣口连接，利用不同物质在同一温度环境条件下，物质相对密度各不相同的原理，在重力作用下有效分离。运行过程中沉降缸内的温度保持在350℃以上，阶段式沉降定时排渣。

⑥由闪蒸塔生产出的轻质馏分油，经冷凝器冷凝后进入汽、油、水分离器内。分离后的油进入混合油缸，从水底部排出，不凝可燃气做燃料提供反应釜燃烧。生产出的轻质馏分油，经加热炉一次性汽化进入常压分馏塔，其中加热炉出口油气温度为320℃。分馏塔顶出石脑油经冷凝后进入储缸。分馏塔塔底生产1#或2#燃料油馏出温度为320℃，经冷凝后进入储缸。

（五）废旧塑料生产燃料油的特性

①由于本技术在生产时投入一定比例的废弃矿物油作液化介质，所以克服了现有技术利用器壁生成热液化所带来的缺陷。

②本技术在用废弃塑料炼油生产操作中采用了稳定裂化温度、延迟裂化时间的方式，进而保证了油品的稳定性和收率，克服了现有技术用煤火直烧所带来的油品稳定性差、液体收率低的缺陷。

第二节　废旧塑料制备建筑材料

一、废旧泡沫塑料制备非承重墙砌块的工艺

（一）废旧泡沫塑料制备非承重墙砌块的技术背景

普通的建筑砌块保温隔热性能差，用于建筑物的非承重墙还显得容重太大，综合效益差。随着高层建筑及大开间建筑的发展，对非承重墙墙体材料的轻质性及保温隔热性能的要求越来越高，因而出现了膨胀珍珠岩砌块、泡沫混凝土砌块、泡沫石膏砌块及加气混凝土砌块等轻质保温隔热砌块。但这些砌块与普通的建筑砌块相比，成本太高，生产工艺复杂。

本技术提供一种利用废旧泡沫塑料制备用于建筑物，尤其是高层建筑和大开间建筑的非承重墙的塑料砌块的方法。

（二）废旧泡沫塑料制备非承重墙砌块的操作步骤

以经破碎后的废旧泡沫塑料为集料，通过搅拌与胶结料混合成具有一定和易

性的拌和物,将拌和物用于成型建筑砌块。这种建筑砌块最好全部以废旧泡沫塑料为集料,当掺用废旧泡沫塑料以外的集料时,应保证废旧泡沫塑料的体积占集料总体积的50%以上。用作胶结料的物质可从水泥、石膏、菱苦土和水玻璃中选择。在搅拌拌和物的同时,必要时可以加入外加剂和起增强作用的纤维,还可加入一定数量的填充料(如粉煤灰等)。这种建筑砌块可机械成型或手工成型,可加工成小型砌块或中型砌块,可以是实心的或空心的。

(三)废旧泡沫塑料制备非承重墙砌块的实例

实例1:

材料配比为:粒径为3~5 mm的废旧泡沫塑料90 L,粒径为8~12 mm的废旧泡沫塑料180 L,525#普通硅酸盐水泥35.2 kg,粉煤灰17.6 kg,水26.4 kg,废纸纤维0.45 kg。

先将水泥、粉煤灰和水搅拌成均匀的浆料,再加入废旧泡沫塑料和废纸纤维共同搅拌2 min,最后用改进后的小型空心砌块成型机成型砌块。砌块容重约280 kg/m³,自然养护28天后抗压强度为0.2~0.3 MPa。

实例2:

材料配比为:粒径为3~5 mm的废旧泡沫塑料90 L,粒径为15~20 mm的废旧泡沫塑料180 L,建筑石膏60 kg,水36 kg,防水剂适量。

先将建筑石膏、防水剂和水搅拌成均匀的浆料,再加入废旧泡沫塑料共同搅拌2 min,最后注模成中型实心砌块。砌块容重约500 kg/m³,在空气中养护7天后抗压强度达0.3~0.4 MPa。

(四)废旧泡沫塑料制备非承重墙砌块的特性

与现有的轻质保温隔热墙体材料相比,本技术生产工艺简单,具有小型砌块与中型砌块等多种规格,使用方便,保温隔热性能好,容重小,节能利废,成本低。

二、废旧塑料复合压制板的工艺

(一)废旧塑料复合压制板的技术背景

目前,随着现代工业特别是塑料工业的发展和人民生活水平的提高,一次性使用的包装物被大量应用。大量的塑料膜、塑料袋、瓶、编织袋及各种塑料涂膜、复合包装材料制品的废弃物已对社会环境造成危害。由于这些塑料废弃物难于降解,长期散落于自然界,严重地危害到人类的生存环境,构成严重的社会问题。

虽然已有回收复用技术，但是均存在对废旧塑料的选择性和局限性较大，且技术复杂，再生利用成本较高等问题，使大量的废旧塑料难以被彻底清除。

这种废旧塑料复合压制板的原料包括聚乙烯、聚丙烯、聚氯乙烯、聚苯乙烯塑料中的一种或者几种。

（二）废旧塑料复合压制板的操作步骤

首先将聚乙烯、聚丙烯、聚氯乙烯及聚苯乙烯塑料中的一种或者几种混杂的塑料废旧物，清洗干净，烘去水分，切制成片状条头；筛除碎屑，再将筛留料按 $5\sim10$ kg/m² 计量，均匀摊平布料；在 $80\sim120$ ℃ 条件下，以 $68.7\sim78.6$ MPa（$700\sim800$ kgf/cm²）压强实施压型 $3\sim5$ min，压制成板材；对板材进行平整处理并切制成规则的板块，即制成本技术之废旧塑料复合压制板。

（三）废旧塑料复合压制板的实例

实例 1：将废弃的聚乙烯包装袋、复合包装膜、瓶等生产下脚料、回收物等用水清洗干净，烘去黏附的水，经碎料机切制成片状条块，筛除碎屑；再将筛留料按 5 kg/m² 计量，均匀摊平布料送至压机；在 80 ℃ 条件下，以 68.7 MPa（700 kgf/cm²）压强实施压型，经 3 min 压制即制成板材；再平整切边，制成规则的厚度为 5 mm 的板块，即为废旧塑料复合压制板。

实例 2：将聚乙烯、聚丙烯、聚氯乙烯及聚苯乙烯塑料软包装袋、瓶、编织袋，以及复合塑料膜等生产下脚料、回收废弃物用水清洗干净，再行干燥；切制成片状条块后筛除细屑；将筛留料按 10 kg/m² 计量，均匀摊平布料至压机；在 120 ℃ 条件下，以 78.6 MPa（800 kgf/cm²）压强实施压型，经 5 min 压制即制成板材，再平整切边，制成 10 mm 厚的规则板块，即为废旧塑料复合压制板。

本品可广泛应用于建筑、化工装修、车船及家具用材方面。本技术属废物利用，变废为宝，成本低廉，取材广泛，具有较高的实用价值。

（四）废旧塑料复合压制板的特性

这种废旧塑料复合压制板不仅具有木质胶合板所具有的强度、相对密度，以及锯、刨、凿、钉等可加工性能，而且还具有良好的防水、防潮、抗冲击、防静电、阻燃、耐腐蚀等性能。其生产方法属于物理加工，具有工艺简单、耗能少、无污染、易于操作和大批量工业化生产、生产效率及成品率高等优点。

三、废旧塑料制板材的工艺

（一）废旧塑料制板材的工艺流程

工艺流程如图 5-2 所示。

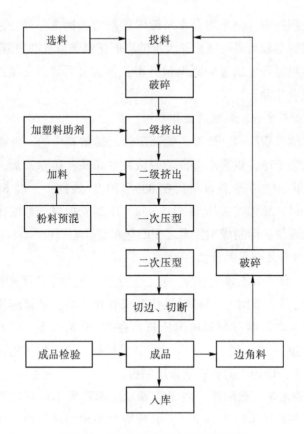

图 5-2　废旧塑料制板材的工艺流程

（二）废旧塑料制板材的配方

废旧塑料——20~50 份　　　　　粉煤灰——0.8~2 份

轻质碳酸钙——0.8~2 份　　　　　木屑——4~11 份

塑料助剂——0.4~1 份

（三）废旧塑料制板材的操作步骤

取废旧塑料、粉煤灰、轻质碳酸钙、木屑、塑料助剂待用；先将废旧塑料通过输送带进入破碎机中粉碎，然后加入塑料助剂，经一级挤出于 170~200℃ 熔出；将按比例混合的木屑、轻质碳酸钙和粉煤灰送入二级挤出机，经口模出毛板型材。

（四）废旧塑料制板材的实例

实例 1：

废旧塑料——20 份　　　　　　　　粉煤灰——0.8 份

轻质碳酸钙——0.8 份　　　　　　　木屑——4 份

塑料助剂的滑石粉——0.2 份　　　　氯化石蜡——0.2 份

先将废旧塑料去除其中的砂石、金属物，不用水洗；灰尘土不必去除可做填充料；油类可不必去除可做润滑剂，亦不必干燥处理；挤压机设有水汽蒸发装置。投料采用皮带输送机，设强行给料装置，送至破碎装置。破碎是利用破碎刀盘强行旋转，让废旧塑料变成实心的球状或条状，便于对一级挤出机强行给料。加塑料助剂为一级挤出的添加剂是润滑剂滑石粉和可耐高温的阻燃剂氯化石蜡。一级挤出是通过电加热和螺杆挤压产生的温度（170~200 ℃）熔融废塑料。其他粉料、木屑、粉煤灰、轻质碳酸钙混合加料送二级挤出；加入的木屑为锯末或废竹木多层板的粉碎物，加入的目的是减轻产品质量及方便钉入钉子；加入矿物粉料（无机物）的目的是增加产品的硬度和承载力；二级挤出后经口模（机头）出毛板型材。一次压型、二次压型为连续进行，通过压辊（内设循环冷却水）边整形边降温，保持形态达到使用标准。切边、切断是按技术规定制成定尺板材，同时将切下的边角料利用硬料破碎机破碎，然后再送入一级挤出系统中。

实例 2：

废旧塑料——35 份　　　　　　　　粉煤灰——1.4 份

轻质碳酸钙——1.4 份　　　　　　　木屑——7.5 份

塑料助剂的滑石粉——0.3 份　　　　氯化石蜡——0.4 份

所用制备方法与实例 1 相同。

实例 3：

废旧塑料——50 份　　　　　　　　粉煤灰——2 份

轻质碳酸钙——2 份　　　　　　　　木屑——11 份

塑料助剂的滑石粉——0.5 份　　　　氯化石蜡——0.5 份

所用制备方法与实例 1 相同。

（五）废旧塑料制板材的应用和特性

所制成的板材用于模板使用周转率能达 10 次以上。利用废旧塑料膜生产的建筑模板，成本低、质量好、耐腐蚀、使用寿命长。本项目产品可在城乡建设工程中大力推广使用，其市场前景非常广阔。

本技术与钢模或木模相比具有韧性好、不易开裂、耐水、防锈、质量轻、可锯割、可钉入钉子的优点，在生产过程中不用清洗。废旧塑料可回收重复使用，尤其能够解决废旧塑料膜对环境造成的白色污染，因而具有更重要的社会意义。

四、废聚氨酯和废纤维制备建筑填缝材料的工艺

（一）废聚氨酯和废纤维制备建筑填缝材料的技术背景

聚氨酯墙体保温材料由于其优秀的综合理化性能，近几年来被广泛应用于节能保温材料。然而，大量聚氨酯废料又造成了新的环境污染，同时也出现新的可利用工业废弃资源。另外，各种化学纤维也已成为城市建设的资源。由于很多新型节能建材推广应用，需要较多配套材料共同组合，成为使用方便且性能完善的应用系统。

（二）废聚氨酯和废纤维制备建筑填缝材料的实例

实例 1：

废聚氨酯粉（80 目）——200 份　　　废旧丙纶（长度 5 mm）——61 份

丙烯酸乳液——416 份　　　六偏磷酸钠——40 份

苯甲酸钠——6 份　　　乙二醇——9.5 份

丙二醇——45 份　　　聚二甲基硅氧烷——0.5 份

碳酸钙——150 份　　　甲基纤维素——20 份

水——52 份　　　着色剂——0.7 份

按上述原料比例，先将废聚氨酯粉、废旧丙纶和碳酸钙混合均匀作为组分 A；再将丙烯酸乳液、六偏磷酸钠、苯甲酸钠、乙二醇、丙二醇、甲基纤维素、着色剂混合均匀作为组分 B；然后将组分 A 和组分 B 混合均匀；最后加入聚二甲基硅氧烷、水，搅拌均匀，即得所需产品。其主要性能指标为：干燥时间 2 h，附着强度 0.5 MPa。

实例 2：

废聚氨酯粉（60 目）——200 份　　　废旧丙纶（长度 4 mm）——50 份

丙烯酸乳液——410 份　　　六偏磷酸钠——45 份

乙二醇——8 份　　　苯甲酸钠——5 份

丙二醇——45 份　　　聚二甲基硅氧烷——0.5 份

碳酸钙——165 份　　　甲基纤维素——18 份

水——53.5 份　　　着色剂——0.9 份

按上述原料比例，先将废聚氨酯粉、废旧丙纶和碳酸钙混合均匀作为组分 A；再将丙烯酸乳液、六偏磷酸钠、苯甲酸钠、乙二醇、丙二醇、甲基纤维素、着色剂混合均匀作为组分 B；然后将组分 A 和组分 B 混合均匀；最后加入聚二甲基硅氧烷、水，搅拌均匀，即得所需产品。其主要性能指标为：干燥时间 2 h，附着强度 0.53 MPa。

实例 3：

废聚氨酯粉（60 目）——205 份	废旧丙纶（长度 4mm）——60 份
丙烯酸乳液——400 份	六偏磷酸钠——50 份
苯甲酸钠——5 份	乙二醇——8 份
丙二醇——45 份	聚二甲基硅氧烷——0.6 份
碳酸钙——170 份	甲基纤维素——15 份
水——41.4 份	着色剂——1.0 份

按上述原料比例，先将废聚氨酯粉、废旧丙纶和碳酸钙混合均匀作为组分 A；再将丙烯酸乳液、六偏磷酸钠、苯甲酸钠、乙二醇、丙二醇、甲基纤维素、着色剂混合均匀作为组分 B；然后将组分 A 和组分 B 混合均匀；最后加入聚二甲基硅氧烷、水，搅拌均匀，即得所需产品。其主要性能指标为：干燥时间 2 h，附着强度 0.54 MPa。

（三）废聚氨酯和废纤维制备建筑填缝材料的特性

本方法由于使用了废聚氨酯制品为主要材料，大大提高了经济价值，产品本身也有好的理化性能。施工时可用特殊喷枪喷涂，也可刮抹，无须其他黏结物也能满足填缝要求，且成本较低。

五、废泡沫塑料制备轻质混凝土的工艺

（一）废泡沫塑料制备轻质混凝土的技术背景

在高层建筑中，为了减轻承载质量，需使用轻质混凝土，一些复合墙板和砌块也需使用轻质混凝土作为填料。已有技术中，有不少轻质混凝土，然而成分各不相同。

（二）废泡沫塑料制备轻质混凝土的配方

废泡沫塑料块粗骨料 [含 20mm×（25~30）mm 30%~50%，（5~10）mm×（10~20）mm 50%~70%] 1~1.1 m³，膨胀珍珠岩细料 0.4~0.5 m³，水泥（425~525）210~250 kg，水 160~185 kg，增黏剂 42~50 kg。

（三）废泡沫塑料制备轻质混凝土的操作步骤

①制废泡沫塑料块。将经清洗、灭菌处理的废泡沫塑料切成如下尺寸的块。其中，20 mm×（25~30）mm 的占 30%~50%；（5~10）mm×（10~20）mm 的占 50%~70%。

②废泡沫塑料块的造壳处理。在废泡沫塑料块的光面上喷洒有机溶剂，可用四氯化碳、苯及其他溶剂，将废泡沫塑料块表面腐蚀出若干小孔；然后将废泡沫塑料块投入水泥浆池中，池中水泥与水之质量比为 100：（25~35），并加增黏剂（环氧树脂乳液）1 kg，在常温下浸涂不多于 10 min，使废泡沫塑料块表面形成水泥薄壳，具有可黏合能力和阻燃能力。

③混合搅拌。将各成分按配方比例混合，搅拌并振动 2~3 min，使其混合均匀，直接进行浇灌，也可浇入模中制成板材砌块。

④养护。按与普通混凝土同样的方法进行养护。

（四）废泡沫塑料制备轻质混凝土的实例

实例 1：废泡沫塑料块粗骨料（含 20 mm×25 mm 40%，7 mm×15 mm 60%）1.05 m³，膨胀珍珠岩细料 0.4 m³，水泥（525）210 kg，水 160 kg，增黏剂（醋酸乙烯）42 kg。

实例 2：废泡沫塑料块粗骨料（含 20 mm×25 mm 30%，10 mm×20 mm 45%，5 mm×10 mm 25%）1.1 m³，膨胀珍珠岩细料 0.4 m³，水泥（425）230 kg，水 175 kg，增黏剂（醋酸乙烯）46 kg。

实例 3：废泡沫塑料块粗骨料（含 20 mm×30 mm 50%，10 mm×20 mm 30%，5 mm×10 mm 20%）1.0 m³，膨胀珍珠岩细料 0.5 m³，水泥（425）250 kg，水 185 kg，增黏剂（醋酸乙烯）50 kg。

（五）废泡沫塑料制备轻质混凝土的应用和特性

用废泡沫塑料制备轻质混凝土时，可直接浇灌，又可用于制作墙板及砌块。适用于高层建筑。

本技术生产的产品强度高，抗压强度大于 5 MPa，质量轻，可大量减少结构载荷，节约主材。其隔音隔热、防水防潮、抗振抗裂和防火性能优良。本技术大量使用废旧泡沫塑料，可解决废弃泡沫塑料制品污染环境的问题。

六、废旧塑料制作改性沥青的工艺

（一）废旧塑料制作改性沥青的技术背景

目前，高速公路和其他等级公路的沥青路面经使用后会产生大量车辙，变形损坏，远未达到其设计使用年限。沥青混合料高温稳定性不足是产生大量车辙的主要原因。采用改性沥青是提高沥青路面的高温稳定性和耐久性、减小车辙的主要技术方法。

当前采用的改性沥青技术由于其中采用的沥青改性剂多是化工产品，价格高，因此改性沥青的价格也相应较高，增加路面工程投资。

废旧塑料制作改性沥青的工艺流程如图5-3所示。

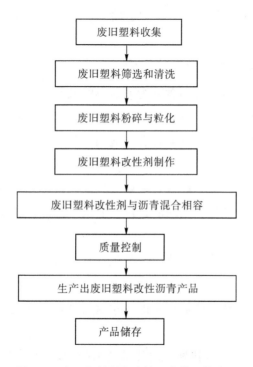

图5-3 废旧塑料制作改性沥青的工艺流程

（二）废旧塑料制作改性沥青的操作步骤

①对收集的各种废旧塑料进行分类并清洗，然后脱水、粉碎。

②废旧塑料粒化：把粉碎后的废旧塑料加热熔化，冷却后加工成颗粒状。

③对废旧塑料颗粒高温加热使其液化，再冷却，得到废旧塑料改性剂。

④加热基质沥青使其软化，然后把从步骤③中得到的废旧塑料改性剂与基质沥青加热混熔。

⑤将从步骤④中得到的混合物进行溶胀、高速剪切；改性沥青制作完成。

（三）废旧塑料制作改性沥青的特性

废旧塑料制作改性沥青，具有技术性能好、价格低廉的经济技术特点；可以使沥青的软化点提高 10~15 ℃，从而提高沥青混合料的高温稳定性，减少沥青路面的车辙。而且，其价格明显低于 SBS 改性沥青，使生活中的废旧塑料重新获得利用价值。

第三节　废旧塑料焚烧过程中的热量回收

一、纯废塑料焚烧中产生的问题

虽然通常的焚烧炉可以处理含有废旧塑料的城市垃圾，但一般不能处理纯废塑料，其原因主要体现在以下几个方面。

①灰分。聚氯乙烯塑料中一般含有铅盐和其他重金属盐稳定剂，燃烧后灰分中的铅等重金属难以降解。

②烟雾。纯塑料废料完全燃烧时需要大量的空气，为城市垃圾燃烧时空气需求量的 3~10 倍，普通焚烧炉无法满足这一要求，因此，塑料废料会因缺氧燃烧而产生烟雾。

③有毒气体。聚氯乙烯在燃烧时会产生氯化氢气体；聚氨酯在燃烧时会产生氰化氢气体。

④酸化水。聚氯乙烯燃烧后产生的氯化氢气体被水或化学品吸收后，形成的酸化水难以被清除。

⑤燃烧温度高。废旧塑料燃烧时比焚烧城市垃圾时所产生的温度要高得多，普通焚烧炉难以承受，炉体会被高温损坏。

⑥腐蚀性物质。废旧塑料燃烧时会产生氯化氢、氨气、二氧化硫、三氧化硫、NO_x 和 RCOOH 等腐蚀性物质，导致炉体被腐蚀损坏，废料中的水分更会促进这些气体的腐蚀作用。

可见，焚烧处理纯废塑料需要专门设计的焚烧炉。

二、用于处理纯废塑料的焚烧炉

用于焚烧纯废塑料的焚烧炉应具备以下几个条件：①其设计必须使塑料燃烧完全且不产生烟雾；②炉壁与炉床必须能够承受塑料燃烧产生的 1093 ℃高温；③供气设备必须能够为塑料燃烧提供充足的空气，其量为理论值的 2.5~3 倍；

④炉体设计应能使炉内温度保持在1150 ℃以下；⑤排烟道直径必须大于普通焚烧炉；⑥必须设置预热器，以便处理自熄性塑料；⑦设置能装卸塑料的供料设备。

下列几种焚烧炉均能适用焚烧纯塑料废料，回收能量，或者主要用于处理塑料。

（1）底面燃烧多级焚烧炉

适用于塑料废料分批焚烧（图5-4）。废料从供料门处喂入，落在炉栅上。可燃气体与空气在炉底混合。燃烧过程中产生的气体含有微粒物质，也含有未完全氧化的化合物。最后的氧化在第二级燃烧室中进行。如温度低，可将燃烧炉内的辅助燃烧器投入使用。

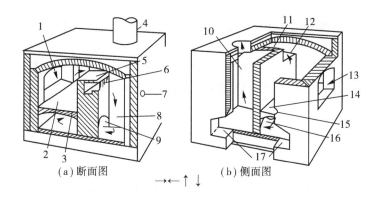

（a）断面图　　　　→←↑↓　　　　（b）侧面图

1—炉门；2—点火燃烧室；3—燃烧炉栅；4—烟囱；5—火焰出口；6—第二级空气入口；
7—第二级燃烧室开关；8—混合燃烧室；9—第一级燃烧炉栅入口；10—第二级燃烧室；
11—混合燃烧室；12—火焰通道；13—清洁开口；14—燃烧炉栅；15—第一级燃烧室开关；
16—第二级燃烧炉栅入口；17—供料门

图5-4　底面燃烧多级焚烧炉结构示意

（2）连续转炉式多级焚烧炉

一级燃烧随转炉缓慢旋转而完成，当辅助燃烧器投入使用时炉体温度升高，在稳定的第二级燃烧室中达到完全燃烧（图5-5）。

（3）床式焚烧炉

①传送带移动床式焚烧炉（图5-6）。该焚烧炉利用传送带将废旧塑料连续送入，保持燃烧的稳定性，从炉壁通入的空气可保证燃烧的安全性。

②旋转窑搅拌床式焚烧炉（图5-7）。该焚烧炉靠旋转窑的旋转将各种塑料混合均匀，熔融料的燃烧面可扩大至旋转窑圆柱体的整个内表面，促进燃烧完全。

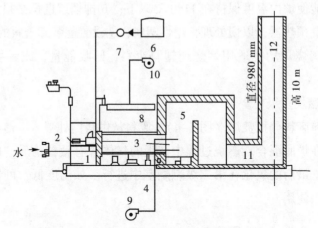

1—供料箱；2—进料传动；3—转炉；4—转炉传送装置；5—复燃炉；

6—柴油箱；7—内燃机泵；8—柴油燃烧器；9—鼓风机；

10—燃烧炉鼓风机；11—烟雾通道；12—排烟管

图 5-5　连续转炉式多级焚烧炉结构示意

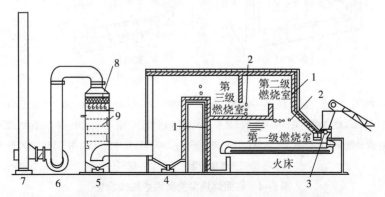

1—喷灯；2—燃烧用空气管；3—旋转喂料器；4—冷却塔；

5—洗烟塔；6—通风机；7—烟筒；8—除雾器；9—多孔板

图 5-6　传送带移动床式焚烧炉结构示意

旋转窑的倾斜角度设计合理，以使不同种类的塑料混合物稳定送入。此外，窑内设有若干挡板，保证物料充分混合和均匀输送，并可防止尚未充分燃烧的熔融物料从窑中流出。

（4）流动层式焚烧炉

废旧塑料连续送入，置于由高温砂形成的流动层之上，进行温度均一的燃烧（图 5-8）。

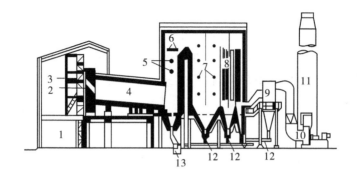

1—固体物料升降器；2—废油喷灯；3—固体物料供料推进器；4—旋转窑；
5—废液喷雾喷灯；6—空气喷嘴；7—机械吹煤装置；8—锅炉；9—集尘器；
10—通风机；11—烟筒；12—炉灰传送带；13 出灰传送带

图 5-7　旋转窑搅拌床式焚烧炉结构示意

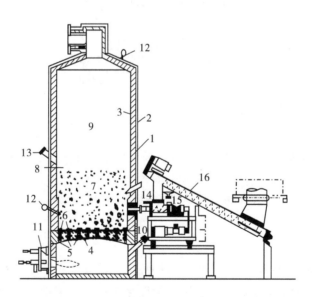

1—流动层；2—钢板；3—耐火物；4—气体分散板；5—喷嘴；6—气体分散罩；
7—惰性流动介质粒子（砂）；8—燃烧室；9—焚烧炉；10—空气供给管；
11—喷灯；12—压力计；13—补砂管；14—热电偶；15—螺旋喂料器；
16—螺旋输送带

图 5-8　流动层式焚烧炉结构示意

（5）加压式空气循环焚烧炉

第一级炉体为水平放置的圆柱体，第二级炉体为垂直放置的圆柱体。废料通过料斗和第二级闸门连续送入炉中，在炉体中添加初始空气。由压入送风机来的螺旋流动二级空气沿圆柱体循环，螺旋流动三级空气用于最后的燃烧，仍沿切线方向流动（图5-9）。

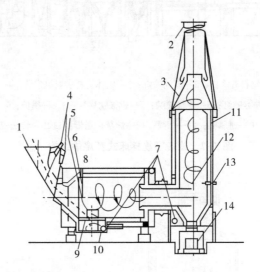

1—供料料斗；2—通风塔；3—废气冷却筒；4—压入式二级闸门；5—辅助燃烧室；

6—由压入送风机来的螺旋流动二级空气；7—压入送风机；8—初级燃烧室；

9—燃烧炉栅；10—初始空气；11—第二级燃烧室；12—螺旋流动第三级空气；

13—二次燃烧辅助燃烧室；14—尘埃收集箱

图5-9　加压式空气循环焚烧炉结构示意

（6）大型焚烧炉

主要用于焚烧聚氯乙烯。在转炉内加热聚氯乙烯废料，产生氯化氢之后，已炭化的塑料再在焚烧炉中燃烧，腐蚀的程度会很小。气体中氯化氢的含量小，需要处理的问题也减少了。氯化氢气体通过一个旋风分离器，随后进入气体冷却器，再与氨气反应生成氯化铵，由收集器回收。

（7）无规聚丙烯专用焚烧炉

专用于焚烧无规聚丙烯，回收热量。此装置的特点是在200℃以上的温度，也能将各种黏度无规聚丙烯熔体与加压空气和高压蒸汽相混合，经特殊的雾化喷嘴喷出。燃烧室四周用耐火砖砌衬。当它被烧成赤热时，可以连续自燃点火。燃烧用空气分成两次吹入炉内，在炉内循环以加快燃烧速度，并防止炉壁上有炭粒析出。焚烧炉最初点火时靠其他燃料将炉体加热到规定温度，再投入无规聚丙烯，以后便靠自燃燃烧，不需要辅助燃料。

三、热能回收

废旧塑料燃烧产生的热能通过热交换器使水变成热水或蒸汽加以利用。该装置结构如图 5-10 所示。

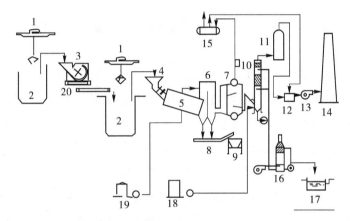

1—供料吊车；2—料槽；3—破碎机；4—投料装置；5—旋转窑；6—燃烧室；
7—排热锅炉；8—出灰传送带；9—灰斗；10—吸收塔；11—缓冲罐；
12—气体加热器；13—通风机；14—烟筒；15—蒸汽槽；16—氧化塔；
17—水槽；18—NaOH 储罐；19—重油罐；20—传送带

图 5-10　废旧塑料的热能回收装置结构

第六章 废旧塑料回收利用的未来展望

第一节 废旧塑料造成的环境污染

塑料有其独特优势，如质轻、加工方便、经济实用等，已经被应用于日常生活、科学技术等诸多领域。我国塑料的年生产量已超过 2000 万 t，位居世界前列。塑料为人们的生活带来了极大便利，为科学技术等各个领域的发展做出了重大贡献。然而，随意丢弃塑料会产生严重的环境污染问题。当前，一些人在探讨环境保护问题时，容易陷入重视塑料危害而忽视其价值的极端，将塑料看作环境污染的罪魁祸首，甚至有人提出用纸包装代替塑料包装。应当明确，这些年来，我国大力开展以塑代钢、以塑代木、以塑代纸的做法是正确的，为我国经济的发展做出了很大贡献，但纸张、木材、钢材的生产和使用也会造成环境污染。实际上，我们应当认识到，造成污染的不是塑料本身，而是由一定时期内发展水平有限的工业技术及使用塑料的人的素质参差不齐造成的。对此，应认真做好废旧塑料的回收再利用方面的研发工作，加大投入，科学管理，有效解决环境污染问题，推进塑料加工行业的可持续发展。

一、国内外废旧塑料产量惊人

我国合成树脂及塑料加工产业虽然起步较晚，但发展速度较快，塑料年产量整体呈上升之势。在产量迅速增加的同时，塑料也越来越广泛地被应用在工业、农业、医学等领域，并对这些领域的发展起到了至关重要的作用。在这些应用中，农田材料和包装材料占了多数，但这些应用领域中的塑料材料大多使用寿命不长，使用周期短则几个月，长则 2~3 年。塑料用量增长，废旧塑料的产生量自然增加。通过数据对比可以发现，2011—2016 年，我国废塑料回收利用情况虽有波折，但整体呈逐渐回升趋势，2016 年达到 1878 万 t，其中聚氯乙烯（PVC）废料在废旧塑料中占较大比重。我国对废旧高分子材料的回收利用虽然早已展开，主要依靠人工分拣，但大多数回收和利用工作都集中在乡镇企业。工人利用简单的技术、简单的设备，制备简单且性能一般的产品，并且由于技术手段落后，在回收利用过程中甚至会出现新的污染。

随着高分子合成技术不断进步，塑料工业的发展给人类提供了各种各样的塑料制品。塑料以其重量轻、耐腐蚀、易加工成型及成本低、使用方便等优点，被广泛应用于国民经济生产中的多个行业。从工农业生产到衣食住行，塑料制品已深入到社会的每一个角落，进入人们生产、生活的各个领域。据国际塑料团体理事者协会（CIPAD）的报告，2001 年世界塑料产量为 1.81 亿 t；2003 年突破 2 亿 t，达 2.06 亿 t；2004 年已突破 2.1 亿 t。20 世纪 90 年代以来，随着我国石化工业迅速发展，我国塑料产量也快速增长。1990 年我国塑料产量达 227 万 t；2000 年首次突破 1000 万 t，比 1990 年增长 3.8 倍；10 年间平均增长率增长迅速。近年来，我国塑料产量仍以 10% 以上的速度增长。2010 年以来，我国塑料的年产量已超过4000 万 t。世界塑料废弃物每年总产量已达到 5000 万 t。据调查，在工业发达国家的城市垃圾中废旧塑料占 4%～10%（质量分数）或 10%～20%（体积分数）。废旧塑料中各品种所占百分比较大的分别为低密度聚乙烯、高密度聚乙烯、聚丙烯、聚苯乙烯、聚氯乙烯。因为废旧塑料丢弃量大，不易降解，处理难度大，影响面广，污染严重，因此被人们冠以"白色污染"的称号。

二、废旧塑料的污染形式

（一）土壤环境污染

残留农膜和填埋处理废旧塑料会对土壤环境造成严重危害。难分解的农膜滞留在土壤中，主要分布在 0～20 cm 的土层中。多数浅根作物的根系也分布于此，残留的农膜阻碍了这些作物根系的伸展，必然会影响其进一步生长发育。对于深根作物，其根系在穿透 20 cm 土层的过程中受到了残留农膜的阻力，很容易造成根系损坏。残留农膜还会破坏土壤的透气性能，阻碍土壤的水肥转运，影响作物对水分、养分的吸收，从而造成农作物大幅减产，耕地劣化。

一些废旧塑料会在填埋后产生二氧化碳、甲烷、硫酸盐等分解物。其中，二氧化碳会改变土壤中气体成分的比例，对根系的呼吸作用造成不良影响；甲烷是一种可燃性气体，在地下横向渗透，有潜在的危害；硫酸盐、硝酸盐破坏了土壤固有的酸碱度。另外，废旧塑料在填埋后，体积大、填埋场地松软且不能固定，以致产生空洞，引起地面下沉。此外，随着土地价格的不断上升，以填埋法处理废弃塑料在经济上也愈加不可取。

(二) 水环境污染

海运过程中的废旧塑料是造成海洋环境污染的一个重大诱因，也有部分是暴风雨把陆地上掩埋的塑料垃圾冲到大海里。塑料在陆地上降解大概要二三百年的时间。而由于海水的冷却作用，在海洋里这一过程可能会延长至 400 年。塑料在海中先缓慢地分解成小碎片，再降解为更小的颗粒。在北太平洋中部，被分解的塑料与浮游生物的重量之比已经达到 6 : 1。浮游生物经常会把那些塑料降解后的颗粒误当作鱼卵吃下去。研究发现，塑料分解后的颗粒能吸附海水中的有毒化学物质，而这些毒素可以沿着食物链一直来到人类的餐桌上，这种影响甚至是致命性的。

另外，废弃塑料在填埋中产生的二氧化碳、硫酸盐等分解物通过渗透作用可以影响地下水的酸碱度。在生产塑料过程中使用的添加剂含有重金属离子和有毒物质，在土壤中扩散渗透也会直接对地下水造成污染。

(三) 大气环境污染

塑料的主要构成元素是 C、H，因此用焚烧法处理塑料制品会释放大量的温室气体——二氧化碳，从而产生更严重的"温室效应"。另外，塑料还含有 S、N、P、F 等元素，在焚烧过程中产生的 NO_x、SO_x、甲醛、氯乙烯、苯乙烯、二噁英等有害气体会对空气造成严重的污染。以生活中常用的塑料 PVC 为例，研究表明，一般垃圾中若加入 2% 的 PVC，在燃烧所产生的气体排放物中，氯含量可达 1990 $\mu L/L$；当燃烧 PVC 含量为 4% 的垃圾时，可使氯含量增加到 3030 $\mu L/L$。高含量的氯元素增加了毒性最大的一类物质——二噁英的产生。环境中的二噁英很难自然降解。它包括 210 种化合物，毒性是氰化物的 130 倍、砒霜的 900 倍，国际癌症研究中心已将其列为人类一级致癌物。由此可见，用焚烧法处理废旧塑料，由此产生的大量有害气体排放到大气中，对大气环境造成严重危害，由此产生了大气环境污染问题，并威胁着人类健康。

(四) 资源能源的浪费

塑料的原料主要来自不可再生的煤、石油、天然气等矿物能源。老化塑料用品的直接废弃或者是简单的填埋焚烧处理从根本上说是不可再生能源的浪费。以填埋方式处理，既会造成矿物能源的浪费，还会占用大量的土地资源。

燃烧塑料时释放的热量与燃烧同质量的石油时放出的热量接近。目前的焚烧法处理废弃塑料并不能充分利用塑料中的热量，还会产生多种有害气体造成大气污染。研究发现，只有含氯塑料，如聚氯乙烯在不完全燃烧时容易产生二噁英这类剧毒物质。因此通过采用新的焚烧技术，提高燃烧温度（1200 ℃以上），既可以在一定程度上解决大气污染，又能有效利用塑料中的能源。

三、应对废旧塑料污染难题的基本思路

我国有关部门针对废旧塑料问题采取了一些措施，对造成严重污染的塑料品种制定政策加以限制，如上海市曾下令限制 EPS 快餐盒在快餐店里使用。塑料加工工业协会成立了塑料再生利用专业委员会，曾经几次召开废旧塑料回收利用的经验交流会和学术讨论会，以促进废旧塑料的回收利用。同时，国内在回收利用方面也取得一些成绩，引进了一批废旧塑料回收装置和设备，并结合国内外情况研制了一些回收利用机械，如清洗机、破碎机、造粒机等，用于处理与再生产品的设备也得到了更新。

虽然我国在废旧塑料的利用方面有了明显发展，但与世界先进水平相比仍然存在巨大差距，废旧塑料的利用率相对偏低，仍有许多问题值得商讨。塑料回收利用仅在小型乡镇企业中开展，资源被用掉，而引进的废塑料回收设备得不到原料，由于技术、设备、管理等落后，使产品性能不高，对塑料资源的有效利用造成了制约。

此外，人们的传统观念也应加快更新，如有些人认为废旧材料的利用研究是低级的研究工作等。因此我国应尽快采取一些措施，制定一系列有关废旧塑料回收、管理的法规、政策，促使废旧塑料回收利用的顺利进行；增加投入，建立一些研究机构和组织，开展研究和开发工作，以有效地保护我们的生存环境；加强宣传教育，提高国民素质，深化人们对废旧塑料回收利用的认识。

当前，废旧塑料的回收利用工作还存在一定难度。因塑料废弃物随时随地出现，而且我国城市社区的垃圾中塑料废弃物的比重也在逐渐增加，如果对废旧塑料回收工作做不好，就便谈不上利用。对此，为了更好地做好废旧塑料回收利用工作，应积极采取各种行之有效的措施。

①在全社会范围内开展宣传教育工作。利用一切新闻媒体，阐明回收废旧塑料的社会效益和经济效益，讲明废旧塑料对环境的污染和危害作用，使回收利用废旧塑料成为全民的自觉行动。

②在全国城市社区内应制定一系列的有关废旧塑料回收利用的管理办法、法规、政策，对于违反者可实施经济制裁。

③充分利用市场经济的规律，适当提高废旧塑料收购价格，充分调动废旧塑料回收人员的积极性，采取多种形式，组织好回收废旧塑料的人员，并把这项工作纳入政府有关的日常工作中。

④转变人们的传统习惯、生活方式，提高素质，引导人们养成不随地丢弃废物（包括废旧塑料）的好习惯，使人们积极参与到维护社会环境的队伍中，共同营造一个文明、舒适的生活环境。

⑤加大财政支持力度，开展环境技术的开发与利用，开拓再生市场，应包括再生制品的研究与开发，提高废旧塑料利用率。

我国废旧塑料的处理方式主要有回收利用、填埋处理和焚烧3种。其中，回收利用为5%，填埋处理为93%，焚烧为2%。换言之，我国对废旧塑料的处理主要是作为垃圾填埋处理。填埋处理时，塑料留在土壤内长期得不到分解，使土壤处于不稳定状态，并有可能使塑料中的有害物质（有些塑料的稳定剂、颜料等）溶出，污染土壤和地下水，造成二次污染。而且，填埋要占用大量的土地。可见，应尽量避免采用填埋法处理废旧塑料，而应积极倡导使用再生利用的方式。

（一）废旧塑料的填埋

废旧塑料是城市固体废弃物中重要的一部分，因而它一直被作为城市固体废弃物来处理。一些国家的城市垃圾处置多以填埋处理为主，约占全部处置总量的70%以上。填埋法是利用土壤把垃圾掩埋其中，压实并依靠自然的环境氧化分解。填埋法的可取之处是技术成熟，垃圾无须分选，仍然是目前占主导地位的一种方法。但塑料在填埋后短时间内不会分解，会占较多的填埋地。另外，填埋法也是对资源的一种浪费，同时又会造成二次污染，使土质下降。在厌氧条件下还会产生甲烷、硫化氢等气体，易引起爆炸。同时，塑料中的添加剂也对地下水造成不同程度的污染。

（二）废旧塑料的焚烧

焚烧是处理垃圾的另一种方法，即把有机高分子材料投入燃烧炉进行燃烧，或回收热能，或发电。聚烯烃的燃烧值很高，为43.3 MJ/kg，接近于燃料油的44.0 MJ/kg，比煤29.0 MJ/kg高，比木材16.0 MJ/kg或纸14.0 MJ/kg要高得多。能量回收是废旧塑料利用的一个有效途径。在日本，焚烧垃圾是最主要的处理方式。世界上日本的焚烧炉最多，1986年为1899座，比美国（157座）和西欧（595座）的总和的2倍还多。小城市使用中等焚烧炉；村镇和农村使用流动的车载炉。年焚烧量为27万t，相当于50万人每年产生的垃圾。但是焚烧会产生许多有毒的气体，也产生大量二氧化碳，造成二次污染，并且高温焚烧易损坏炉子，维护费用较高。要消除或减少焚烧产生的污染通常需要昂贵的燃烧器和废气处理设备，处理代价很高，因而焚烧法的使用受到了限制。

（三）废旧塑料的回收利用

①再生利用。再生利用法是废旧塑料经收集、分离、提纯、干燥等程序后，加入稳定剂等各种助剂，重新造粒，并进行再次加工生产的过程。虽然采用该法费用最低，但它一方面要求原料一般应为组成单一、无污染物的废旧塑料，对于污染严重、分离困难、分离不经济的材料往往不能加以利用；另一方面，重复循环的材料因大分子降解而大大降低性能，甚至不能再应用。

②化学循环法。化学循环法是利用光、热、辐射、化学试剂等使聚合物降解成单体或低聚物的过程。降解产物可用作油品或化工原料（如单体可用于合成新的聚合物），应用不受限制，并且生产过程中也不会造成大气污染，因此该种技术被认为是最有前途的废旧塑料回收方法。化学循环的主要方法是化学降解。聚乙烯（PE）、聚丙烯（PP）、聚苯乙烯（PS）及聚氯乙烯（PVC）约占城市固体垃圾废旧塑料总量的90%。对于这些塑料废弃物，主要采用裂解，即热化学循环的方式加以回收利用。

第二节 废旧塑料回收利用的技术发展

为解决废旧塑料产生的"白色污染"问题，世界各国纷纷加强研究废旧塑料回收利用技术。随着相关法规的建立，到技术的发展，已基本形成机械回收、化学回收和能量回收三大工艺。其中备受关注的是机械回收。实际上，废旧塑料采用何种工艺回收既与回收结构有关，又与回收的加工成本有关。这三大回收工艺体系都是废旧塑料回收利用技术研究的重点。

一、废旧塑料的机械回收

机械回收废旧塑料可替代原生塑料，这是机械回收的一大优势。但机械回收要达到原生塑料质量的难度极高。采用改性加工虽然能达到原生塑料质量，但因会受到成本限制，必须建立在成本允许范围内。尽管如此，目前机械回收仍然是国内外专业研究的关键点。

机械回收要达到原生塑料和产品的质量标准必须经过重新配混和熔融造粒。

因为只有加入稳定剂，并通过二次熔融混炼才能达到配方的完全均相效果。当前，机械回收主要有 3 种工艺：一是以初始原料质量为标准；二是以产品质量为标准；三是以基合物复合物为标准。

（一）以初始原料质量为标准的回收利用

按照回收塑料的初始原料标准，选择质量较好的废旧塑料，通过二次耐热、抗光、力学和外观改性，使其达到初始原料的质量标准。这种再生塑料是原生塑料的一对一替代物，不仅市场用量大，而且可获得接近原生塑料的售价。目前国外用 PE、PP、PS、ABS、PET 生产的这类再生塑料已有 30 多个品种。部分原生塑料级再生塑料的品种与生产商见表 6-1。

表 6-1 部分原生塑料及再生塑料的品种与回收生产商

再生塑料品种	替代原生塑料类别	回收生产商
Ecospum-PET	PET 纤维料	Weijk（spijk、Tne）
Eco813G-PET	PET 膜料	USA 公司
Rynite-PET	PET 注塑料	Dupont 公司
Ehvivez-PET/SMC	工程 PET 料	Asniand 公司
PE-R1000、R2000	HDPE 原生塑料级	OXYCHEM（HOUSTON、tx）
EC-101、EC-102	HDPE 原生塑料级	Millenium 化学公司
XU61900、RA5125	HDPE 原生塑料级	DOW 化学公司
EB1101-00	HDPE 原生塑料级	Millenium 化学公司
XF855、XF869	HDPE 原生塑料级	SoNay、Polyners 公司
L5040、C590	HDPE 原生塑料级	Lyohdell、Polymers 公司
C590、5040	HDPE 原生塑料级	Phillips 和 Clorox 公司
L5005	HDPE 原生塑料级	Alathon 公司
PCX-610	LDPE 原生塑料级	Mobil 公司
RPP-1212、5492	PP 原生塑料级	Washinytom、Pemm 公司
TPV-PVC	电缆专用料	Nico、Metall 与 NKT 合作
ISO9970.9971	PVC 管材料	Sdvay 公司生产
RC400、R1000、95B	PS 原生塑料级	BASF、NOVA 公司
R2595B	PS 原生塑料级	ARCO 化学公司
PC、PC/PBT、PC/ABS	PC 复合专用料	CE 公司

上述这些产品都已达到原生塑料级聚合物质量标准。此外，国内企业中，广钢集团下属中外合资回收公司"广钢 MBA 塑料新技术有限公司"也有部分原生塑

料级产品。辽阳北方化工研究所已有 10 个 PO、PET、PA 原生塑料级产品投入加工。但由于受单质单品、加工成本制约及苛刻的外观要求限制，这些回收资源的可供量仅能占到六大类塑料回收物的 30%，占总回收量的 20%，一般复合型、工程塑料、PVC 很难从外观、结构、加工性能达到原生塑料级产品质量的标准，制成原生塑料级的再生塑料较困难。

（二）以产品质量为标准的回收利用

按照通用塑料产品质量标准，选用高于该产品结构的上线产品回收塑料作为辅料，经二次修复，可制成某一类专用产品造粒。这是扩大机械回收用料的另一种方法。由于其对外观要求相对放宽和结构上不拒绝第一个生产周期中的添加物，所以可选用基合复合物回收塑料，如低填充、着色料、循环级回收塑料都可以用机械回收。按产品质量回收再生，实际上也能替代原生塑料，其类似生产过程中的渐落利用。与原生塑料级再生不同，在于外观着色，但其可以使用 10 种回收塑料，其中 PVC、PE、PP、PS、ABS、PC、PA、PET、POM、PPO 都能通过这一工艺达到专用料标准。美国 KW 公司、MRC 聚合公司，拜耳公司等都在发展这种技术。部分国外再生专用料的品种与生产商见表 6-2。

表 6-2　部分国外再生专用料的品种与生产商

回收料	产品命名	专用料品种	生产商	用途
PC	Naxell	工程专用料	MRC 公司	打印机、仪表盘
PC/ABS	Mak Volom	R8、R17、R5GV	Baydr	注塑汽车用
ABS	Novodur	R5320、5322 等	Baydr	汽车、家电专用
PA	Duvetnan	PA-CF15、PA-CF30、MU	Baydr	含 CF 汽车专用
PBT	Pocm	PBT-CF30	Baydr	含 CF 汽车专用
HDPE	Novelene	7300P	Nove 公司	用于管材、化工包装
LDPF	Rehew	垃圾袋料	Carlisle	用于垃圾袋
RPP	Troy、At	Ford 专用料	KW 公司	汽车防溅板
PP	Renault	汽车保险杠	czp 回收公司	汽车专用
PVC	Dortmund	电缆专用料	NKT、TPV	电缆专用料

当前，再生专用料已形成 100 多种牌号。由于它不拒颜色和添加剂，因此很适用于多数废旧塑料加工。该工艺属 P 级选料，可以采用同向修复、逆向修复、同系改性、交差改性方法。再生塑料在工程领域有很大的市场空间，但是不能使用交联、高功能、热固性废旧塑料回收物。目前这类废料资源约占应回收量的

40%，约占可逆性回收塑料的55%，将是扩大机械回收主要技术攻关的重心。

（三）以基合物复合物为标准的回收利用

当热塑性塑料利用机械回收替补原生塑料达到75%时，还有占应回收总量约22%的无逆塑性的回收塑料需要回收。而这类回收塑料可以作为可逆性回收塑料的改性助剂使用，如热固性塑料作为补强剂、高性能回收塑料作为功能助剂，这样不仅可以扩大回收范围，而且替补了ADCM的二级市场。尽管对ADCM的研究仍然处于初步阶段，但它会很快进入机械回收领域。当然，热固性塑料回收物也可以原位利用。Mercedes-Benz在德国建成的SMC汽车部件回收公司专业开发这一再生塑料。其中Aucb100用于车轮箱；RC1000用于卫星接收天线盘。日本还成功开发了UP/PBT复合汽车专用料。但与ADCM技术比较，单一回收会引发各种质量问题。目前由辽阳北方化工研究所开发的ADCM复合料见表6-3。

表6-3　由辽阳北方化工研究所开发的ADCM复合物

回收塑料组成	产品牌号	工艺	产品用途
PBT/SMC	TK7300	ADCM	汽车部件
PVC/SMC	RKH8200	ADCM	家电外壳
PE/EP	MPE900	ADCM	耐热管材
PP/PPY	SPP-732	ADCM	导电材料
PA/ABS/PFS	HPA3300	ADCM	机械部件
PP/PVDC	DD-PP-2000	ADCM	阻隔产品
PA/PI/PF	TDPA650	ADCM	抗静电矿用管
VLDPE/UPE	HMPE-800	ADCM	耐磨机械齿轮
PS/PPS	RPS72500	ADCM	阻燃家电
PO/SMC	GFPO-800	ADCM	生产化工包装物

在上述机械回收工艺中，机械回收的总量达到了总废旧塑料回收量的65%，而其他化学还原与能量回收就只有35%。

二、废旧塑料的化学回收

化学回收是采用解聚法使废旧塑料得到聚合物的树脂基质产品。例如，PET经过解聚可获得BHET、BHPT、DMT、EG、TFA；PA经过化学回收可获得己内酰胺。化学回收必须分两步加工：分解、分离，再聚合。化学回收由于回收塑料产率涉及成本，因此一般应使用较好的回收塑料，但这样就会发生化学回收和机械回收争夺资源的问题。为此，化学回收发展受到限制。但是在同等条件下，如果化学回收价值高于机械回收，成本适宜，则仍然可以利用。但能肯定的是，化学回收不会起到扩大回收的效果。

化学回收工艺也是多种多样的。例如，PE 的油化回收，PS 的制涂料回收，PVC 的化工材料回收，PET、PA、POM 的多元醇、胺、甲醛回收等。此外，化学改性具有市场潜力，值得深入研究。

（一）聚丙烯回收塑料的氯化生产

氯化 PP 既是塑料改性剂，也是胶料的重要联接剂。其售价高出机械造粒 2~3 倍，具有较大的利润空间，发展前景光明。

（二）氯化聚乙烯的回收塑料生产

氯化聚乙烯是重要的改性树脂，近年来需求量较大，被广泛用于 PVC、PE、PP、ABS、PA 和橡胶。实践发现，经过氯化改性的 PE 在同等条件下售价高于商业化造粒 20%，利润空间较大，逐渐成为回收塑料的重要部分。

（三）PVC 回收塑料的氯化生产

PVC 氯化物不仅是 PVC、ABS、SMC、PVDC 的重要抗冲击剂，还是橡胶的增强剂和黏合剂的中间体。PVC 氯化物也具有高价位，因此 PVC 氯化是未来市场可商业化的技术。氯化有助于促进 PVC 的高效利用，具有高附加值特点，因而是未来回收行业的重要项目。此外，裂解炼油、生产涂料、制备聚乙烯蜡和聚丙烯蜡等的发展相对受到影响。目前正在推行的部分化学回收工艺见表 6-4。

表 6-4　目前正在推行的部分化学回收工艺

工艺类型	最终产品	应用的塑料类型	主要用途
降解工艺	DHETCRepete	PET	原料添加
降解工艺	聚乙烯、聚丙烯蜡	PE、PP	加工助剂
碰催化工艺	草酸、苯甲酸	PVC	清洗剂
解聚工艺	三噁烷	POM	化工材料
解聚工艺	己内酰胺	PA	PA 原单体
解聚工艺	苯乙烯	PS	胶料应用

三、废旧塑料的能量回收

从废旧塑料中回收的能量也是一种重要的燃料来源。尽管不能多次循环，但能量回收技术的确是一种可取的节约能源的办法。其实废旧塑料在回收过程中总归有少部分是无价值的，如城市生活垃圾中的塑料、已完全无塑性的老化塑料和法律规定的病毒类废塑料。这些塑料大约占总废弃物的25%。人们通常采用填埋法处理这些污染物，但这并不符合节能减排新法规的要求。而科学利用塑料废弃物，既是节能减排的有效方式，也能为人类提供替补燃料。

为实现能量回收，可采用高炉喷吹法，也可采用高效复合煤制备工艺。其中，日本采用溶酶脱洗技术已成功回收盐酸和替补燃料。ICI 公司、MSW 公司也成功地开发了塑料复合煤。从回收成本上讲，复合煤技术更适应我国发展。据悉，柴草转换燃气的设备已进入市场。煤球在农村用量很大，由于来自垃圾场的残余塑料价格很低，约为原煤的50%，因此可以将其细化加工成复合煤，实现能量利用，同时降低了燃料价格又增加了燃料的热量。目前北方塑化研究所开发的 DDD 复合煤是环保燃料，SS 复合煤主要用于煤球生产。复合煤制备工艺成本较低，将成为我国能量回收的重要方式之一。

第三节　废旧塑料回收利用与塑料工业的可持续发展

随着全球经济发展速度加快而产生的能源与环境问题已成为最重要的两大课题。我国作为能源生产大国和能源需求大国，废旧塑料的回收循环利用既可为国家节约资源，又能缓解国内塑料供需矛盾，是对我国塑料原材料紧缺的有益补充，也是我国塑料工业可持续发展之路。将废旧塑料回收加工后生成再生塑料，做到循环生产的同时，还可以减少对石油化工原料的需求。为应对塑料废弃物造成的环境问题，我国对废旧塑料的回收利用有了明显提高，但回收利用整体状况不容乐观，回收量只与塑料实际消费量的20%左右，而欧洲塑料平均回收率在45%以上，其中，德国塑料回收率达到50%以上。

一、废旧塑料回收利用后产生的经济效应和社会效应

第一，节约能源废旧塑料是城市固体废物中含能量最高的一种，主要来自石油，但它在制造过程中耗能较多，占全过程总能量的83%~94%，占用比例大。然而每千克塑料含能量少则为17.8 MJ，多则高达100~108.6 MJ，丢弃废旧塑料实际上就是丢弃了有价值的能源。将废旧塑料回收利用，制造各种再生制品，如一般的塑料包装材料，可节约其所含能量的85%~94%，即节约了用于制造树脂的石油原料和树脂制造能耗，故回收利用废旧塑料是值得的。当然，焚烧废旧塑

料也可以回收能量，但利用率不及再生制品。另外，我国塑料原料不足，且需求量又大，针对上述国情，废旧塑料回收再利用可作为二次材料源。

第二，降低或者减少废旧塑料制品带来的危害。虽然塑料的问世为人们的生活提供了便利，但是，大量的废弃物的出现又向人类提出了极大的挑战。"白色污染"逐渐侵袭着人们的生活环境，妨碍人类的安全，成为严重的公害。为此，废旧塑料的回收利用，利于降低或者减少如下一系列的危害：①环境中的废旧塑料不易腐烂，堆放的垃圾场所逐渐增多，而污染源点也在增加；②焚烧废旧塑料可以获得一些能量，但会产生大量的二氧化碳、氯化氢、呋喃类化合物等有害物质，还会引起酸雨、温室效应等，若处理不当，会对环境造成二次污染；③废旧塑料进入土壤中不易分解，会降低土壤的透气能力，影响农作物的生长；④废旧塑料进入江河、海洋，给海洋、河流的船舶的航行安全带来隐患，一方面影响船舶的航行；另一方面，鱼类会因吞下塑料死亡；⑤从美学观点来说，大量的废旧塑料物会破坏城市社区的人文景观，直接影响城市社区的经济建设。

第三，有助于抑制油价上涨。油价的上涨是废旧塑料回收利用的一个推动力。塑料原料的价格随油价的上升而上升。新的塑料制品的价格比回收利用再生制品的价格高得多。满足使用要求的再生制品，其潜在价格的优势是不容忽视的。

第四，废旧塑料再生制品在经济上具有一定优势。废旧塑料可以被制成具有一定质量级别的再生制品。虽然其性能较新的制品差一些，色泽要降级，但是其价格比新制品低得多。何况再生制品在某些部门，如农业、建筑和工业的非重要领域使用是没有问题的。

第五，废旧塑料的综合利用。①燃料化。因废旧塑料是热量值很高的材料，用其制造燃料是很有价值的。对于那些难以清洗、分选处理，无法回收利用的混杂废旧塑料，可以在焚烧炉中焚烧，回收其产生的热能。可以制成热量均匀的固体燃料，也可先液化成油类，再制成液体燃料。但用于燃烧，其中含氯量应控制在0.4%以下。普通的方法是将废旧塑料破碎成细粉或者微粉，再调和成浆液作燃料。这种燃料具有易燃、热值量高、燃烧后灰垢少等特点。②制成多功能树脂胶。可将废旧塑料制成多功能的树脂胶、木板胶、印刷胶。例如，将PS溶解于苯或其同系物和卤代烷系列有机溶剂，将其制成多种涂料和黏合剂。制备工艺是将洗净、破碎、干燥的PS泡沫塑料溶于二甲苯或甲苯汽油的混合液中，再加入表面活性剂、增稠剂和成膜剂制成水乳性涂料。如果加入增稠剂可制成非水乳性的防水涂料和黏合剂。这种工艺制得的涂料适合作混凝土和纸制品的防水涂料或黏合剂。

③防渗防漏剂。主要以废旧塑料中的泡沫塑料为原料，配制少量的增塑剂，采用热熔工艺生产而成。其产品塑化快，干燥迅速，具有良好的密封性，附着力强，耐酸碱，抗老化，成本低，能获得较好的经济效益，并且其防水、防腐蚀性大大超过塑料油膏和沥青油膏，使用寿命可达 20 年以上。④防锈剂。用废旧塑料生产的带锈防锈漆，成本低廉，可直接涂于锈蚀的钢铁表面，具有渗透、防锈、防腐等多重作用，还可以适用于民用家具的表面。

塑料工业要实现可持续发展，就必须重视对废旧塑料的处理和利用，必须正视塑料工业在发展过程中带来的负面影响，并对废旧塑料回收加以科学地、合理地利用。这不仅可以作为能源的来源之一，也是保护环境的一种有效之举。因而回收利用废旧塑料意义重大。

二、废旧塑料工业发展的基本路径

在全球倡导低碳经济的形势下，我国废旧塑料回收利用逐渐得到发展，为发展绿色经济、节能减排工作做出了重大贡献。但由于我国相关制度及行业管理存在不足，废旧塑料的回收利用对进一步发展低碳经济造成影响。因此，要进一步完善废旧塑料回收利用机制，坚持走可持续发展道路。

（一）推进资源回收利用法规体系的完善

资源回收利用的法规体系是在可持续发展导向下废旧塑料回收利用的总纲领，是构建废旧塑料回收利用体系的保障。法律法规的健全往往是一项制度或者举措成功的关键。完善资源回收利用的相关法律法规是废旧塑料回收利用体系构建的基础，是发展废旧塑料低碳模式的制度保障。因而要进一步推进资源回收利用法规体系的完善，为废旧塑料回收利用行业的发展提供强大的制度支持。

1. 明确资源回收利用的分类与标准，促进行业规范发展

制定资源回收利用的分类与标准是塑料生产与回收处理行业规范发展的需要。资源回收利用的分类与标准不仅应用在废旧塑料的加工处理，还包括塑料的生产。一方面，明确可循环利用的塑料的生产标准，可以提高废旧塑料的回收再生比率，从源头上提高废旧塑料的回收利用率。另一方面，如果资源的回收利用没有统一的分类与标准，容易导致资源回收利用的操作过程杂乱无章，导致废旧塑料的回收利用毫无章法。因此，应制定资源回收利用的分类与标准，规范相关行业的操作，强化整个社会的废旧塑料回收利用，维护废旧塑料行业秩序。

2. 完善资源回收利用管理办法，保障管理部门执法规范化

完善资源回收利用的管理办法，明确了管理部门的职责，有助于促进管理部

门执法的顺利实施，保证了执法的公正。① "有法可依、有法必依、执法必严、违法必究" 是我国社会主义法制建设的基本方针。其中，"有法可依" 是行政执法人员执法的前提。资源回收利用的管理办法是行政执法人员管理废旧塑料相关行业行为的执法依据，是行政执法人员执法的准则。因此，完善资源回收利用的管理办法，有助于保障行政执法的公正性。

（二）推进废旧塑料回收机制与产业的科学发展

完善废旧塑料回收机制，加强废旧塑料回收利用行业的规范发展，是落实废旧塑料回收利用政策的根本，是废旧塑料发展的未来方向。废旧塑料的回收利用包括回收、分拣、清洗、造粒或改性、成型等多个过程。由于我国回收利用机制不够完善，导致废旧塑料回收利用行业处于尴尬的境地，未形成完整的产业链，造成大量废旧塑料再生资源的浪费。毋庸置疑，在完善废旧塑料回收利用机制方面需要政府、企业、民众三方积极合作。企业应与民众合作建立多种方式的回收利用机制，从而完善废旧塑料回收利用机制。政府应对废旧塑料回收利用行业加以规范和支持，建立废旧塑料回收利用产业链，坚持产业集聚和规模经营，促进废旧塑料回收利用产业的科学发展。

（三）为废旧塑料回收利用技术的发展提供全方位支持

废旧塑料回收利用技术是通过科学的技术手段处理废旧塑料，创造其新价值的技术，是使废旧塑料达到循环利用目标的关键所在，是走可持续发展道路的内在要求。废旧塑料回收利用技术的先进与否标志着废旧塑料的利用率，高新技术的利用程度代表废旧塑料的剩余价值被充分利用。我国废旧塑料回收利用技术仍处于初级阶段，废旧塑料的剩余价值没有得到充分地利用。对此，可从以下3点着手，强化对废旧塑料回收利用技术的研究。

1. 加大科研资金支持

随着国家对科学技术研究的重视程度日益加深，科研资金的投入力度也得以加大。科研经费的增加可以在设施、人力、物力等方面支持科学技术研究，使科研人员全心全意地投入到科学技术开发中，真正开发出提高废旧塑料回收利用率的先进技术。

2. 完善奖励机制

国家应出台相关政策法规，完善奖励机制，为废旧塑料回收利用技术的创新

---

① 陈洁，南昂 . 废旧塑料在低碳经济驱动下的发展研究 [J] . 塑料工业，2017，45 （6）：7-10.

者提供奖励。一方面激发其深入研究的热情，另一方面能鼓励民众开阔思维，创造出更多更有价值的废旧塑料利用技术。

3. 建立专门科研院校

建立专门科研院校，培养专业科学人才，建立科研专业队伍，从而保证技术人才的输出。专业技术人员队伍的构建能为废旧塑料回收利用技术的研究提供强大的人才支持，提高废旧塑料的剩余价值利用率，有效解决资源浪费和环境污染问题。

总之，废旧塑料的回收利用具有极大的经济效益和生态效益，是实现社会可持续发展的一项内在要求。随着可持续发展观念逐渐深入人心，废旧塑料回收利用越发显现出更大的发展空间，发展废旧塑料回收利用已成为时代的必然选择。然而，由于我国相关法律法规尚不完善，废旧塑料回收利用机制仍然不够成熟，回收利用技术研究水平偏低，社会大众的环保意识有待加强，废旧塑料的回收利用和塑料工业的可持续发展遭到制约。对此，我国必须健全相关的法律法规，建立废旧塑料回收利用机制，规范废旧塑料产业的发展，支持企业技术创新，以真正解决废旧塑料产生的资源浪费和环境污染问题，通过废旧塑料回收利用技术追求生态效益最大化。塑料工业的可持续发展是一项集经济效益和生态效益于一体的庞大工程，离不开社会各界力量的共同参与。

参考文献

[1] 白洋. 废旧塑料溶气浮选分离研究 [D]. 长沙：中南大学，2009.

[2] 边柿立. 塑料回收再生术 [M]. 杭州：浙江科学技术出版社，2006.

[3] 蔡玮玮，汪群慧. 废塑料资源化技术及其研究进展 [J]. 环境保护与循环经济，2012 (8)：8-10.

[4] 曹西京，张婕. 我国废品回收物流有效化管理建议 [J]. 物流科技，2009，32 (5)：122-124.

[5] 陈丹，黄兴元，汪朋，等. 废旧塑料回收利用的有效途径 [J]. 工程塑料应用，2012，40 (9)：92-94.

[6] 陈洁，南昂. 废旧塑料在低碳经济驱动下的发展研究 [J]. 塑料工业，2017，45 (6)：7-10.

[7] 陈占勋. 废旧高分子材料资源及综合利用 [M]. 北京：化学工业出版社，2007.

[8] 陈志勇. 废塑料裂解、催化改质及其产物表征 [D]. 长沙：中南大学，2002.

[9] 崔兆杰，谢锋. 固体废物的循环经济：管理与规划的方法和实践 [M]. 北京：科学出版社，2005.

[10] 董金虎，赵东东，武鑫，等. 废旧聚烯烃塑料/木粉复合材料的性能研究 [J]. 塑料工业，2016，44 (10)：83-86.

[11] 董明光. 塑料的回收与再生 [M]. 北京：中国轻工业出版社，1984.

[12] 高玉新，吴勇生. 国外废塑料的热能利用 [J]. 再生资源研究，2005 (4)：27-29.

[13] 郭波，许思思，李评，等. 废塑料的处理与利用技术研究 [J]. 中国人口：资源与环境，2013，159 (s2)：408-411.

[14] 郭慧鑫. 电子废弃物壳体塑料资源再生技术试验研究 [D]. 成都：西南交通大学，2013.

[15] 黄璐，郑楠. 我国废弃塑料再生循环利用产业发展现状分析 [J]. 塑料制造，2015 (12)：58-63.

[16] 冀星，钱家麟，王剑秋，等. 我国废塑料油化技术的应用现状与前景 [J]. 化工环保，2000，20 (6)：18-22.

[17] 李丛志. 发达国家废塑料再生利用现状及对我国的影响 [J]. 再生资源与循环经济，2013，6 (4)：38-44.

[18] 李东光. 废旧塑料、橡胶回收利用实例 [M]. 北京：中国纺织出版社，2010.

[19] 李国刚，曹杰山，汪志国. 我国城市生活垃圾处理处置的现状与问题 [J]. 环境保护，2002 (4)：35-38.

[20] 李环宇，赵安，袁彩虹，等. 塑料废弃物的危害及回收利用技术研究 [J]. 城市建设理论研究，2014 (23)：2839-2840.

[21] 李建萍. 植物纤维与废旧聚丙烯复合板材的制备 [D]. 南京：南京航空航天大学，2007.

[22] 李千婷. 废塑料资源化产品的环境安全性评价 [D]. 北京：北京化工大学，2010.

[23] 李松春，吴致彭. 废旧塑料的回收利用 [J]. 黑龙江科技信息，2012 (22)：68.

[24] 李晓祥，石炎福，余华瑞. 废塑料催化裂解制燃料油 [J]. 化工环保，2002，22 (2)：90-94.

[25] 李燕. 废旧电脑中 ABS 塑料的回收再利用技术研究 [D]. 哈尔滨：哈尔滨工业大学，2008.

[26] 刘道春. 挖掘废旧汽车塑料回收再生市场从中寻找新的商机 [J]. 橡塑资源利用，2010 (6)：37-43.

[27] 刘光宇，栾健，马晓波，等. 垃圾废塑料裂解工艺和反应器 [J]. 环境工程，2009 (s1)：383-388.

[28] 刘明华，李小娟，等. 废旧塑料资源综合利用 [M]. 北京：化学工业出版社，2018.

[29] 刘寿华，边柿立. 废旧塑料回收与再生入门 [M]. 杭州：浙江科学技术出版社，2002.

[30] 刘贤响，尹笃林. 废塑料裂解制燃料的研究进展 [J]. 化工进展，2008，27 (3)：348-351.

[31] 刘银. 固体废弃物资源化工程设计概论 [M]. 北京：中国科学技术大学出版社，2017.

[32] 马占峰. 废旧塑料回收利用的必要性和可行性 [J]. 塑胶工业，2006 (4)：36-37.

[33] 马占峰，张冰. 2008 年中国塑料回收再生利用行业状况 [J]. 中国塑料，2009 (7)：1-5.

[34] 孟继宗. 塑料回收高效利用新技术 [M]. 北京：机械工业出版社，2013.

[35] 欧玉春. 废旧高分子材料回收与利用 [M]. 北京：化学工业出版社，2016.

[36] 齐贵亮. 废旧塑料回收利用实用技术 [M]. 北京：机械工业出版社，2011.

[37] 钱伯章. 国外废旧塑料再生利用概况 [J]. 橡塑资源利用，2009 (4)：27-32.

[38] 钱伯章. 欧美废旧塑料回收利用近况 [J]. 国外塑料，2010，28 (3)：58-61.

[39] 钱光人. 国际城市固体废物立法管理与实践 [M]. 北京：化学工业出版社，2009.

[40] 任晓红，赵雄燕，姜志绘，等. 废旧塑料回收技术及设备的研究进展 [J]. 应用化工，2018 (4)：191-194.

[41] 石磊. 基于机械物理法的废旧热固性塑料再生工艺及实验研究 [D]. 合肥：合肥工业大

学，2013.

[42] 王加龙. 废旧塑料回收利用实用技术 [M]. 北京：化学工业出版社，2010.

[43] 王涛. 废旧塑料改性沥青相容性研究 [D]. 北京：中国石油大学，2010.

[44] 王文广. 塑料改性实用技术 [M]. 北京：中国轻工业出版社，2000.

[45] 王璇，冀星，李术元. 聚乙烯类废塑料制聚乙烯蜡技术进展 [J]. 中国工程科学，2001，3 (12)：90-95.

[46] 吴贵青. 废旧塑料颗粒摩擦静电分选 [D]. 上海：上海交通大学，2013.

[47] 吴皓. 共混改性废弃热固性 SAN 塑料制备复合再生板材的研究 [D]. 天津：天津大学，2014.

[48] 伍跃辉. 废塑料资源化技术评估与潜在环境影响的研究 [D]. 哈尔滨：哈尔滨工业大学，2013.

[49] 肖艳. 环氧树脂分类、应用领域及市场前景 [J]. 化学工业，2014，32 (9)：19-24.

[50] 谢畅. 废旧 PVB 塑料回收再生技术研究 [D]. 长沙：中南大学，2010.

[51] 谢锋，汝少国，杨宗雷. 中国废塑料污染现状和绿色技术 [M]. 北京：中国环境科学出版社，2011.

[52] 熊秋亮，黄兴元，陈丹. 废旧塑料回收利用技术及研究进展 [J]. 工程塑料应用，2013 (11)：111-115.

[53] 徐竞. 废塑料的再生利用和资源化技术 [J]. 上海塑料，2010 (1)：43-48.

[54] 许文娇. 废弃环氧树脂再生技术及应用研究 [D]. 上海：东华大学，2011.

[55] 杨菁. 废旧塑料资源利用在我国的发展分析 [J]. 科技创新与应用，2015 (10)：22.

[56] 杨伟才. 我国塑料工业现状及发展趋势 [J]. 工程塑料应用，2007，35 (5)：5-8.

[57] 杨锡武. 生活废旧塑料改性沥青技术及工程应用 [M]. 北京：科学出版社，2016.

[58] 余黎明，饶伟. 塑料循环利用产业发展现状与前景分析 [J]. 新材料产业，2018 (3)：23-27.

[59] 俞东辉. 废旧塑料热裂解技术的研究 [D]. 上海：华东理工大学，2012.

[60] 袁兴中. 废塑料裂解制取液体燃料技术的研究 [D]. 长沙：湖南大学，2002.

[61] 张大英，许启铿，王树明. 废旧泡沫塑料在建筑楼板中的应用 [J]. 工程塑料应用，2017，45 (3)：20-25.

[62] 张君涛，刘健康，梁生荣，等. 废塑料化学转化制燃料的催化剂研究进展 [J]. 化工进展，2014，33 (10)：2644-2649.

[63] 张士兵. 废弃热固塑料资源化利用管理对策研究 [D]. 上海：东华大学，2007.

[64] 张效林，王汝敏，王志彤，等. 废旧塑料在复合材料领域中回用技术的研究进展 [J]. 材料导报，2011，25 (15)：92-95.

［65］张玉龙，石磊. 废旧塑料回收制备与配方：第二版［M］. 北京：化学工业出版社，2012.

［66］赵存胜. 废塑料裂解制高分子蜡的工艺研究［D］. 上海：华东理工大学，2014.

［67］赵明. 废旧塑料回收利用技术与配方实例［M］. 北京：印刷工业出版社，2014.

［68］赵胜利，黄宁生，朱照宇. 塑料废弃物污染的综合治理研究进展［J］. 生态环境学报，2008，17（6）：2473-2481.

［69］郑典模，卢钱峰，刘明，等. 废塑料与废机油共催化裂解制取燃料油的研究［J］. 现代化工，2011（8）：54-56.

［70］周凤华. 塑料回收利用［M］. 北京：化学工业出版社，2005.

［71］周祥兴. 废旧塑料的再生利用工艺和配方［M］. 北京：印刷工业出版社，2009.

［72］朱俊. 低碳经济驱动废旧塑料回收再生大市场［J］. 橡塑资源利用，2010（2）：19-24.

［73］朱向学，安杰，王玉忠，等. 废塑料裂解转化生产车用燃料研究进展［J］. 化工进展，2012，31（s1）：398-401.

［74］卓玉国，李青山，王新伟，等. 废旧塑料的回收利用进展［J］. 材料导报，2006，20（5）：389-391.

［75］废塑料回收市场潜力惊人［J］. 中国资源综合利用，2014（12）：43.

［76］左艳梅，傅智盛. 废旧聚苯乙烯泡沫塑料的回收与再生方法［J］. 合成材料老化与应用，2015（6）：25-29.